中级注册安全工程师职业资格考试辅导教材

安全生产专业实务

金属冶炼安全技术

全国安全工程师考试研究组　编

黄河水利出版社

图书在版编目(CIP)数据

安全生产专业实务. 金属冶炼安全技术 / 全国安全工程师考试研究组编. — 郑州 : 黄河水利出版社,2019.3
(2023.1 修订重印)

中级注册安全工程师职业资格考试辅导教材

ISBN 978-7-5509-2304-1

Ⅰ. ①安… Ⅱ. ①全… Ⅲ. ①冶金-安全技术-资格考试-教材 Ⅳ. ①X93

中国版本图书馆 CIP 数据核字(2019)第 048261 号

出 版 社:黄河水利出版社
地　　址:郑州市金水区顺河路黄委会综合楼 14 层
邮　　编:450003
发行单位:黄河水利出版社
发行电话:0371-56623217　66026940
承印单位:河南承创印务有限公司
开　　本:16K
印　　张:17.5
字　　数:415 千字
版　　次:2019 年 3 月第 1 版
印　　次:2023 年 1 月第 5 次印刷

定　　价:68.00 元

前 言

为贯彻落实习近平新时代中国特色社会主义思想，适应我国经济社会安全发展需要，提高安全生产专业技术人员素质，客观评价中级安全生产专业技术人员的知识水平和业务能力，同时根据《注册安全工程师分类管理办法》规定，要求相关企业必须配备相应数量和级别的安全工程师。为满足国家对安全工程师的需求，国务院人力资源社会保障和应急管理部门共同组织实施中级注册安全工程师职业资格考试，考试合格者，可取得中华人民共和国注册安全工程师职业资格证书(中级)。由此可知，注册安全工程师的地位进一步得到提升，重视安全生产已成为政府和社会各领域的基本共识。

全国注册安全工程师职业资格考试实行全国统一大纲、统一命题的考试制度，原则上每年举行一次。

为了帮助考生顺利通过全国注册安全工程师职业资格考试，安全工程师考试研究组在深入研究考试大纲的基础上，剖析大纲要求，紧抓考试重点、难点，精心编写了本套教材。教材包括三门公共课《安全生产法律法规》《安全生产管理》《安全生产技术基础》和七门专业课《煤矿安全技术》《金属非金属矿山安全技术》《化工安全技术》《金属冶炼安全技术》《建筑施工安全技术》《道路运输安全技术》《其他安全技术(不包括消防安全)》。

本书具有以下特点：

一、紧贴大纲，内容全面，有利于考生掌握考点

本书包含了考试大纲要求的重难知识点和考点，内容翔实，层次分明。本书分为两部分，第一部分共十一章，每章由知识框架、考点精讲、案例分析和参考答案及解析四部分组成，第二部分共七章，第一至第六章由知识框架、考点精讲两

部分组成,第七章由案例分析题组成。有利于考生掌握考试内容,把握重点,全面复习。

二、考点明确,语言简洁,具有很强的实用性

本书对大纲要求的重要知识点进行精简汇编,考点以表格形式呈现,有利于考生理清学习重点,高效掌握知识的重难点,从而提高学习效率,备考更得力,达到最佳的学习效果。

三、添加知识框架,章节思维脉络清晰,方便考生理清思路

本书每一章前面都添加有知识框架。知识框架是对章节考试要点的提炼,能帮助考生快速掌握考试要点,理清自己的学习思路,从而达到快速备考、科学备考的目的。

四、添加案例分析,方便考生检验学习成果

本书添加了案例分析练习题,并且题后有详细的参考答案及解析,方便考生快速检验对知识点的掌握程度和学习效果。

由于时间和编者水平有限,本书难臻完善,不足之处,敬请广大考生予以指正。同时希望本书能够帮助各位考生顺利通过考试!

编　者

目 录

第一部分　专业安全技术

第二部分　安全生产案例分析

第一部分

专业安全技术

第一章　生产工艺流程

知识框架

- 生产工艺流程
  - 钢铁冶炼生产工艺流程及其安全生产特点
    - 钢铁冶炼生产工艺流程
    - 各生产工艺流程的特点
    - 安全生产特点
  - 有色金属冶炼生产工艺流程及安全生产特点
    - 有色金属冶炼工艺流程
    - 安全生产特点

考点精讲

第一节　钢铁冶炼生产工艺流程及其安全生产特点

考点 1　钢铁冶炼生产工艺流程

项目	具体内容
钢铁冶炼的主要生产工艺流程	金属按颜色分为黑色金属和有色金属。黑色金属包括铁、铬、锰三种。铁是现代工业最重要和应用最多的金属，所以本节重点讲解钢铁冶炼。 钢铁冶炼的生产过程主要包括烧结和球团、焦化、炼铁、炼钢、连铸、轧钢六个生产过程

考点 2　各生产工艺流程的特点

项目	具体内容
烧结、球团	烧结是指将粉状料（如粉矿）或细粒料（如精矿）进行高温加热，其中炼铁的原料可以是含铁废弃物与精矿粉烧结成块的物质。其工艺流程是在不完全融化的条件下烧结成块的过程，主要是将细粒含铁原料与熔剂和燃料进行配料，经造球、点火、燃烧，所得成品再经过破碎、筛分、冷却、整粒后运往炼铁厂。球团也是粉矿造块的重要方法之一。先将粉矿加适量的水分和黏结剂制成黏度均匀、具有足够强度的生球，经干燥、预热后在氧化气氛中焙烧，使生球结团，制成球团矿

续表

项目	具体内容
焦化	焦化厂一般由备煤、炼焦、回收、精苯、焦油、其他化学精制、化验和修理等车间组成。其中化验和修理车间为辅助生产车间。备煤车间的任务是为炼焦车间及时供应符合质量要求的配合煤。炼焦车间是焦化厂的主体车间。 主体车间的生产流程是:装煤车从贮煤塔取煤后,运送到已推空的碳化室上部将煤装入碳化室,煤经高温干馏变成焦炭,并放出荒煤气由管道输往回收车间;用推焦机将焦炭从碳化室推出,经过拦焦车后落入熄焦车内送往熄焦塔熄焦;之后,从熄焦车卸入晾焦台,蒸发掉多余的水分和进一步降温,再经输送带送往筛焦炉分成各级焦炭。回收车间负责抽吸、冷却及吸收回收炼焦炉发生的荒煤气中的各种初级产品
炼铁	高炉炼铁生产是冶金工业最主要的环节,高炉冶炼是把铁矿石还原成生铁的连续生产过程。炼铁是将铁矿石或烧结球团矿、锰矿石、石灰石和焦炭按一定比例予以混匀送至料仓,再送至高炉,从高炉下部吹入 1 000 ℃左右的热风,使焦炭燃烧产生大量的高温还原气体(煤气),从而加热炉料并使其发生化学反应。在 1 100 ℃左右铁矿石开始软化,1 400 ℃熔化形成铁水与液体渣,分层存于炉缸,之后进行出铁、出渣作业
炼钢	铁水中含有 C、S、P 等杂质,影响铁的强度和脆性等,需要对铁水进行再冶炼,以去除上述杂质,并加入 Si、Mn 等,调整其成分,对铁水进行重新冶炼以调整其成分的过程叫作炼钢。炼钢的主要原料是含碳较高的铁水或生铁以及废钢铁
连铸	连铸,即连续铸钢的简称,是铸钢生产技术的重大革命。在钢铁厂生产各类钢铁产品过程中,使钢水凝固成型有传统的模铸法和连续铸钢法两种方法。连续铸钢的具体流程为:钢水不断地通过水冷结晶器,凝成硬壳后从结晶器下方出口连续拉出,经冷却,全部凝固后切成坯料
轧钢	在旋转的轧辊间改变钢锭或钢坯形状的压力加工过程叫轧钢。轧钢的目的与其他压力加工一样,一方面是为了得到需要的形状,另一方面是为了改善钢的内部结构。轧钢方法按轧制温度不同可分为热轧与冷轧

考点 3　安全生产特点

项目	具体内容
安全生产特点	(1)生产作业环境复杂。 (2)作业现场人员类型复杂。 (3)危险作业类别众多。 (4)危险有害因素种类众多。 (5)可能发生重特大人员伤亡事故。 (6)可能引起次生安全事故

第二节　有色金属冶炼生产工艺流程及其安全生产特点

考点1　有色金属冶炼工艺流程

项目	具体内容
有色金属冶炼工艺流程	有色金属冶炼是从矿石、精矿、二次资源或其他物料中提取主金属和伴生元素或其化合物的物理化学过程。提取方法主要有火法冶金、湿法冶金和电冶金三类。火法冶金一般是在高温条件下进行，包括焙烧、熔炼、还原、吹炼、精炼等过程；湿法冶金是在水溶液中进行，包括浸出、液固分离、溶液净化、金属提取等过程；电冶金是利用电化学反应或电热进行的冶金过程，包括水溶液电解、熔融盐电解、电解提取、电解精炼等过程。 有色金属提取冶金通常包括三个主要步骤： (1)矿物分解和化合物提取，分解目的在于破坏矿物稳定结构，并使其中欲提取的主金属和伴生金属分离，转变成氧化物、氯化物硫酸盐，或转入锍相；主要有焙烧、造锍熔炼、浸出等方法。 (2)粗金属制取，通常采用还原熔炼以及金属热还原、碳热还原、氢还原、电解、置换等方法。 (3)金属精炼，目的在于脱除金属中的杂质，产出符合使用要求的纯金属，主要有火法精炼和电解精炼两种方法

考点2　安全生产特点

项目	具体内容
有色金属冶炼安全生产特点	有色金属的冶炼根据矿物原料的不同和各金属本身的特性，可以采用多种方法进行冶炼，包括火法冶炼、湿法冶炼以及电化冶炼。从目前的产量及金属种类来说，以火法冶炼为主。 有色金属的冶炼方法基本上可分为三大类，第一类是硫化矿物原料的选硫熔炼，属于这类的金属有铜、镍；第二类是硫化矿物原料先经焙烧或烧结后，进行炭热还原生产金属，属于这一类的金属有锌、铅、锑；第三类是焙烧后的硫化矿或氧化矿用硫酸等溶剂浸出，然后用电解法从溶液中提取金属，属于这类冶炼方法的金属主要有锌、镉、镍、钴、铝。铜、铅冶炼厂生产金、银处理阳极泥仍使用火法流程，一般阳极泥处理包括脱铜、脱硒、贵铅的还原熔炼和精炼，银电解、金电解等工序。铅阳极泥则用直接熔炼、电解或与脱铜脱硒后的铜阳极泥混合处理。 我国主要大型有色金属冶炼厂以火法冶炼作为骨干流程，对冶金生产过程进行分组、计划、指挥、协调和控制管理。冶炼生产多在高温、高压、有毒、腐蚀等环境下进行，为确保操作人员和设备的安全，必须特别注意安全防护措施的落实，努力提高机械化和自动化水平。冶金工业是污染最严重的行业之一，有色金属生产中会不断地向环境排放大量的废渣、废水、废气，极易污染环境和破坏生态平衡，必须要有完善的“三废”治理工程加以处理和利用。另外，生产中带来的噪声、振动、恶臭、放射线和热污染等，破坏生态平衡，造成环境污染，也会给人民健康和生物生长带来危害

案例分析

C焦化厂为民营企业，从业人员1 000人，2009年发生生产安全事故2起，造成2人轻伤。该厂因精苯工业废水兑水稀释后外排，被环保部门责令整改。该厂采取的措施是将废水向煤场内煤堆喷洒，这样既抑制了扬尘，又避免了废水外排。为防止相关事故发生，该厂于2009年5月20日制定实施了《C焦化厂精苯污水喷洒防尘管理办法》。

2011年5月11日15时20分许，C焦化厂备煤工甲、乙在进行带式输送机巡检作业时闻到强烈异味，随后两人分别前往不同部位查找原因。15时38分，乙听到从甲的方向传来一声闷响，气浪迎面扑来，发现通廊部分坍塌，乙立即呼救。

厂领导接到报告后，迅速组织对带式输送机通廊坍塌现场进行搜救，在带式输送机通廊北端发现甲倒在废墟中。甲头部有明显外伤，身上大面积烧伤，经医务人员确认已经死亡。

事故调查确认，此次事故为1号煤仓内苯蒸气爆炸事故。在含苯废水向煤场内煤堆喷洒1年后，废水管道断裂，废水从管道断裂处流入煤堆底部，经带式输送机运输，大量含苯煤粉进入1号煤仓，从含苯煤粉中挥发出的低浓度苯蒸气积聚达到爆炸极限，遇到点火源后引起爆炸。

根据以上场景，回答下列问题(1～3题为单选题，4～5题为多选题)：

1. 根据《安全生产法》关于安全生产管理机构设置及安全管理人员配备的规定，C焦化厂(　　)。

A. 可以只配备兼职安全生产管理人员

B. 可以委托注册安全工程师事务所代管企业安全生产

C. 可以委托具有安全评价资质的评价机构代管企业安全生产

D. 应当设置安全生产管理机构或配备专职安全生产管理人员

E. 可以委托具有注册安全工程师职业资格的个人代管企业安全生产

2. C焦化厂招收新从业人员，新上岗的从业人员安全培训时间不得少于(　　)学时。

A. 12　　B. 24　　C. 36　　D. 48

E. 72

3. C焦化厂2009年百万工时伤害率为(　　)。

A. 1　　B. 2　　C. 3　　D. 4

E. 5

4. C焦化厂工作场所存在的职业性有害因素包括(　　)。

A. 煤尘　　B. 苯　　C. 氯　　D. 高温

E. 焦炉煤气

5. C焦化厂要恢复生产在修复破坏的设备设施后还需(　　)。

A. 重新办理安全生产许可证　　B. 完善安全生产制度和操作规程

C. 将事故责任人移送司法机关　　D. 全面落实事故调查报告整改要求

E. 进行一次全面的安全生产检查

参考答案及解析

1. D 【解析】《安全生产法》第二十四条规定,矿山、金属冶炼、建筑施工、运输单位和危险物品的生产、经营、储存、装卸单位,应当设置安全生产管理机构或者配备专职安全生产管理人员。前款规定以外的其他生产经营单位,从业人员超过一百人的,应当设置安全生产管理机构或者配备专职安全生产管理人员;从业人员在一百人以下的,应当配备专职或者兼职的安全生产管理人员。C 焦化厂属于高危行业,应当设置安全生产管理机构或者配备专职安全生产管理人员。

2. E 【解析】煤矿、非煤矿山、危险化学品、烟花爆竹等生产经营单位新上岗的从业人员安全培训时间不得少于 72 学时,每年接受再培训的时间不得少于 20 学时。

3. A 【解析】百万工时伤害率 $=2/(1\ 000\times8\times250)\times10^{6}=1$。

4. ABDE 【解析】煤炭破碎产生煤尘,焦化过程产生高温及焦炉煤气,焦化副产品存在苯及苯系物。

5. BDE 【解析】C 厂未被吊销安全生产许可证,无须重新办理。对于事故责任人的处理是公安机关及检察院的职权。

第二章　烧结球团安全技术

知识框架

- 烧结球团安全技术
  - 烧结球团安全相关技术和标准
    - 一般安全要求
    - 通信、信号、仪表
    - 防火、防爆
    - 动力设施
    - 厂区布置与厂房建筑
  - 烧结球团的安全生产知识
    - 储料
    - 烧结
    - 球团
    - 工业卫生
    - 起重与运输
    - 电气安全与照明

考点精讲

第一节　烧结球团安全相关技术和标准

考点1　一般安全要求

项目	具体内容
一般安全要求	(1)车间主要危险源或危险场所,应设有“禁止靠近”“禁止通行”或其他安全标志。安全色和安全标志应分别符合《安全色》(GB 2893)和《安全标志及其使用导则》(GB 2894)的规定。 (2)直梯、斜梯、防护栏杆和平台,应分别符合《固定式钢梯及平台安全要求》(GB 4053.1 ~ GB 4053.3)的有关规定;梯子踏板、平台底版、盖板及栏杆等完好、可靠;人员通过或上下时应扶稳踩牢。 (3)通道、走梯的出入口,不应位于吊车运行频繁的地段或靠近铁道。否则,应设置安全防护装置

续表

项目	具体内容
一般安全要求	(4)水封槽和水沟上应设安全设施。 (5)装置、设备裸露的运转部分,应设有防护罩、防护栏杆或防护挡板。 (6)吊装孔应设置防护盖板或栏杆,并应设警示标志。 (7)行车及布料小车等在轨道上行走的设备,两端应设有缓冲器和清轨器,轨道两端应设置电气限位器和机械安全挡。 (8)厂房内、转运站、带式输送机通廊,均应设有洒水清扫或冲洗地面等设施。排水沟、池应设有盖板,砂泵坑四周应设置安全栏杆。 (9)应建立操作牌、工作票制度以及停送电和安全操作确认制度。 (10)应建立严格的设备使用、维护保养和检修制度。 (11)设备检修或技术改造,应制定相应的安全技术措施。多单位、多工种在同一现场施工时,应建立现场指挥机构,协调作业。 (12)进入设备内部检修作业时,设备人孔外部要有专人监护,作业后要对人员、工具等进行清点,确认无误后方可撤离。 (13)进入受限空间作业时要保持充足的通风,并采取降温措施;受限空间照明用电电压应小于或等于 24 V,在潮湿容器或狭小空间电压应小于或等于 12 V;应佩戴便携式氧气检测报警器,内部有煤气的要佩戴便携式一氧化碳检测报警器并提前检测一氧化碳浓度。 (14)人员进入料仓捅料时,应系安全带,在作业平面铺设垫板,并应有专人监护,不应单独作业。应尽可能采取机械疏通。 (15)在有粉尘、潮湿或有腐蚀性气体的环境下工作的仪表,应选用密闭式或防护型的,并安装在仪表柜(箱)内。 (16)仪表系统的接地(包括保护接地、工作接地、屏蔽接地以及保安仪表接地等)应符合国家有关规定。 (17)配电室、电缆室(电缆垂直通道),应设有烟雾火灾自动报警器、监视装置及灭火装置,火灾报警系统宜与强制通风系统联锁;应采取防火墙、防火门间隔;油库、液压站等区域应设置专门的防火设施

考点 2 通信、信号、仪表

项目	具体内容
通信、信号、仪表	(1)厂、车间、主要操作室和岗位之间,应设有上下相互联系的电话或对讲机。 (2)生产中应采用下列信号及安全防护设施:煤气、空气压降报警和指示信号(音响及色灯),煤气管道压力自动调节和煤气紧急自动切断装置;空气冷却器和水冷装置的水压降信号,油冷却器油压降信号,稀油润滑系统的油压降信号;抽风机轴承、电机的温升信号,球磨机、棒磨机轴承温升信号;事故信号(音响及色灯);单机运动的设备和联锁系统的设备,应设置预告和启动信号

续表

项目	具体内容
通信、信号、仪表	(3)主抽风机室应设有监测烟气泄漏、一氧化碳等有害气体及其浓度的信号报警装置。煤气加压站和煤气区域的岗位,应设置监测煤气泄漏显示、报警、处理应急和防护装置。 (4)在有粉尘、潮湿或有腐蚀性气体的环境下工作的仪表,应选用密闭式或防护型的,并安装在仪表柜(箱)内。 (5)在有爆炸危险的场所,应选用防爆或隔离火花的本安型仪表。 (6)测量潮湿气体的导压管、蝶阀以及低湿易凝介质的管路,应采取保温或伴热措施。对黏稠性介质、含固体物介质、腐蚀性介质或在环境温度下可能气化、冷凝、结晶、沉淀的介质,应采用隔离式的测量仪表。 (7)仪表系统的接地(包括保护接地、工作接地、屏蔽接地以及保安仪表接地等)应符合国家有关规定

考点 3　防火、防爆

项目	具体内容
防火、防爆	(1)应设有完整的消防水管路系统,确保消防供水。 (2)主要的火灾危险场所,应设有与消防站直通的报警信号或电话。 (3)厂房建筑的防火要求,应符合《建筑设计防火规范》(GB 50016)的有关规定,生产的火灾危险性分类,应符合表 1-2-1 的规定。 (4)各类建(构)筑物配置小型灭火装置的配置系数,应符合表 1-2-2 的规定。 注:各类建(构)筑物所配置小型灭火装置的数量为建筑物的面积乘以表中的系数,结果如果为小数,则四舍五入取整数;配电室、电缆室(电缆垂直通道)、油库和磨煤室,应设有烟雾火灾自动报警器、监视装置及灭火装置,火灾报警系统宜与强制通风系统联锁;应采取防火墙、防火门间隔和遇火能自动封闭的电缆穿线孔等建筑措施。新建、改建、扩建的大型烧结球团厂的主控室,应设有集中监视和显示火警信号的装置。 (5)机头电除尘器应设有防火防爆装置。 (6)煤气加压站、油泵室、油罐区、磨煤室及煤粉罐区周围 10 m 以内,不应有明火。在上述地点动火,应开具动火证,并采取有效的防护措施。 (7)烧结工艺中的燃料加工系统,其除尘设施不应使用电除尘,应使用袋式除尘器

考点 4　动力设施

项目	具体内容
动力设施	(1)厂内煤气使用应遵守《工业企业煤气安全规程》(GB 6222)相关规定。 (2)厂内各种气体管道应架空敷设。易挥发介质的管道及绝缘电缆,不应架设在热力管道之上

续表

项目	具体内容
动力设施	(3)各燃气管道在厂入口处,应设总管切断阀。燃气管道不应与电缆同沟敷设,并应进行强度试验及气密性试验。 (4)应有蒸汽或氮气吹扫燃气的设施,各吹扫管道上,应设防止气体串通的装置或采取防止串通的措施。 (5)厂内使用表压超过0.1 MPa的油、水、煤气、蒸汽、空气和其他气体的设备和管道系统,应安装压力表、安全阀等安全装置,并应采用不同颜色的标志,以区别各种阀门处于开或闭的状态。 (6)管道的涂色和标示,应符合《工业管道的基本识别色、识别符号和安全标识》(GB 7231)的规定。 (7)使用煤气,应根据生产工艺中的安全措施和安全要求,制定高、低压煤气报警限值标准。 (8)煤气管道应设有大于煤气最大压力的水封和闸阀;蒸汽、氮气闸阀前应设放散阀,防止煤气反窜。 (9)煤气设备的检修和动火、煤气点火和停火、煤气事故处理和新工程投产验收,应执行《工业企业煤气安全规程》(GB 6222)的相关规定。 (10)厂内供水应有事故供水设施。 (11)水冷系统应按规定要求试压合格,方可使用。水冷系统应设流量和水压监控装置,使用水压不应低于0.1 MPa,出口水温应低于50 ℃。 (12)最低气温在-5 ℃以下的场所,对间断供水的部件应采取保温措施

考点5　厂区布置与厂房建筑

项目	具体内容
厂区布置与厂房建筑	(1)新建的烧结球团厂,应位于居民区及工业场区全年最小频率风向的上风侧,厂区边缘至居民区的距离应大于1 000 m。 (2)烧结室和球团焙烧室的主厂房配置,应与季节盛行风向相垂直。 (3)厂区办公、生活设施宜设在烧结机或球团焙烧机(窑)季节盛行风向上风侧100 m以外。 (4)带式输送机通廊净空高度,一般不应小于2.2 m,热返矿通廊净空高度一般不应小于2.6 m

表1-2-1　生产的火灾危险性分类

类别	原料与仓库	烧结球团	动力设施
甲	乙炔瓶库、乙炔发生器房、汽油库		

续表

类别	原料与仓库	烧结球团	动力设施
乙	氧气瓶库	煤粉车间	煤粉加压站、煤气、氧气及管道设施
丙	重油罐区、煤粉罐区	主控室、变电所、变压器室、电缆沟、电磁站、煤、焦炭筛分、转运、配电室(每台装油量大于60 kg的设备)	油库、油泵房、滑润站、液压站、空压机房
丁		球磨机、棒磨机、混合机回转窑高压油箱、热作业机操作室、热返矿皮带通廊、成品皮带操作室、配电室(每台装油量小于等于60 kg的设备)	
戊	煤场	胶带库	

表1-2-2　各类建(构)筑物配置小型灭火装置的配置系数

类别	配置系数
甲、乙类建(构)筑物	1/50
丙类建(构)筑物	1/80
丁、戊类建(构)筑物	1/100～1/50
甲、乙类仓库	1/80
丙类仓库	1/100
丁、戊类仓库	1/150

第二节　烧结球团的安全生产知识

考点1　储料

项目	具体内容
储料	1. 原辅料储存运输的主要危险及有害因素 (1)储存运输的工作地点:①翻车机室、汽车受料室、清车底、船舱舱底;②解冻室。主要职业危害因素:①矿尘、其他粉尘、煤尘;②煤尘、一氧化碳、二氧化硫、一氧化氮、二氧化氮。 (2)烧结原料的工作地点:①原料运输(皮带、转运站)、堆料机、取料机、矿槽、混匀配料槽、石灰石料仓;②燃料破碎机、燃料预筛分机等

续表

项目	具体内容
储料	主要职业危害因素:①矿尘、石灰石粉尘,煤尘、其他粉尘;②煤尘。 (3)球团原料的工作地点:膨润土料棚、仓式泵。 主要职业危害因素:膨润土粉尘。 (4)配料的工作地点:矿槽、配料圆盘、堆料机、取料机、皮带、转运站等。 主要职业危害因素:其他粉尘。 (5)混合的工作地点:混匀堆料机、混匀取料机、圆盘、混匀配料槽、一次混合机、二次混合机、混合料矿槽、给料机、皮带、转运站等。 主要职业危害因素:其他粉尘。 2. 储料生产工艺中的安全措施 (1)原料 原料场应有下列设施:工作照明和事故照明;防扬尘设施;停机或遇大风紧急情况时使用的夹轨装置;车辆运行的警示标志;升降、回转、行走的限位装置和清轨器;行走机械的主电源,采用电缆供电时应设电缆卷筒;采用滑线供电时,应设接地良好的裸线防护网,并悬挂明显的警示牌或信号灯;原料场设备设施应设置防电击、雷击安全装置。 原料场卸车设施和中和混匀设施的检修,应遵守下列规定:检修作业区域设明显的标志和灯光信号;检修作业区上空有高压线路时,应架设防护网;检修期间,相关的铁道设明显的标志和灯光信号,有关道岔锁闭并设置路挡。 堆取料机的走行轨道,两端应设有极限开关和安全装置,两车在同一轨道、同一方向运行时,相距不应小于 5 m。 原料仓库应符合下列要求:堆料高度应保证抓斗吊车有足够的安全运行空间,抓斗处于上限位置时,其下沿距料面的高度不应小于 0.5 m;应设置挡矿墙和隔墙;容易触及的移动式卸料漏矿车的裸露电源线或滑线,应设防护网,上下漏矿车处应悬挂警示牌或信号灯。 运转中的破碎、筛分设备,不应打开检修门或孔;检修或处理故障,应停机并切断电源和事故开关,挂“禁止启动”标志牌。 气力输送系统中的储气包、吹灰机或罐车,均应设有安全阀、减压阀和压力表,其设计、制造和使用应符合国家现行压力容器的有关规定。 气力输送或罐车送达的终点矿槽应予密闭,其上部应设置余压消除装置和除尘设施。 检修吹灰机和罐车的罐体,以及打开罐体装料孔,应预先打开卸压阀。 (2)配料、混合 配料矿槽上部移动式漏矿车的走行区域,不应有人员行走,其安全设施应保持完整。 粉料、湿料矿槽倾角不应小于 65°,块矿矿槽不应小于 50°。采用抓斗上料的矿槽,上部应设安全设施。 人员进入料仓捅料时,应系安全带(其长度不应超过 50 cm),在作业平面铺设垫板,并应有专人监护,不应单独作业。应尽可能采取机械疏通。 配料圆盘应与配料皮带输送机联锁。 不应有湿料和生料进入热返矿槽。 进入圆筒混合机检修和清理,应事先切断电源,采取防止筒体转动的措施,并设专人监护

考点 2　烧结

项目	具体内容
烧结	1. 烧结生产的主要危险及有害因素 (1)烧结的工作地点:①烧结机、控制室;②小格、破碎机、环冷机。 主要职业危害因素:①其他粉尘、一氧化碳、二氧化硫、一氧化氮、二氧化氮;②其他粉尘。 (2)冷却筛分的工作地点:冷却筛分机、电振给料机、皮带。 主要职业危害因素:其他粉尘。 (3)成品矿运送的工作地点:成品矿槽、皮带、装车。 主要职业危害因素:其他粉尘。 2. 烧结生产中产生的烟尘及噪声处理 (1)烧结过程中,产生大量粉尘、废气、废水,含有硫、铝、锌、氟、一氧化碳等有害成分,严重地污染环境。因此,应抽风除尘。烧结机抽风一般采用两级除尘:第一级集尘管和第二级除尘器除尘。大型烧结厂多用多管式,而中小型烧结厂除用多管式外还常用旋风式除尘器。 (2)烧结厂的噪声防治。它主要来源于高速运转的设备。这些设备主要有主风机、冷风机、通风除尘机、振动筛、锤式破碎机等。对噪声的防治,应当采用改善和控制设备本身产生噪声的做法,即采用合乎声学要求的吸、隔声与抗震结构的最佳设备设计,选用优质的材料,提高制造质量,对于超过单机噪声允许标准的设备则需要进行综合治理。 3. 生产工艺中的安全措施 新建、改建、扩建烧结机的圆辊给料机和反射板,应设有机械清理装置。 点火器操作与检修应遵守下列规定:点火器应设置空气、煤气比例调节装置和煤气低压报警及自动切断装置;烧嘴的空气支管应采取防爆措施;点火器检修应先切断煤气,打开放散阀,用蒸汽或氮气吹扫残余煤气;烧结机点火之前,应进行煤气爆发试验,点火时附近禁止明火,在烧结机点火器的烧嘴前面,应安装煤气紧急事故切断阀;清理火嘴时,必须站在火嘴上风向,以防煤气中毒;检查维护点火器必须 2 人以上配合操作,确认煤气阀门已关闭,炉内温度降至 60 ℃以下时才能进入炉膛,指定一人监护并确保与外部有有效的联系信号;关火、点火、检修等煤气作业严格遵守《工业企业煤气安全规程》(GB 6222)的要求。 烧结平台上不应乱堆乱放杂物和备品备件,每个烧结厂房烧结平台上存放的备用台车,应根据建筑物承重范围内准许 5 块至 10 块台车存放,载人电梯不应用作检修起重工具,不应有易燃和爆炸物品。 烧结机台车轨道外侧安装防护网;检修时,热返矿未倒空前不应打水。 在台车运转过程中,不应进入弯道和机架内检查。检查进入时应索取操作牌,停机、切断电源,挂上“禁止启动”标志牌,并设专人监护。 更换台车应采用专用吊具,并有专人指挥,更换栏板,添补炉箅条等作业,应停机、停电进行

续表

项目	具体内容
烧结	主抽风机室高压带电体的周围应设围栏，地面应敷设绝缘垫板。 主抽风机启动前应检查水封水位是否符合相关规定。 主抽风机操作室应与风机房隔离，并采取隔音和调温措施；风机及管道接头处应保持严密，防止漏气。 进入大烟道作业时，不应同时从事烧结机台车、添补炉箅等作业。应切断点火器的煤气，关闭各风箱调节阀，断开抽风机的电源，执行挂牌制度。 进入大烟道检查或检修时，先用一氧化碳检测仪检测废气浓度，符合标准后方可进入，并在人孔处设专人监护。作业结束后，确认无人后，方可封闭人孔。 进入单辊破碎机、热筛、带冷机和环冷机作业时，应采取可靠的安全措施，并设专人监护。 检测仪、空气呼吸器等防护装置应定期送有相应资质的单位进行检验

考点3 球团

项目	具体内容
球团	1. 球团生产的主要危险及有害因素 (1)造球的工作地点：混合矿槽、小混筛、圆盘给料机、造球机、摆动皮带、大混筛。 主要职业危害因素：其他粉尘。 (2)造球竖窑的工作地点：链篦机、篦板、皮带、带式焙烧机、集中控制室。 主要职业危害因素：其他粉尘、一氧化硫、二氧化硫、一氧化氮、二氧化氮。 (3)冷却筛分的工作地点：冷却筛分机、环冷机、皮带。 主要职业危害因素：其他粉尘。 (4)返矿的工作地点：圆盘机、拉链机、皮带。 主要职业危害因素：其他粉尘。 (5)成品矿运送的工作地点：成品矿槽、皮带、装车。 主要职业危害因素：其他粉尘。 2. 球团生产工艺中的安全措施 进入磨机检修时，应确定磨机上方是否有粘料，防止垮塌伤人，并与上下岗位联系好，停电并挂上“禁止启动”的标志牌，设专人监护。 重油的贮存与输送应符合下列要求：油罐周围设防火围墙或铁丝网，并定期检查和维修；油泵室内采用防爆型电气设备；油管建成后进行压力试验；管内油速不应超过4 m/s，油管采取伴热和保护措施；吹洗油管路时，关闭各计示仪表通路及油泵两端的阀门；油罐内最低油位不应低于加热器顶面的高度；加热用的蒸汽应使用饱和蒸汽，不应使用过热蒸汽。 煤粉制备与输送应遵守下列规定：所有设备均采用防爆型的；磨煤室周围留有消防车通道；煤粉罐及输送煤粉的管道，有供应压缩空气的旁路设施，并应有泄爆孔，泄爆孔的朝向，应考虑是否危及人员和设备；储煤罐停止吹煤时，煤在罐内贮存的时间，烟煤不应

续表

项目	具体内容
球团	超过 5 h,其他煤种不应超过 8 h,罐体结构应能保证煤粉从罐内完全自动流出;当控制喷吹煤粉的阀门或仪表失灵时,应能自动停止向球团焙烧炉内喷吹煤粉并报警;煤粉燃烧器和煤粉输送管道之间,应设有逆止阀和自动切断阀;煤粉管道停止喷吹煤粉时,应用压缩空气吹扫管道;煤粉管道停止喷吹烟煤时,应用氮气吹扫;磨煤机出口的煤粉温度应低于 80 ℃,贮煤罐、袋式除尘器中的煤尘,温度应低于 70 ℃,并应有温度记录和超温、超压警报装置;检查煤粉喷吹设备时,应使用铜质工具;煤粉仓应设温度计、一氧化碳监测仪表;煤粉仓罐应设充惰气设施;针对煤粉仓罐煤粉自燃及着火,应设专门的灭火设施;进原煤仓罐及煤粉仓罐作业时,应保证通风良好,有害气体浓度不超标准。 在煤气区域作业或检查时,应带好便携式煤气报警仪,且应有 2 人以上协助作业,1 人作业,1 人监护。 煤气设备检修时,应确认切断煤气来源,用氮气或蒸汽扫净残余煤气,取得危险作业许可证或动火证,并确认安全措施后,方可检修。 清理球盘积料时,应保证球盘传动部分无人施工,防止因物料在盘内偏重带动球盘,造成传动部分突然动作而伤人。 更换造球机刮刀前,应先将跳板搭好,扎牢。拆卸或安装刮刀棒时,应由 2 人以上相互配合作业,应保证站位牢靠,同时应防止工具、刮刀棒掉落伤人。 燃烧室点火之前,应进行煤气引爆试验。 点火时,应携带煤气报警仪,并有人监护。不应有明火,防止发生火灾。定期对煤气管道进行检查,防止煤气泄漏,造成煤气中毒。 在炉口捅料时,应穿戴好防护用品,防止烫伤。捅料时用力应适度,以免损坏三角炉箅和炉箅条。 竖炉停炉或对煤气管道及相关设备进行检修时,应通知煤气加压站切断煤气,打开支管的两个放散阀,并通入氮气或蒸汽,4 h 以上方可检修,并用一氧化碳测试仪检查。 进入竖炉炉内作业时应遵循以下准则:待竖炉排空,冷却 4 h 后,方可进入炉内作业。检修时进入炉内作业应搭好跳板、挂梯,系好安全带,穿好隔热服,戴好防护眼镜,以防止坠落摔伤或烫伤。从上部进入炉内作业应带好安全带作业(安全带的挂绳应附装钢绳)。进入炉内前,应检查附在炉壁、导风墙上的残渣是否掉落,如没有,应清理干净后,方可在竖炉下部工作。在炉内下方作业应先将齿辊及油泵停下并挂检修牌,关好上部炉门,并设专人监护,再进入炉内搭设好防护设施后方可作业。 竖炉点火时,炉料应在喷火口下缘,不应突然送入高压煤气,煤气点火前应保证煤气质量合格,并保证竖炉引风机已开启,风门打开。 竖炉应设有双安全通道,通道倾斜度不应超过 45°。 进入烘干设备作业,应预先切断煤气,并赶净设备内残存的煤气。 回转窑一旦出现裂缝、红窑,应立即停火。在回转窑全部冷却之前,应继续保持慢转,停炉时,应将结圈和窑皮烧掉。 拆除回转窑内的耐火砖和清除窑皮时,应采取防窑倒转的安全措施,并设专人监护

考点4　工业卫生

项目	具体内容
工业卫生	所有产尘设备和尘源点，应严格密闭，并设除尘系统。作业场所粉尘和有害物质的浓度，应符合《工业企业设计卫生标准》（GBZ 1）、《工作场所有害因素职业接触限值 第1部分：化学有害因素》（GBZ 2.1）的规定。 除尘设施的开停，应与工艺设备联锁；收集的粉尘应采用密闭运输方式，避免二次扬尘。 对散发有害物质的设备，应严加密闭。 接触粉尘人员要严格按照要求佩戴防尘口罩、眼罩等个人防护用品。 工作场所操作人员每天连续接触噪声的时间、接触碰撞和冲击等的脉冲噪声，应符合《工作场所有害因素职业接触限值　第2部分：物理因素》（GBZ 2.2）的规定。应积极采取防止噪声的措施，消除噪声危害。达不到噪声标准的作业场所，作业人员应佩戴防护用具。 作业场所放射性物质的允许剂量，不应超过《电离辐射防护与辐射源安全基本标准》（GB 18871）的标准。 使用放射性装置的部位或处所，周围应划定禁区，并设置放射性危险标志。 使用放射性同位素的单位，应建立健全放射性同位素保管、领用和消耗登记等制度。放射性同位素应存放在专用的安全储存场所

考点5　起重与运输

项目	具体内容
起重与运输	起重机械的使用、维修和管理，应遵守《起重机械安全规程 第1部分：总则》（GB 6067.1）、《起重机械安全规程 第5部分：桥式和门式起重机》（GB 6067.5）和《起重机 手势信号》（GB/T 5082）的规定。 起重机械应标明起重吨位，应装设卷扬限制器、行程限制器和启动、事故、超载的信号装置。 吊物不应从人员或重要设备上空通过，运行中的吊物距障碍物应在0.5 m以上。 拆装吊运备件时，不应在屋面开洞或利用桁架、横梁悬挂起重设施。不应用煤气、蒸汽、水管等管道作起重设备的支架。 厂里运输应遵守《工业企业厂内铁路、道路运输安全规程》（GB 4387）规定。 铁道运输车辆进入卸料作业区域和厂房时，应有灯光信号及警示标志，车速不应超过每小时5 km。 带式输送机应符合《带式输送机 安全规范》（GB 14784）规定。人员不应乘、钻和跨越带式输送机

考点6　电气安全与照明

项目	具体内容
电气安全与照明	应执行国家有关电气安全的规定，并参照《电业安全工作规程（发电厂和变电所电气部分）》（DL 408）的规定执行。 产生大量蒸汽、腐蚀性气体、粉尘等的场所，应采用封闭式电气设备；有爆炸危险的气体或粉尘的作业场所，应采用防爆型电气设备。 电气设备（特别是手持式电动工具）的金属外壳和电线的金属保护管，应有良好的保护接零（或接地）装置。 烧结机厂房、烟囱、竖炉等，应设有避雷装置，双烟道烟囱底部应设隔墙，防止窜烟。重油、煤粉等的金属罐区，应采取防静电措施。 不应带电作业。特殊情况下不能停电作业时，应按有关带电作业的安全规定执行。厂房自然采光和照明，应能确保作业人员工作和行走的安全。 设置一般事故照明的工作场所，应符合表1－2－3的规定。 车间工作场所照明的选用，应遵守下列规定：在有腐蚀性气体、蒸汽或特别潮湿的场所，应采用封闭式灯具或防水灯具；在易受机械损伤和振动较大的场所，灯具应加保护网和采取防振措施；有爆炸危险的气体或粉尘的工作场所，应采用防爆型灯具。 需要使用行灯照明的场所，行灯电压一般不应超过36 V，在潮湿的地点和金属容器内，不应超过12 V

表1－2－3　设置一般事故照明的工作场所

项目	具体内容
车间	设事故照明的工作场所
原料	原料仓库、堆取料机、龙门吊车、卸车机
配料	配料室、配料矿槽、混合料矿槽
烧结	烧结机平台、主抽风机室
球团	油库、煤粉室、重油罐区、煤粉罐区、造球机室、竖炉仪表室、回转窑、带式焙烧机平台
其他	主要通道及主要出入口、主控室、操作室、高压配电室、油泵房、煤气加压站、调度室

案例分析

2011年1月15日，烧结作业区乙班上白班。工人毛司延发现PL－1皮带机裂口处破坏情况加剧，马上通知主控室停止上料，待皮带上料排空后，PL－1皮带机停机，主控室联系设备检修人员处理，并通知设备保障处炼铁作业区烧结点检长祝树海，之后公司总调度室出方案，在裂口处钉上一块皮带，先维持上料，将铁料矿槽上满，再硫化皮带，以保证烧结机不停产。按此方案处理至11时40分，PL－1经手动试车一圈后，打到自动位置开始上铁料。12时40分配科工长赵某发现皮带机裂口处破坏情况加剧，立即现场紧急停机，并通知烧结主控室祝树海和检修人员赶到现场，商量后决定对皮带机进行硫化处理，并办理操作牌，停机停电后开始紧急处理。由于皮带上存留物料负重过大，皮带拉不到一起，要求岗位人员将皮带上物料清理下来，倒班作业长钱学攀安排岗位工赵阳和崔亮开始清理皮带上物料，赵阳一只脚站在铁料移动漏矿车轨道上，另一只脚站在轨道座上开始从皮带上扒料。钱学攀和崔亮站在下面扒料。13时50分，检修人员站在皮带机裂口处处理裂口时，皮带突然断裂，断裂的皮带向头、尾两方向迅速运动。向尾轮方向运动的皮带将赵阳刮倒在地面上，同时将崔亮碰倒在地。事故发生后，倒班作业长钱学攀立即通知调度室联系救护车，将二人送至医院治疗。

根据以上场景，回答下列问题：

1. 分析造成事故的原因。

2. 有什么具体措施和要求？

3. 根据烧结厂的规章制度，具体应该怎么做？

参考答案及解析

1. 事故原因

(1)相关方在硫化皮带作业时组织不合理。

(2)多方作业时没有明确安全责任人，现场作业组织不力，缺乏统一的协调指挥。

(3)岗位工安全意识不强，在皮带机存在安全隐患时冒险作业。

2. 控制措施及相关制度要求

(1)加强检修作业的规范管理和监督，应采取可靠的检修安全方案并措施得当。

(2)加强作业时的互保和监督工作，尤其是针对检修现场中任何可能造成伤害的危险源进行辨识，做到提早预防。

3. 安全操作规程

(1)启车前，必须认真检查设备及周围是否有人或障碍物等，确认方可启车。

(2)皮带机在运行时，严禁各类人员乘坐、横跨、钻过和踩靠皮带。严禁用皮带机运送其他物品。

(3)皮带机被物料压住时，不准用手推脚踩，应停机卸料三分之二后再启动。

(4)皮带机出现故障时，首先查清原因，如需自己处理，要采取相应的安全措施，在有人监护的情况下方可处理，如需维修人员处理，岗位工负责监护和试车。

(5)设备检修时，应先切断电源并做好操作牌的交接工作。

(6)在清扫卫生过程中，要小心、谨慎，防止皮带头尾轮及转动部位将衣物或工具绞入皮带。

(7)转动部位的安全措施必须完好无损，防止工作时刮伤或绞伤。

(8)在处理缓冲料斗粘料时，应双手将铲子或钎子握牢，两脚要站稳，时刻注意身边运行的皮带，身体不要过分向前倾斜，铲料时，不要用力过猛。防止发生意外事故。

第三章　焦化安全技术

知识框架

- 焦化安全技术
  - 焦化安全相关技术和标准
    - 一般安全要求
    - 厂址、厂区和厂房
  - 焦化的安全生产知识
    - 焦化的主要危险与事故预防
    - 备煤工艺中的安全措施
    - 炼焦工艺中的安全措施
    - 煤气净化工艺中的安全措施
    - 苯加氢加工工艺中的安全措施
    - 设备检修的安全措施
  - 危险工艺及重大危险源的安全技术
    - 危险化学品及重大危险源
    - 危险化学品事故的控制和防护措施
    - 危险化学品的储存与运输安全

考点精讲

第一节　焦化安全相关技术和标准

考点1　一般安全要求

项目	具体内容
一般安全要求	新建、改建、扩建工程项目的安全设施，应与主体工程同时设计、同时施工、同时投入生产和使用。安全设施的投资应纳入建设项目概算。 焦化设施的设计应保证安全可靠，对于危险作业、恶劣劳动条件作业，应优先采取机械化、自动化措施。 焦化主体设施、安全设施的设计和制造应有完整的技术文件，设计审查应有使用单位的安全管理部门参加。 施工应按设计进行，如有修改应经设计单位书面同意。工程中的隐蔽部分，应经设计

续表

项目	具体内容
一般安全要求	单位、建设单位、监理单位和施工单位共同检查合格，才能封闭。施工完毕，应由施工单位编制竣工说明书及竣工图，交付使用单位存档。 新建、扩建、改造和大修的焦化设施，应经过检查验收合格，并有完善的安全操作规程，才能投入运行。焦化设施的验收，应有使用单位的安全管理部门参加。 采用新工艺、新技术、新设备、新材料时，应制定相应的安全技术措施；对有关生产人员，应进行专门的安全技术培训，并经考核合格方可上岗。 对焦化作业人员，第1~2年应进行一次职业危险体检，体检结果记入“职业健康监护档案”。对身患职业病、职业禁忌或过敏症，符合调离规定者，应及时调理岗位，并妥善安置。 企业应为职工提供符合国家标准或行业标准的劳动防护用品，职工应正确佩戴和使用劳动防护用品。 企业应建立火灾、爆炸和毒物逸散等重大事故的应急救援预案，并配备必要的器材与设施，定期演练。 企业对涉及的重大危险源应登记建档，进行定期检测、评估、监控，并制定应急预案，告知从业人员和相关人员在紧急情况下应当采取的应急措施。并按照国家有关规定将本单位重大危险源及有关安全措施、应急措施报有关地方人民政府负责安全生产监督管理的部门和有关部门备案。 存在危险物质的场地，应设置醒目的安全标志。 企业应按国家现行规范的要求，设置火灾自动报警系统。在可能散发或泄漏甲类可燃气体、可燃液体的厂房和场所，应设置可燃气体浓度检测报警装置；可能泄漏或滞留有毒、有害气体而造成危险的地方，应设自动检测报警装置。 安全装置和防护设施不应擅自拆除，检修后应立即恢复，应保持完好有效。 兼具电动和手动两种方式的转动设备，应设手动时自动断电联锁。手动操作前，应拉下设备的电源开关。 设备和管道应根据其内部介质的火灾危险性和操作条件，设置相应的仪表、报警型号、自动联锁保护系统或紧急停车措施。 较高的通行、操作和检修场所，应设平台或防护栏杆。 易燃、易爆或高温明火场所的作业人员不应穿着易产生静电的服装。 在易燃、易爆场所，不应使用易产生火花的工具。 不应使用轻油、洗油、苯类等易散发可燃蒸气的液体或有毒液体擦洗设备、用具、衣物及地面。 加热炉煤气调节阀前宜设煤气紧急切断阀，应与物料流量、炉膛高温、煤气压力报警联锁。 当加热炉采用强制送风的燃烧嘴时，煤气支管上应装自动可靠隔断装置。在空气管道上应设泄爆膜。煤气、空气管道应安装低压报警装置。 焦炉煤气制甲醇各区域应配备空气呼吸器或防毒面具

续表

项目	具体内容
一般安全要求	焦化企业的防雷应满足现行的国家行业标准。 煤气储配(煤气气柜、加压机等)应符合《工业企业煤气安全规程》(GB 6222)的相关规定

考点2 厂址、厂区和厂房

项目	具体内容
厂址、厂区和厂房	1. 厂址选择 (1)焦化厂应位于居民区夏季最小频率风向的上风侧。厂区边缘与居民区边缘的距离应根据环境评价确定,一般不小于1 000 m。 (2)冶金联合企业中的焦化厂,不宜位于联合企业的全年最大频率风向的上风侧。 (3)主要建筑物应尽量避开不良地质地段,在矿区建厂时,厂区应避开陷落区,并符合爆破安全距离的要求。厂址标高应高出计算水位0.5 m。 (4)焦化厂厂址不应布置在下列地区:发震断层和抗震设防烈度高于9度的地震区;有泥石流、滑坡、流沙、溶洞等直接危害的地段;很严重的自重湿陷性黄土场地或厚度大的新近堆积黄土和高压缩性的饱和黄土地段等地质条件恶劣地区;采矿陷落及错动区界内;爆破危险范围内;水库下游,当堤坝决堤时,不能保证安全的地段;受洪水、潮水或内涝水淹没的区域;生活饮用水水源保护区内;国家规定的机场净空保护区内。 2. 厂区布置 (1)厂区的煤气净化车间应布置在焦炉的机侧或一段,其建(构)筑物最外边缘距大型焦炉炉体边缘不应小于40 m,距中、小型焦炉不应小于30 m。 (2)当采用捣固炼焦工艺,煤气净化车间布置在焦侧时,其建(构)筑物最外边缘距焦炉熄焦车外侧轨道边缘不应小于45 m(当焦侧同时布置有干熄焦装置时,该距离为距干熄炉外壁边缘的距离)。 (3)粗苯精制区不宜布置在焦化厂的中心地带,所属建(构)筑物边缘与焦炉炉体之间距,不应小于50 m。 (4)煤场和焦油车间宜设在厂区常年最小频率风向的上风侧,沥青生产装置宜布置在焦油蒸馏生产装置的端部,并位于厂区的边缘。 3. 厂房建筑 (1)易燃与可燃性物质生产厂房或库房的门窗应向外开,油库泵房靠储槽一侧不应设门窗。 (2)容易积存可燃性粉尘的厂房、胶带输送机通廊的内表面应平整、易于清扫。 (3)安全出入口(疏散门)不应采用侧拉门(库房除外),严禁采用转门。 (4)厂房、梯子的出入口和人行道,不宜正对车辆、设备运行频繁的地点,否则应设防护装置或悬挂醒目的警告标志

续表

项目	具体内容
厂址、厂区和厂房	(5)生产区域必须设安全通道,安全通道净宽不应小于1 m,仅通向一个操作点或设备的不应小于0.8 m,局部特殊情况不应小于0.6 m。 (6)有爆炸危险的甲、乙类厂房,宜采用敞开或半敞开式建筑;必须采用封闭式的建筑物时,应采取强制通风换气措施

第二节　焦化的安全生产知识

考点1　焦化的主要危险与事故预防

项目	具体内容
焦化的主要危险与事故预防	1. 主要危险有害因素 (1)备煤主要危险有害因素:①机械伤害;②火灾与爆炸;③坍塌;④车辆伤害;⑤电气伤害;⑥高处坠落。 (2)炼焦主要危险有害因素:①火灾与爆炸;②中毒与窒息;③机械伤害;④烧伤与烫伤;⑤电气伤害;⑥高处坠落。 (3)焦炉煤气净化主要危险有害因素:①焦炉煤气净化车间主要危险化学品和其危险物质的特征,如焦炉煤气易燃爆,人体吸入CO会造成缺氧中毒等;②火灾与爆炸;③中毒;④灼烫与酸碱灼伤;⑤机械伤害;⑥触电;⑦高处坠落。 (4)粗(轻)苯加氢主要危险有害因素:①火灾与爆炸;②中毒。 2. 事故预防 (1)防尘与防毒。产生粉尘、毒物的生产过程和设备,应尽量考虑机械化和自动化,加强密闭,避免直接操作。并应结合生产工艺采取通风措施。产生粉尘、毒物等有害物质的工作场所,应有冲洗地面、墙壁的设施。工作场所空气中粉尘容许浓度应符合下列要求:时间加权平均容许浓度为4 mg/m^3,短时间接触容许浓度为6 mg/m^3,其外排气体的含尘浓度应符合现行国家标准的相关要求。粉碎机室、焦炉炉体、干熄焦炉、筛焦炉、储焦槽、运焦系统的转运站以及熄焦塔等散发粉尘处应密闭或设除尘装置。除尘设备应同相应的工艺设备连锁,做到比工艺设备先开而后停。焦仓漏嘴的开闭宜远距离操作。生活用水管和蒸汽管,应与生产用水管和蒸汽管分开。焦化厂酚、氰污水总排放口的水质,应符合《污水综合排放标准》(GB 8978)规定的排放标准。生产中的废渣,如再生器残渣、酚吡啶残渣、精苯酸焦油渣和生化处理产生的剩余污泥等,应尽快处置,减少对岗位卫生的影响。在有毒性危害的作业环境中,应设置必要的淋洗器、洗眼器,作业人员应配置相应的个人防护用品。 (2)有些可燃(爆炸)性混合物的形成是难以避免的,如易燃液体贮槽上部空间就存在可燃(爆炸)性混合物。因此,在充装物料前,往储槽内先充惰性气体(如氮)。此外,选

续表

项目	具体内容
焦化的主要危险与事故预防	用浮顶式贮槽也可以避免产生可燃(爆炸)性混合物。 (3)泄漏。泄漏是常见的产生可燃(爆炸)性混合物的原因。可燃气体、易燃液体和温度超过闪点的液体的泄漏,都会在漏出的区域或漏出的液面上产生可燃(爆炸)性混合物。造成泄漏的原因主要有两个: 第一点是设备、容器和管道本身存在漏洞或裂缝。有的是设备制造质量差,有的是长期失修、腐蚀造成的。所以,凡是加工、处理、生产或贮存可燃气体、易燃液体或温度超过闪点的可燃液体的设备、贮槽及管道,在投入使用之前必须经过验收合格。在使用过程中要定期检查其严密性和腐蚀情况。焦化厂的许多物料因含有腐蚀性介质,应特别注意设备的防腐处理,或采用防腐蚀的材料制造。 第二点是操作不当。相对地说,这类原因造成的泄漏事故比设备本身缺陷造成的要多些。由于疏忽或操作错误造成跑油、跑气事故很多。要预防这类事故的发生,除要求严格按标准化作业外,还必须采取防溢流措施。 (4)放散。焦化厂许多设备都设有放散管,加工处理或贮存易燃、可燃物料的设备或贮槽,放散管放散的气(汽)体有的本身就是可燃(爆炸)性混合物,或放出后与空气混合成为可燃(爆炸)性混合物。《焦化安全规程》规定,各放散管应按所放散的气体、蒸汽种类分别集中净化处理后方可放散。放散有毒、可燃气体的放散管出口应高出本设备及邻近建筑物 4 m 以上。可燃气体排出口应设阻火器。 (5)防火防爆。防爆的基本原则主要应采取以下措施:①防止爆炸性混合物的形成。②严格控制火源。③及时泄出燃爆开始时的压力。④切断爆炸传播途径。⑤减弱爆炸压力和冲击波对人员、设备和建筑的损坏。⑥检测报警。焦化厂主要爆炸危险环境区域的划分,应符合规定。爆炸危险环境区域划分应根据释放源的种类和性质确定,其中室内爆炸危险环境区域划分,应符合表 1-3-1 的规定。 无法得到规定的防火防爆等级设备而采用代用设备时,应采取有效的防火、防爆措施。 变、配电所不应设置在甲、乙类厂房内或贴邻建造,且不应设置在爆炸性气体、粉尘环境的危险区域内。供甲、乙类厂房专用的 10 kV 及以下的变、配电所,当采用无门窗洞口的防火墙隔开时,可一面贴邻建造,并应符合现行国家标准的有关规定。乙类厂房的配电所必须在防火墙上开窗时,应设置密封固定的甲级防火窗。架空电线严禁跨越爆炸和火灾危险场所。爆炸和火灾危险场所不宜采用电缆沟配线;若需设电缆沟,应有防止可燃气体积聚或含有可燃液体的污水进入沟内的措施。电缆沟通入变配电室、控制室的墙洞处,应填实、密封。电缆等可燃物与热力管线等发热体应保持适当的安全距离,避免热辐射引起自燃;因故无法做到的,应采取预防措施。 对易受外部影响着火的电缆密集场所或可能着火蔓延而酿成事故的电缆回路,可采取以下防火阻燃措施: 电缆穿过竖井、墙壁、楼板或进入电气盘、柜的孔洞处,用防火堵料密实封堵;在重要的电缆沟和隧道中,按要求分段或用软质耐火材料设置阻火墙;对主要回路的电缆,可

续表

项目	具体内容
焦化的主要危险与事故预防	单独敷设于专门的沟道中或耐火封闭槽盒内，或对其施加防火涂料、防火包带；在电力电缆接头两侧及相邻电缆2～3 m长的区段施加防火涂料或防火包带。 所有导线和电缆，五年内至少做一次绝缘试验。在容易积存爆燃性粉尘的环境，非铠装电缆或阻燃电缆表面附着的可燃性异电粉尘应定期清扫。 (6)破碎及粉碎设备等产尘点应加强密闭吸风，设置布袋除尘、湿式除尘、通风集尘等装置来降低煤尘浓度。 在焦化厂，一氧化碳存在于煤气中，特别是焦炉加热用的高炉煤气中的一氧化碳含量在30%左右。焦炉的地下室、烟道通廊煤气设备多，阀门启闭频繁，极易泄漏煤气。所以，必须对煤气设备定期进行检查，及时维护，烟道通廊的煤气阀应保证其处于负压状态。 (7)为了防止硫化氢、氰化氢中毒，焦化厂应当设置脱硫、脱氰工艺设施。过去国内只有城市煤气才进行脱硫，冶金企业一般不脱硫。至于脱氰，一般只从部分终冷水或氨气中脱氰生产黄血盐。随着对污染严重性认识的提高，近年来，各焦化厂已开始重视煤气的脱硫、脱氰问题。 (8)防暑、降温。下列地点应有降温措施：焦炉炉顶等高温环境下的工人休息室和调火工室；推焦机、装煤机、拦焦机和电机车的司机室；交换机工、焦台放焦工和筛焦工等的操作室。受高温烘烤的焦炉机械的司机室、电气室和机械式的顶棚、侧壁和底板应镶有不燃烧的隔热材料。必须供给高温作业人员足够的含盐清凉饮料。 (9)通风、采暖。多尘、散发有毒气体的厂房或甲、乙类生产厂房内的空气不应循环使用。甲、乙类生产厂房的排、送风设备，不应布置在同一通风机室内，也不应和其他房间的排、送风设备布置在一起。相互隔离的易燃易爆场所，不应使用一套通风系统。火灾或爆炸危险场所的通风设备，应用不燃烧材料制成，并应有接地和清除静电的措施。含有燃烧和爆炸性粉尘的空气，应在进入排风机前进行净化。煤气净化车间鼓风机旁，苯蒸馏泵房，精苯洗涤厂房和室内库房，经常运转的露天移动设备的司机室内，温度不应低于10 ℃。这些场所应安设自动或手动事故排风装置。事故通风措施的通风换气次数不小于12次/小时，事故排风装置的排出口，应避免对居民和行人造成影响。 (10)防噪声。工作场所操作人员每天连续接触噪声8 h，噪声声级卫生限值为85 dB(A)。对于操作人员每天接触噪声不足8 h的场所，可根据实际接触噪声的时间，按接触时间减半，噪声声级卫生限值增加3 dB(A)的原则，确定其噪声声级限值，但最高限值不应超过115 dB(A)。 (11)防射线。对封闭性的放射源，应根据剂量强度、照射时间以及照射源距离，采取有效的防护措施。具有辐射作业场所的生产过程应根据危害性质配置必要的监测仪表。维护和检修防射线、放射性同位素仪器和设备，工作人员应配备个人专用防护器具。接近最大允许接收剂量的工作人员，每年应至少体检一次，特殊情况应及时检查。射线源存放地点，必须设有明确标志、警告牌和禁区范围

续表

项目	具体内容
焦化的主要危险与事故预防	(12)防电。设备的电气控制箱和配电盘前后的地板应铺设绝缘板。变、配电站应配有绝缘手套、绝缘鞋和绝缘杆等。滑触线高度不宜低于3.5 m,低于3.5 m时,其下部应设防护网。防护网应良好接地。车辆上配电室的人行道净宽不宜小于0.8 m。裸露导体布置于人行道上部且离地面高度小于2.2 m时,其下部应有隔板。隔板离地不应小于1.9 m。电气设备(特别是手持电动工具)的金属外壳和电线的金属保护管,应与PE线或PEN线相连接,手持电动工具应有漏电保护。电动车辆的轨道应重复接地,轨道接头应用跨条连接。行灯电压不应大于36 V,在金属容器内或潮湿场所,电压不应大于12 V。安全电压的电路应该是悬浮的

表1-3-1 室内爆炸危险环境区域划分

车间	区域	划分
炼焦	焦炉地下室、机焦两侧烟气走廊(仅侧喷式)、变送器室	1区
	集气管直接式仪表室、炉间台和炉端台底层	2区
煤气净化	煤气鼓风机(或加压机)室、萃取剂为轻苯脱酚溶剂泵房、苯类产品及回流泵房、轻吡啶生产装置的室内部分、精脱硫装置高架脱硫塔(箱)下室内部分	1区
	脱酸蒸氨泵房、氨压缩机房、氨硫系统尾气洗涤泵房、煤气水封室	2区
	硫黄排放冷却室、硫结片室、硫黄包装间及仓库	11区
苯精制	蒸馏泵房、硫酸洗涤泵房、加氢泵房、加氢循环气体压缩机房、油库泵房	1区
	古马隆树脂馏分蒸馏闪蒸厂房	2区
	古马隆树脂制片及包装厂房	11区
焦油加工	吡啶精制泵房、吡啶蒸馏真空泵房、吡啶产品装桶间和仓库、酚产品装桶间的装桶口	1区
	工业萘蒸馏泵房、单独布置的萘结晶室、酚产品泵房、酚蒸馏真空泵房、萘精制泵房、萘洗涤室、酚产品装桶间和仓库	2区
	萘结片室、萘包装间及仓库(含一起布置的萘结晶室)、精蒽包装间及仓库、蒽醌主厂房、蒽醌包装间及仓库、萘酐冷却成型室及仓库	11区
甲醇	压缩厂房、甲醇合成(泵房)、甲醇精馏(泵房)、罐区(泵房)	2区

考点2 备煤工艺中的安全措施

项目	具体内容
备煤	1. 受煤 解冻库和卸煤装置的煤车出入口,应设置信号灯。解冻库不应由1人操作。翻车机应设置事故开关、自动脱钩装置、翻转角度极限信号和开关,以及人工清扫车厢时的断电开关,且应设置制动闸。翻车机转到90°时,其红色信号灯熄灭前禁止清扫车底。翻车时,其下部和卷扬机两侧禁止有人工作和逗留。重车和空车调车机前后,应设置行程限位开关和型号装置,并应有制动闸。用调车机牵引时,其轨道上应设置活动挡车器。严禁在车厢连接时上下车。螺旋卸煤机和链斗卸煤机应设置夹轨器。螺旋卸煤机的螺旋和链斗卸煤机的链斗起落机构,应设置提升高度极限开关。卸煤机械离开车厢之前,禁止扫煤人员进入车厢内工作。翻车机铁路线及其周围的工业建筑布置和配挂车设备应符合《工业企业厂内铁路、道路运输安全规程》(GB 4387)和铁路部门的其他相关管理规定。翻车机自动卸车作业时,铁路线路应集中联锁控制。 2. 储煤 煤场堆取料机平行布置时,两条线上堆取料机悬臂前端回转轨迹不宜发生相交。堆取料机应设置下列装置:风速计、防碰撞装置、运输胶带联锁装置、与煤场调度通话装置、回转机构和变幅机构的限位开关及信号、手动或具有独立电源的电动夹轨钳。 堆取料机供电地沟,应有保护盖板或保护网,沟内应有排水设施。禁止推土机横跨门式起重机轨道。煤堆应有防止自燃的措施,煤堆上宜喷覆盖剂或水。煤槽上部的入口应设金属盖板或围栏,煤流入口应设箅子,受煤槽(箅缝)不应大于0.2 m×0.3 m(0.2 m),翻车机下煤槽箅格(箅缝)不应大于0.4 m×0.8 m(0.4 m),粉碎机后各煤槽箅缝不应大于0.2 m。煤槽的斗嘴应为双曲线型,煤槽应设振煤或疏通装置。 地下通廊应有防治地下水侵入的设施,其地坪应坡向集水沟,集水沟必须设盖板。煤塔顶层除胶带通廊外,还应另设一个出口,煤塔顶部宜设通风窗口。进入煤槽、煤塔扒煤或清扫时,应采取可靠的防止垮煤埋压的安全措施,系好安全带,且应有人监护。人工捅料时,应采取可靠的安全措施。 3. 配煤、破碎及粉碎 配煤操作应自动化;采取核子秤配煤时,其辐射量应满足职业健康安全卫生要求,应设置醒目的警示标识。 配煤盘下的胶带输送机与配煤斗槽立柱之间的距离,在跑盘一侧不应小于1 m。粉碎机、破碎机前应设除铁器。破碎机和粉碎机,应有电流表,盘车前应断电。锤式粉碎机应有打开上盖的起重装置。粉碎机运转时,禁止打开其两端门和小门。 4. 成型煤 混合机和成型机,应设电流表、电压表、超负荷自动停机的联锁及相互自动联锁装置。进入混合机的沥青、焦油渣配管应全封闭,并安装蒸汽保温管。热态中不应进行点检、清扫等作业。混合机外壁应安装保温材料。成型机应设门开机停的联锁装置。各机进出口,应设置带净化器的抽风机或集中除尘。焦油渣设备应按启动顺序设置联锁装置

续表

项目	具体内容
备煤	斗式提升机上下应设限位开关。 5. 运煤 运煤系统应采用具有监视、操作、控制和保护功能的工业控制计算机系统。胶带输送机应有下列装置:胶带打滑、跑偏及溜槽堵塞的探测器;机头、机尾自动清扫装置;倾斜胶带的防逆转装置;胶带输送机至机头、机尾应安装紧急停机装置(两侧通行时,两侧均应安装);自动调整跑偏装置。 胶带输送机通廊两侧人行通道,净宽不应小于0.8 m,如系单侧人行通道,则不应小于1.3 m。人行通道上不应设置入口或敷设蒸汽管、水管等妨碍行走的管线。输送机通廊不应采用可燃材料建筑。沿胶带输送机走向每隔50~100 m,应设一个横跨胶带输送机的过桥。过桥走台平面的净空高度应不小于1.6 m。胶带输送机侧面的人行道,其倾角大于6°的,应有防滑措施;大于12°的,应设踏步。 胶带输送机宜加罩。未加罩的,应在机架两侧的下列地点,设置钢制挡板:人工挑拣杂物处;除铁器下需要人工拣出铁物处;起落胶带分流器及清扫溜槽处;人工跑盘和人工采样处;其他经常有人操作的地方。 胶带输送机支架的高度,应使胶带最低点距地面不小于400 mm。 胶带输送机的传动装置、机头、机尾和机架等与墙壁的距离,不应小于1 m。机头、机尾和拉紧装置应有防护设施。 采用长溜槽运煤,应设防堵振煤装置。需人工清扫的溜槽,上部应设平台。胶带运输机卸料小车应设夹轨钳,其轨道两端应有限位开关。胶带输送机运行时,不应用铁锹等工具处理、清理转动部位。管状胶带输送物料前,应安装除铁器

考点3　炼焦工艺中的安全措施

项目	具体内容
炼焦	1. 炼焦生产工艺中的安全措施 (1)焦炉炉顶。 表面应平整,纵、横拉条不应突出表面。焦炉应采用水封式上升管盖、隔热炉盖等措施。炉端台顶部应设操作工人休息室。焦炉上升管应设防热挡板或采取其他隔热措施。在对着上升管管口的横贯管管段下部宜设防火罩。集气管放散管的排出口应设置自动点火装置,放散管的高度应高出集气管走台5 m以上。若为人工操作,其开闭应能在集气管走台上进行。集气系统应设事故用工业水管,集气管操作台上部应设清扫孔。禁止在距打开上升管盖的炭化室5 m以内清扫集气管。桥管、集气管和吸气管上的清扫孔盖和活动盖板等,均应用小链与其相邻构件固定。清扫上升管宜机械化。上升管盖、桥管承插口、装煤孔、炉门和小炉门等,应采取防止冒烟的措施。煤塔漏嘴不宜采用煤气火焰保温。若采用煤气火焰保温,必须采取相应的安全措施。焦炉机侧操作台上预留

续表

项目	具体内容
炼焦	的向余煤提升机的下部煤斗放煤的下煤口，应有箅缝不大于0.2 m的箅子。 单斗余煤提升机，应有上升极限位置报警信号、限位开关及切断电源的超限保护装置。单斗余煤提升机正面（面对单斗）的栏杆，不应低于1.8 m，栅距不应大于0.2 m。单斗余煤提升机下部，应设单斗悬吊装置。地坑的门开启时，提升机应自动断电。单斗余煤提升机的单斗，停电时，应能自动锁住。在不妨碍车辆作业条件下，机侧操作平台应设一定高度的挡脚板。 高炉煤气因低压而停止使用后，在重新使用之前应采取可靠的安全措施。出现下列情况之一，应停止焦炉加热：煤气主管压力低于500 Pa；烟道吸力下降，无法保证蓄热室、交换开闭器等处吸力不小于5 Pa；换向设备发生故障或煤气管道损坏，无法保证安全加热。 采用高炉煤气、发生炉煤气等贫煤气加热的焦炉地下室必须设置固定式一氧化碳检测及报警装置。不应在烟道走廊和地下室带煤气抽、堵盲板。从下喷管往上观看煤气道时，应佩戴防护眼镜。焦炉地下室水封应保持完好状态。 （2）焦炉机械。 推焦机、拦焦机、电机车、装煤车开车前必须发出音响信号；行车时严禁上、下车；除行走外，焦炉机械的各单元操作应实现程序控制；司机室内，应铺绝缘板。 推焦机、拦焦机和电机车之间，应有通话、信号联系和联锁，并应严格按信号逻辑关系操作，不应擅自解除联锁。推焦机、装煤车和电机车，应设压缩空气压力超限时空压机自动停转的联锁。司机室内，应设置风压表及风压极限声、光信号。 推焦机和拦焦机宜设置清扫炉门、炉框以及清理炉头尾焦的设备。应沿推焦机全长设能盖住与机侧操作台之间间隙的舌板，舌板与操作台之间不应有明显台阶（仅适用于4.3 m及以下焦炉）。推焦杆应设行程极限信号、极限开关和尾端活牙或机械挡。带翘尾的推焦杆，其翘尾角度应大于90°，且小于96°。平煤杆和推焦杆应设手动装置，且应有手动时自动断电的联锁。推焦机宜设置事故停电时退回推焦杆、平煤杆的动力装置。推焦中途因故中断推焦时，电机车和拦焦机司机未经推焦指挥许可，不应把车开离接焦位置。拦焦机的两条主要走行轨道均设在焦炉焦侧操作台上时，拦焦机和焦炉炉柱上应分别设置安全挡和导轨。电机车司机室应设置指示车门关严的信号装置。寒冷地区的电机车轨道应采取防冻措施。装煤车与炉顶机、焦两侧建筑物的距离，不应小于800 mm。交换传动装置必须按先关煤气，后交换空气、废气，最后开煤气的顺序动作。交换机应设有手动装置。 2. 固定煤塔式捣固装煤 装煤车煤槽活动壁、前挡板、锁壁地张开和关闭应设置信号显示。煤槽活动壁及前挡板未关好时，捣固机不应进行捣固。装煤车活动接煤板的升起和落下应设置信号显示，当升起时应设置切断装煤车行走的闭锁装置。装煤车托煤板没有退回到原位时，应设置切断装煤车行走的闭锁装置。捣固机捣固锤的落下和提起、安全挡的开、关应设置信号显示。捣固机应设置捣固锤落下后切断装煤车走行的闭锁装置。装煤车向炭化室装

续表

项目	具体内容
炼焦	煤时,在煤饼到位后,应设置切断装煤电机继续前进的限位。托煤板抽出到位、锁壁退回到位,应设置限位控制。严禁没有限位设施的装煤车进行装煤操作。 3. 熄焦 (1)湿法熄焦。 粉焦沉淀池周围应设置防护栏杆,水沟应设置盖板;不应使用未经二级(生物)处理的酚水熄焦;粉焦抓斗司机室宜设在旁侧或采用遥控操作方式。 (2)干法熄焦。 应保证干熄焦装置整个系统的严密性。投产前和大修后均应进行系统气密性试验。干熄焦锅炉及其附件的设计、制造、施工、验收、检测及检修均应符合《蒸汽锅炉安全技术监察规程》《特种设备安全监察条例》的规定。干熄焦排出装置区域应通风良好,干熄焦排出装置的振动给料器及旋转密封阀周围,应设置一氧化碳和氧气浓度的检测、声光报警装置;干熄焦排出装置的排焦溜槽及运焦带式输送机位于地下时,排焦溜槽周围及运焦通廊的地下部分,应设置一氧化碳和氧气浓度的检测、声光报警装置。干熄焦装置最高处,应设置风向仪和风速计。风速大于 20 m/s 时,起重机应停止作业。起重机轨道两端应设置固定装置。横移牵引装置、起重机和装入装置等应设置限位和位置检测装置,横移牵引装置和起重机还应设置速度检测装置。干熄焦气体循环系统的锅炉出口和二次除尘器上部,应设置防爆装置。干熄焦装置应设置循环气体成分自动分析仪,对一氧化碳、氢、和氧含量进行分析记录。进入干熄炉、排出装置和循环系统内检查或作业前,应关闭放射线源快门,进行系统内气体置换和放射源浓度、气体成分检测。进入人员应携带一氧化碳和氧气浓度检测仪器和外部联络的通信工具。运行中检修排出装置时,应戴防毒面具或空气呼吸器。不应在防爆孔和循环气体放散口附近停留。 应保证干熄焦所有联锁装置处于正常工作状态。干熄焦起重机应采用可靠的制动装置。对钩吊车的钢丝绳的检修和更换应严格执行相关规定。 4. 焦处理 筛焦楼下铁路运焦车辆进出口,应设声光报警器。敞开式的胶带输送机通廊两侧,应设防止焦炭掉下的围挡。运焦胶带应为耐热胶带,皮带上宜设红焦探测器、自动洒水装置及胶带纵裂检测器。不应向胶带上放红焦。进入布袋室检查和请扫时,应断电、检测氧含量,并设专人监护

考点 4　煤气净化工艺中的安全措施

项目	具体内容
煤气净化	1. 冷凝鼓风 冷凝鼓风工段应有两路电源和两路水源,采用 2 台以上蒸汽透平鼓风机时,应采用双母管供汽。鼓风机的仪表室宜设在主厂房两侧或端部,当毗邻厂房外墙设置时,应用耐火极限不低于 3 h 的非燃烧墙体与厂房隔开。鼓风机的仪表室应有如下参数的显示

续表

项目	具体内容
煤气净化	煤气吸力、压力,鼓风机的转速、轴向位移和轴承温度,风机油箱油位和油泵出口油压,电机的电压、电流和轴承温度,蒸汽透平用蒸汽压力和温度,以及集气管压力、初冷器前后煤气温度、煤气含氧量,此外,还应配备测振仪和听音棒。 每台鼓风机应设置单独控制箱,其馈电线宜设零序保护报警信号,并应设如下报警、联锁停车装置:鼓风机的开、停车与油泵的联锁;鼓风机主油泵与副油泵自动切换联锁;鼓风机润滑油箱油位、油温、油压报警及油压联锁停车装置;轴瓦温度、电机定子温度超限报警和联锁停车装置;鼓风机过负荷、轴位移超限、两台同时运转的鼓风机故障停车等报警、联锁停车装置;采用液力偶合器调速时,液力偶合器进出口管应设油温、油压、油管阻力等报警和联锁停车装置;焦炉集气管煤气压力上、下限报警信号。 鼓风机室应有直通室外地走梯,底层出口不应少于2个。鼓风机轴瓦的回油管路和高位油箱回油管应设窥镜。鼓风机室应设置可燃气体检测装置。 电捕焦油器应设连续式自动氧含量分析仪,并与电捕焦油器电源联锁。煤气含氧量超过1.0%时报警,超过2.0%自动断电。电捕焦油器位于鼓风机后时,应设泄爆装置。电捕焦油器的变压器等电气设备,应有可靠的屏护。电捕焦油器因故敞开人孔或器内清理油渣时,应及时采取水冷却降温等安全措施,防止氧化剧烈情况下的硫化亚铁自燃。当电捕焦油器遇到下列情况之一,自动断电装置失灵时,应立即手动断电:煤气含氧量大于2.0%;绝缘箱温度低于70℃(无氮气保护为90℃);煤气系统发生事故时。 2. 粗苯回收 粗苯区域应设明显的警告标志。粗苯中间槽应设液位计,并宜设高位报警装置,防止溢流。粗苯储槽应密封,并装设呼吸阀和阻火器,或采用其他排气控制措施。人孔盖和脚踏孔应有防冲击火花的措施。粗苯储槽阻火器、呼吸阀、人孔、放散管等金属附件应保持等电位连接。粗苯储槽应设在地上,不宜有地坑。管式炉点火作业时,应双人配合作业,先用蒸汽吹扫,然后遵循“先送富油、后点火,先点引火、后送煤气”的原则。 3. 脱硫脱氰 (1)干法脱硫。 脱硫箱应设煤气安全泄压装置;脱硫箱宜采用高架式,装卸脱硫剂应采用机械设备;废脱硫剂应在当天运到安全场所妥善处理;停用的脱硫箱拔去安全防爆塞后,当天不应打开脱硫剂排出孔;未经严格清洗和测定,严禁在脱硫箱内动火。 (2)改良蒽醌二磺酸钠法脱硫。 溶液事故槽的容积应大于脱硫塔和再生塔的溶液体积之和;脱硫塔、再生塔和溶液槽等设备的内壁应进行防腐处理;进再生塔的压缩空气管和溶液管,均应高于再生塔液面,且溶液管上应设防虹吸管或采取其他防虹吸措施。再生塔与脱硫塔间的溶液管,应设U形管,其液面高度应大于鼓风机全压(以 mmH_2O 计)加500 mm;除沫器排水器的冷凝液排放管,应采用不锈钢制作,且不宜有焊缝;熔硫釜排放硫膏时,其周围严禁明火。 (3)TAKAHAX—HIROHAX 法脱硫。 进氧化塔的空气管液封应高于氧化塔的液面,防止溶液进入压缩空气机;进氧化塔的溶液管液封应高于氧化塔的液面,并应设防虹吸管;吸收塔底部必须设有溶液满流管

考点5　苯加氢加工工艺中的安全措施

项目	具体内容
苯加氢加工	1. 精苯 精苯生产区域宜设高度不低于2.2 m的围墙，其出入口不应少于2个，且区域应有效保卫。禁止穿带钉鞋或携带火种者以及无有效防火措施的机动车辆进入围墙内。精苯生产区域，不得布置化验室、维修间和生活室等辅助建筑。金属平台和设备管道应用螺栓连接。洗涤泵与其他泵宜分开布置，周围应有围堰。洗涤操作室宜单独布置，洗涤酸、碱和水的玻璃转子流量计，应布置在洗涤操作室的密闭玻璃窗外。封闭式厂房内应通风良好，设备和储槽上的放散管应引出室外，并设阻火器。苯类储槽和设备上的放散管应集中设洗涤吸收处理装置、惰性气体封槽装置或其他排气控制设施。苯类管道宜采用铜质盲板。苯类等甲、乙类可燃液体设备和管道宜设置惰性气体置换设施。禁止同时启动2台泵往一个储槽内输送苯类液体。苯类储槽宜采用内浮顶槽。采用固定顶槽，其槽体表面未采用隔热涂料时，则应设防日晒的固定式冷却水喷淋系统或其他降温设施。固定顶罐应设阻火器和呼吸阀。各塔空冷器强制通风机的传动皮带，宜采用导电橡胶皮带。初馏分储槽应布置在库区的边缘，其四周应设防火堤，堤内地面与堤脚应做防水层。初馏分储槽上应设喷淋装置或采用高效隔热涂料，有条件的企业应设氮封。禁止往大气中排放初馏分。 送往管式炉的初馏分管道，应设汽化器和阻火器。处理苯类的跑冒事故时，应戴隔离式防毒面具，并应穿防静电鞋或布底鞋，且宜穿防静电服。精苯区域应设人体静电导除装置。 2. 苯加氢 莱托尔反应器的主要高温法兰，应设消防蒸汽喷射环。主要设备及高温高压重要部位，应设有固定式可燃性气体检测仪。莱托尔反应器器壁应涂变色漆，以便发现局部过热。制氢还原态催化剂，不应接触空气及氧气，停工时应处于氮封状态。取样时应装好静电消除器。二硫化碳泵与其电气开关的距离，应大于15 m。各系统应用氮气置换，经氮气保压气密性试验合格，其含氧量小于0.5%，方可开工。 装置内火炬的设置，应满足下列要求：火炬的高度，应使火焰的辐射热不致影响人身及设备的安全；火炬的顶部，应设长明灯或其他可靠的点火设施；距火炬筒30 m范围内，严禁可燃气体放空；液体、低热值可燃气体、空气、惰性气、酸性气及其他腐蚀性气体，不应排入火炬系统；可燃气体放空管道在接入火炬前，应设置气液分离和阻火等设备，严禁可燃气体夹带可燃液体进入火炬燃烧；可燃气体放空管道内的凝结液，应密闭回收，不应随地排放
煤焦油加工	1. 焦油蒸馏 蒸馏釜旁的地板和平台，应用耐热材料制作，并应坡向燃烧室对面。蒸馏釜的排沥青管，应与燃烧室背向布置。管式炉二段泵出口，应设压力表和压力上限报警装置。焦油二段泵出口压力不应超过设计压力。焦油蒸馏应设事故放空槽，并经常保持空槽状态。洗涤厂房、泵房和冷凝室的地板、墙裙，以及蒸馏厂房地板，宜砌瓷砖或采取其他防腐措施

续表

项目	具体内容
煤焦油加工	2. 沥青冷却及加工 不应采用直接在大气中冷却液态沥青的工艺。中温沥青冷却到200 ℃以下(改质沥青冷却到230 ℃以下),方可放入水池。沥青系统的蒸汽管道,应在进入系统的阀门前设疏水器。沥青高置槽有水时,禁止放入高温沥青。沥青高置槽下应设防止沥青流失的围堰。凡可能散发沥青烟气的地点,均应设烟气捕集净化装置,净化装置不能正常运行时,应停止沥青生产。不宜采用人工包装沥青。特殊情况下需要人工包装时,应在夜间进行,并应采取防护措施。 3. 工业萘、精萘及萘酐生产 萘的结晶制片包装及输送宜实现机械化,包装制品封口时宜有除尘设施。开工前,工业萘的初、精馏塔及有关管道,应用蒸汽进行置换,并预热到100 ℃左右。萘转鼓结晶机传动系统,螺旋给料器的传动皮带和皮带翻斗提升机,均应采取防静电积累的措施。若系皮带传动,因其传动平稳、噪声小、结构简单、维护方便,广泛应用于机械传动中,应采用导电橡胶皮带。萘转鼓结晶机的刮刀,应采用不发生火花的材料制作。萘蒸馏塔(釜)应设液面指示器和安全保护装置。不应使用压缩空气输送萘和吹扫萘管道。热油泵室地面和墙裙应铺瓷砖,泵四周应砌围堰,堰内经常保持一定的水层。热风炉和熔盐炉,应设有温度计、防爆孔及温度、压力高报警联锁停炉装置。苊汽化器出口温度不应超过设计规定,并应按技术要求缓慢升温。苊汽化器、氧化器和薄壁冷凝冷却器,应设防爆膜。薄壁冷凝冷却器出口应设尾气净化装置。禁止氧化器熔盐泄漏。输送液体萘的管道,应有蒸汽夹套或蒸汽伴随管保温以及吹扫用的连接管,应采用氮气或蒸汽吹扫。 4. 洗油加工生产 进入容器内清渣,本体应与其他装置可靠切断并有防护措施及专人监护。接触酸物料的设备、管道及隔断阀类配件,应采用耐腐蚀材料制作

考点6　设备检修的安全措施

项目	具体内容
设备检修	在易燃易爆区不宜动火,设备需要动火检修时,应尽量移到动火区进行。易燃易爆气体和甲、乙、丙类液体的设备、管道和容器动火,应先办动火证。动火前,应与其他设备、管道可靠隔断,清除置换合格。合格标准(体积百分浓度):爆炸下限大于4%的易燃易爆气体,含量小于0.5%;爆炸下限小于或等于4%者,其含量小于0.2%。 在有毒物质的设备、管道和容器内检修时,应可靠地切断物料进出口,有毒物质的浓度应小于允许值,同时含氧量应在18%~21%(体积百分浓度)范围内。监护人不应少于2人,应备好防毒面具和防护用品,检修人员应熟悉防毒面具的性能和使用方法。 对易燃、易爆或易中毒物质的设备动火或进入内部工作时,监护人不应少于2人。安全

续表

项目	具体内容
设备检修	分析取样时间不应早于工作前0.5 h,工作中应每2 h重新分析1次,工作中断0.5 h以上也应重新分析。 焦炉煤气设备和管道打开之前,应用蒸汽、氮气或烟气进行吹扫和置换;检测合格后,拆开应用水润湿并清除可燃渣。 检修由鼓风机负压系统保持负压的设备时,应预先把通向鼓风机的管线堵上盲板。检修操作温度等于或高于物料自燃点的密闭设备,不应在停止生产后立即打开大盖或人孔盖。 用蒸汽清扫可能积存有硫化物的塔器后,应冷却到常温方可开启;打开塔底人孔之前,应关闭塔顶油气管和放散管。 检修饱和器时,应在进、出口煤气管道及其他有可能泄漏煤气处堵盲板,堵好盲板之前,不应抽出器内母液。检修液氨冷冻机时,不应用氧气吹扫堵塞的管道。 转动设备的清扫、加油、检修和内部检查,均应停止设备运转,切断电源并挂上检修牌,方可进行。 设备和管道的截止件及配件,每次检修后都应做严密性试验。不宜进行多层检修作业,特殊情况时,应采取层间隔离措施。高处作业应系好安全带,作业点下部应采取措施,人员不应通行和逗留,上下时手中不应持物。6级以上大风、大雪、大雾、暴雨等恶劣环境和有职业禁忌人员,不应从事高处作业。 高处动火应采取防止火花飞溅措施,同时应将四周易燃物清理干净。夜间检修应有足够亮度的照明。含有腐蚀性液体、气体介质的管道、设备检修前,应将腐蚀性气体、液体排净、置换、冲洗,分析合格,检修时作业面应低于腿部,否则应搭设脚手架。检修现场应备有冲洗用水源。 煤气系统抽、堵盲板作业,应遵守下列规定:工作场所因备有必要的联系信号、煤气压力表及风向标志等;距工作场所40 m内,不应有火源并应采取防止着火的措施,与工作无关人员应离开作业点40 m以外;应使用不发火星的工具,如铜制工具或涂有很厚一层润滑油脂的铁质工具;距作业点10 m以外才可安设投光器;不应在具有高温源的炉窑等建(构)筑物内进行带煤气作业。 各种吊装作业前,应预先在吊装现场设置安全警戒标志并设专人监护,非施工人员不应入内。 各种动土作业,应对动土区域地下设施进行确认,动土中如暴露出电缆、管线以及不能辨认的物品,应立即停止作业,妥善加以保护,经确认采取措施后方可动土作业。 焦炉热修作业,应采取措施,防止工具与动力线接触造成人员触电,防止被红焦及热气烫伤或灼伤,在焦炉地下室和蓄热室区域作业时,应防止煤气中毒

第三节　危险工艺及重大危险源的安全技术

考点 1　危险化学品及重大危险源

项目	具体内容
基础知识	从广义上说,危险源就是指危险的根源,包括危险载体和事故隐患。从狭义上说,危险源是指可能造成人员伤害,导致职业病、财产损失或环境破坏的根源和状态,即危险源是事故发生的根本原因。重大事故隐患是指可能导致重大人身伤亡或者重大经济损失的事故隐患。重大事故隐患根据作业场所、设备及设施的不安全状态,以及人的不安全行为和管理上的缺陷,可能导致事故损失的程度分为两级:第一,特别重大安全隐患,指可能造成 30 人以上死亡,或者 100 人以上重伤(包括急性工业中毒,下同)或可能造成 1 亿元以上直接经济损失的事故隐患。第二,重大事故安全隐患,指可能造成 10 人以上,30 人以下死亡,或 50 人以上,100 人以下重伤,或可能造成 5 000 万以上直接经济损失的事故隐患。 《危险化学品重大危险源辨识》规定了辨识危险化学品重大危险源的依据和方法。适用于危险化学品的生产、储存、使用和经营危险化学品的生产经营单位。 危险化学品是指具有毒害、腐蚀、爆炸、燃烧、助燃等性质,对人体、设施、环境具有危害的剧毒化学品和其他化学品

考点 2　危险化学品事故的控制和防护措施

项目	具体内容
危险化学品事故的控制和防护措施	(1)危险化学品中毒、污染事故预防控制措施:目前采取的主要措施是替代、变更工艺、隔离、通风、个体防护和保持卫生。 (2)危险化学品火灾、爆炸的控制和防护措施:事故的预防从理论上讲,防止火灾、爆炸事故发生的基本原则主要有以下三点:第一,防止燃烧、爆炸系统的形成(替代、密闭、惰性气体保护、通风置换、安全监测及连锁)。第二,消除点火源,能引发事故的点火源有明火、高温表面、冲击、摩擦、自燃、发热、电气火花、静电火花、化学反应热、光线照射等。具体的做法有:①控制明火和高温表面。②防止摩擦和撞击产生火花。③火灾爆炸危险场所采用防爆电气设备避免电气火花。第三,限制火灾、爆炸蔓延扩散的措施:限制火灾、爆炸蔓延扩散的措施包括阻火装置、防爆泄压装置及防火防爆分隔等

考点 3　危险化学品的储存与运输安全

项目	具体内容
运输	(1)国家对危险化学品的运输实行资质认定制度,未经资质认定,不得运输危险化学品

续表

项目	具体内容
运输	(2)托运危险物品必须出示有关证明,在指定的铁路、公路交通、航运等部门办理手续。托运物品必须与托运单上所列的品名相符。 (3)危险物品的装卸人员,应按装运危险物品的性质,佩戴相应的劳动防护用品,装卸时必须轻装轻卸,严禁摔拖、重压和摩擦,不得损毁包装容器,并注意标志,堆放稳妥。 (4)危险物品装卸前,应对车(船)搬运工具进行必要的通风和清扫,不得留有残渣,对装有剧毒物品的车(船),卸车(船)后必须洗刷干净。 (5)装运爆炸、剧毒、放射性、易燃液体、可燃气体等物品,必须使用符合安全要求的运输工具;禁忌物料不得混运;禁止用电瓶车、翻斗车、铲车、自行车等运输爆炸物品。运输强氧化剂、爆炸品及用铁桶包装的一级易燃液体时,没有采取可靠的安全措施时,不得用铁底板车及汽车挂车;禁止用叉车、铲车、翻斗车搬运易燃、易爆液化气体等危险物品;温度较高地区装运液化气体和易燃液体等危险物品,要有防晒设施;放射性物品应用专用运输搬运车和抬架搬运,装卸机械应按规定负荷降低25%的装卸量;遇水燃烧物品及有毒物品,禁止用小型机帆船、小木船和水泥船承运。 (6)运输爆炸、剧毒和放射性物品,应指派专人押运,押运人员不得少于2人。 (7)运输危险物品的车辆,必须保持安全车速,保持车距,严禁超车、超速和强行会车。运输危险物品的行车路线,必须事先经当地公安交通部门批准,按指定的路线和时间运输,不可在繁华街道行驶和停留。 (8)运输易燃、易爆物品的机动车,其排气管应装阻火器,并悬挂"危险品"标志。 (9)运输散装固体危险物品,应根据性质,采取防火、防爆、防水、防粉尘飞扬和遮阳等措施。 (10)水运及公路运输,禁止利用内河以及其他封闭水域运输剧毒化学品。通过公路运输剧毒化学品的,托运人应当向目的地的县级人民政府公安部门申请办理剧毒化学品公路运输通行证。办理剧毒化学品公路运输通行证时,托运人应当向公安部门提交有关危险化学品的品名、数量、运输始发地和目的地、运输路线、运输单位、驾驶人员、押运人员、经营单位和购买单位资质情况的材料。 (11)运输危险化学品需要添加抑制剂或者稳定剂的,托运人交付托运时应当添加抑制剂或者稳定剂,并告知承运人。 (12)危险化学品运输企业,应当对其驾驶员、船员、装卸管理人员、押运人员进行有关安全知识培训。驾驶员、装卸管理人员、押运人员必须掌握危险化学品运输的安全知识,并经所在地设区的市级人民政府交通运输部门考核合格,船员经海事管理机构考核合格,取得上岗资格证,方可上岗作业
储存	(1)储存危险化学品必须遵照国家法律、法规和其他有关的规定。 (2)危险化学品必须储存在经公安部门批准设置的专门的危险化学品仓库中,经销部门自管仓库储存危险化学品及储存数量必须经公安部门批准。未经批准不得随意设置危险化学品储存仓库

续表

项目	具体内容
储存	(3)危险化学品露天堆放,应符合防火、防爆的安全要求。爆炸物品、一级易燃物品、遇湿燃烧物品、剧毒物品不得露天堆放。 (4)储存危险化学品的仓库必须配备有专业知识的技术人员,其库房及场所应设专人管理,管理人员必须配备可靠的个人安全防护用品。 (5)储存的危险化学品应有明显的标志,同一区域储存两种或两种以上不同级别的危险化学品时,应按最高等级危险化学品的性能标志。 (6)危险化学品储存方式分为3种:隔离储存,隔开储存,分离储存。 (7)根据危险化学品性能分区、分类、分库储存。各类危险化学品不得与禁忌物料混合储存。 (8)储存危险化学品的建筑物、区域内严禁吸烟和使用明火

案例分析

某年12月20日18时,66号高速公路因降雪封闭,21日7时重新开放。9时该高速公路Y路段M隧道内距入口20 m处,一辆以60 km/h速度自西向东行驶的空载货车,与前方缓行的运输甲醇的罐车发生追尾碰撞,罐车失控前冲碰撞隧道内同方向行驶的小客车。

事故发生后,甲醇罐车押运员甲从右侧门下车,走到车后,发现甲醇罐车尾部防撞设施损坏,卸料管断裂,甲醇泄漏,为关闭卸料管根部球阀防止甲醇进一步泄漏,甲要求司机乙向前移动车辆,该车重新启动向前启动1 m后停止,司机乙熄火下车走到车身左侧罐体中部时,发现地面泄露的甲醇已经起火燃烧,并形成流淌火,迅速引燃前后车辆,事发时受气象和地势影响,隧道内气流由西向东流动,且隧道东高西低,形成烟囱效应,甲醇和车辆燃烧产生的高温有毒烟气迅速在隧道内向东蔓延,继而在隧道内引起大火和浓烟,事故烧毁隧道内车辆12辆,造成25人死亡,6人受伤,隧道受损严重。

事故调查发现:甲醇罐车由轻型货车改装而成,车辆整备质量2.76 t,核定载货量2.24 t,实际装载甲醇3.7 t,司机乙持大货车驾驶证,驾驶证在有效期内,押运员甲为临时用工人员,空载货车为D物流运输公司零担货车,车辆和驾驶员手续齐全,均在有效期内,事发时,因长时间封路等待,零担货车驾驶员丙疲劳驾驶,未及时注意到前方路况变化,导致追尾碰撞。甲醇罐车隶属E公司,该公司一直使用改装车运输甲醇。

E公司为危险化学品经营企业,危险化学品经营许可证在有效期内,无危险化学品道路运输资质,该公司共有员工15名,其中安全生产管理人员1名,由公司出纳兼任。该公司实际控制人为丁,丁上一次接受安全生产培训时间为3年前。

根据以上场景,回答下列问题:

1. 根据《危险化学品安全管理条例》,指出E公司哪些人员应通过有关主管部门对其安全生产知识和管理能力的考核。

2. 简述甲醇罐车被追尾碰撞后，甲、乙应采取的应急处理措施。

3. 根据《生产安全事故报告和调查处理条例》，简要说明该起事故调查报告应包括的主要内容。

4. 指出 E 公司在安全管理方面存在的问题。

参考答案及解析

1. E 公司下列人员应通过有关主管部门对其安全生产知识和管理能力的考核：

(1) 驾驶员、装卸管理人员、押运人员、申报人员、集装箱装箱现场检察员。

(2) 公司主要负责人、安全管理人员、特种作业人员。

2. (1) 司机乙将车辆立即熄火并关闭汽车电源总开关。

(2) 押运员甲立即告知前后车辆的司机熄火和关闭自己车辆的电源，要求司机和乘客禁止烟火和打手机，要求其他车辆司机和乘客立即疏散到安全地带，并协助警戒，阻止其他车辆和人员进入危险地带。

(3) 司机乙在事故车辆前后设置警示标识，提醒后面车辆停车熄火关闭电源开关。

(4) 押运员甲远离泄漏位置打 110、119 报警（公安机关接到报告后，应当根据实际情况立即向安监部门、环保部门、卫生部门通报）。

(5) 如果车上配有防护眼镜、自给式呼吸器、消防服、防毒面具、防护手套等劳保用品，甲和乙佩戴好劳保用品后，尝试关闭卸料管根部球阀，如无法关闭，利用车上防爆堵漏工具进行堵漏；如果没有劳保用品和堵漏工具，在确保安全的情况下，利用车上的水雾型灭火器喷水雾减少蒸发，用沙土覆盖泄漏的甲醇，处理过程中，必须禁止明火、防静电、不使用容易产生火花的工具。

(6) 如果没有任何劳保用品和处理工具，撤离现场，在安全处等待消防等部门前来处理，做好配合工作。

3. 事故调查报告的主要内容：

(1) 事故发生单位概况。甲醇罐车隶属 E 公司，该公司一直使用改装车运输甲醇。E 公司为危险化学品经营企业，危险化学品经营许可证在有效期内，无危险化学品道路运输资质。

(2) 事故发生经过和事故救援情况。某年 12 月 20 日 9 时 40 分，66 号公路 Y 路段 M 隧道内距入口 20 m 处，一辆以 60 km/h 速度自西向东行驶的空载货车，与前方缓行的运输甲醇的罐车发生追尾碰撞，罐车失控前冲碰撞隧道内同方向行驶的小客车，造成连环追尾事故。甲醇罐车尾部防撞设施损坏，卸料管断裂，甲醇泄漏，押运员甲意图关闭卸料管根部球阀，让驾驶员乙重新启动车辆，向前启动，结果起火。

(3) 事故造成的人员伤亡和直接经济损失。事故烧毁隧道内车辆 12 辆，造成 25 人死亡、6 人受伤，隧道受损严重。

(4) 事故发生的原因和事故性质。这是一起责任事故，事故原因有：零担货车驾驶员丙疲劳驾驶,导致追尾,甲醇泄露;押运员甲和驾驶员乙违规操作,重启汽车,导致起火;甲醇车辆系轻型货车改装,超载,司机乙和押运员甲未经危化品安全培训,司机乙无危化品运输驾驶员证;E 公司无危险化学品道路运输资质,无专业安全管理人员,主要负责人没有参加再教育。

(5)事故责任的认定以及对事故责任者的处理建议。驾驶员乙、丙,押运员甲是造成事故的直接责任者,E 公司实际控制人丁是造成事故的领导责任者和主要责任者;根据《安全生产法》《刑法》等法规对 E 公司进行罚款,对 E 公司领导撤职;押运员甲、驾驶员乙、丙、控制人丁由司法机关根据法律规定,给予刑事责任处理。

(6)事故防范和整改措施。为防止类似事故再次发生,要求 E 公司办理危险化学品道路运输资质,使用合格车辆运输,建立健全安全管理制度,主要负责人按时参加安全再教育,提高安全意识,配置专职安全管理人员,对押运员、司机等进行危化品安全教育,并制定应急预案,定期演练。

4.(1)违反危化品安全法规。无危险化学品道路运输资质。使用改装车运输甲醇。并且超载。甲醇罐车由轻型货车改装而成,车辆整备质量 2.76 t,核定载货量 2.24 t,实际装载甲醇 3.7 t。

(2)违反安全培训法律法规。公司实际控制人丁没有每年参加安全再教育。丁上一次接受安全生产培训时间为 3 年前。相关员工从未接受过危险化学品道路运输事故应急培训。导致驾驶员乙和押运员甲缺乏安全应急知识,违规操作。司机乙持大货车驾驶证,没有参加危险品运输培训,取得相应证书。

(3)违反《安全生产法》,安全管理制度不健全,没有配备专职的安全管理人员,安全生产管理人员 1 名,由公司出纳兼任。

第四章　炼铁安全技术

知识框架

- 炼铁安全技术
  - 炼铁安全相关技术和标准
    - 炼铁的基本规定
    - 炼铁辅助系统的工艺设备
  - 炼铁的安全生产知识
    - 高炉本体
    - 供、装料系统
    - 煤粉喷吹
    - 富氧鼓风
    - 荒煤气
    - 渣、铁处理
    - 设备检修

考点精讲

第一节　炼铁安全相关技术和标准

考点1　炼铁的基本规定

项目	具体内容
炼铁	1. 一般安全要求 高炉工业蒸汽集汽包、压缩空气集气包、氮气储气罐、喷煤系统的中间罐与喷吹罐、汽化冷却汽包以及软水密闭循环冷却的膨胀罐等，其设计、制造和使用，应符合国家有关压力容器的规定。 所有人孔及距地面2 m以上的常用运转设备和需要操作的阀门，均应设置固定式平台。平台、通道、走梯、走台等，均应安设栏杆和足够照明。通道、斜梯的宽度不宜小于0.8 m，直梯宽度不宜小于0.6 m。常用的斜梯，倾角应小于45°；不常用的斜梯，倾角宜小于55°。 天桥、通道和斜梯踏板以及各层平台，应用防滑钢板或格栅板制作，钢板应有防积水措施

续表

<table>
<tr><th>项目</th><th>具体内容</th></tr>
<tr><td>炼铁</td><td>楼梯、通道的出入口,应避开铁路和起重机运行频繁的地段;否则,应采取防护措施,并悬挂醒目的警告标志。
厂区各类横穿道路的架空管道及通廊,应标明其种类及下部标高。道口、有物体碰撞坠落危险的地区及供电(滑)线,应有醒目的警告标志和防护设施,必要时还应有声光信号。
(防止煤气中毒和爆炸注意问题)煤气作业类别划分,应符合表1-4-1所示。
各类带煤气作业地点,应分别悬挂醒目的警告标志。在一类煤气作业场所及有泄漏煤气危险的平台、工作间等,均宜设置方向相对的两个出入口。大型高炉,应在风口平台至炉顶间设电梯。
煤气危险区(如热风炉、煤气发生设施附近)的一氧化碳浓度应定期测定。人员经常停留或作业的煤气区域,宜设置固定式一氧化碳监测报警装置,对作业环境进行监测。到煤气区域作业的人员,应配备便携式一氧化碳报警仪。一氧化碳报警装置应定期校核。
无关人员,不应在风口平台以上的地点逗留。通往炉顶地走梯口,应设立“煤气危险区,禁止单独工作!”的警告标志。
采用带式输送机运输应遵守下列规定:应有防打滑、防跑偏和防纵向撕裂的措施以及能随时停机的事故开关和事故警铃;头部应设置遇物料阻塞能自动停车的装置;首轮上缘、尾轮及拉紧装置应有防护装置。带式输送机托辊中心轴线距底面的高度,应不小于0.5 m。带式输送机检修完毕,应用电铃、电话或警报器与操作室联系,经双方检查确认胶带上无人,方可启动。带式输送机运转期间,不应进行清扫和维修作业,也不应从胶带下方通过或乘坐、跨越胶带。应根据带式输送机现场的需要,每隔30~100 m设置一条人行天桥;倾斜走台超过6°时,应有防滑措施,超过12°时,应设踏步;地下通廊和露天栈桥亦应有防滑措施。带式输送机的通廊,应设有消防设施。带式输送机的通廊的安全通道,应具有足够宽度;封闭式带式输送机通廊,应根据物料及扬尘情况设除尘设备,并保证胶带与除尘设备联锁运转。带式输送机通廊,应设置完整、可靠的通信联系设备和足够照明。
采用铁路运输的矿槽和焦槽,两侧及其与铁路之间均应设置走台。走台宽度应不小于0.8 m,并高出轨面0.8~1.0 m;走台边缘与铁路中心线的间距,应大于2.37 m;走台两端应设醒目的警告标志。采用料车(罐)上料的高炉,栈桥与高炉顶及卷扬机室之间应有走桥相连。
检修期间设置的检修天井,应有活动围栏和检修标志,平时应盖好顶板。
机械运转部位应润滑良好。移动式机械应有单独的润滑。分点润滑应停机进行,并挂牌或派专人在启动开关处监护。
油库及油泵室应有防火设施。油质应定期检验并作好记录。油库周围,不应安装、修造电气设备。油库区应设避雷装置。
寒冷地区的油管和水管,应有防冻措施</td></tr>
</table>

续表

项目	具体内容
炼铁	2. 厂址选择和厂区布置 (1)厂址选择应尽量避开海潮、洪水、泥石流、滑坡、地震影响的地段;若无法避开,则应视具体情况按有关规定设防。应具备完整的地质、水文、气象等资料。 (2)高炉区应位于居民区常年最小频率风向的上风侧,厂区边缘距离居民区应大于1 000 m。 (3)高炉煤气的除尘器,应离高炉铁口、渣口10 m以外,且不应正对铁口、渣口布置;否则,应在除尘器与铁口、渣口之间设挡墙。 (4)厂区办公室、生活室,应设置在高炉常年最小频率风向的下风侧100 m以外。炉前休息室、浴室、更衣室可不受此限,但不应设在风口平台和出铁场的下部,且应避开铁口、渣口。 (5)厂内各种操作室、值班室的设置,应遵守下列规定:不宜设在常年最小频率风向的上风侧;不应设在热风炉燃烧器、除尘器清灰口等可能泄漏煤气的危险区;不应在氧气、煤气管道上方设置值班室。值班室至氧气、煤气管道或其他易燃易爆气体、液体管道的水平净距和垂直净距,应符合《工业企业煤气安全规程》(GB 6222)和《深度冷冻法生产氧气及相关气体安全技术规程》(GB 16912)的有关规定。 (6)总平面图设计,应优先考虑厂内铁路、道路、消防车道、人行道、管线等的走向,以及通廊、弃渣场的位置。 (7)厂区建构筑物与铁路线路的距离,应符合《工业企业厂内铁路、道路运输安全规程》(GB 4387)的有关规定。 (8)炉台区、渣罐车、铁罐车及清灰车应各有运输专线。渣、铁线应高于周围地面,两侧应有排水暗沟。重罐及热罐,不应经过除尘器下边。渣罐、铁罐的停放线与走行线应分开,每条线的最大负荷不应超过1 000 min/d

表1－4－1　煤气作业类别划分

煤气作业类别	内容
一类煤气作业	风口平台、渣铁口区域、除尘器卸灰平台及热风炉周围,检查大小钟,溜槽,更换探尺,炉身打眼,炉身外焊接水槽,焊补炉皮,焊、割冷却器,检查冷却水管泄漏,疏通上升管,煤气取样,处理炉顶阀门、炉顶人孔、炉喉人孔、除尘器人孔、料罐、齿轮箱,抽堵煤气管道盲板以及其他带煤气的维修作业
二类煤气作业	炉顶清灰、加(注)油,休风后焊补大小钟、更换密封阀胶圈,检修时往炉顶或炉身运送设备及工具,休风时炉喉点火,水封的放水,检修上升管和下降管,检修热风炉炉顶及燃烧器,在斜板上部、出铁场屋顶、炉身平台、除尘器上面和喷煤、碾泥干燥炉周围作业
三类煤气作业	值班室、槽下、卷扬机室、铸铁及其他有煤气地点的作业

考点 2　炼铁辅助系统的工艺设备

项目	具体内容
供、装料系统	供、装料系统是指从原(燃)料进入炼铁到装入高炉炉喉的整套系统,它所包含的三个环节是原燃料供应、上料和装料。 原燃料供应所采取的运输方式包括火车运输、汽车运输和带式输送机运输。从贮矿(焦)槽下部的卸料口到高炉受料斗为上料环节。炉顶装料环节
富氧鼓风系统	富氧鼓风系统的主要任务是将鼓风机送来的冷风加入纯氧,经热风炉加热后送进高炉内
荒煤气系统	荒煤气系统的任务是将高炉冶炼所产生的荒煤气进行净化处理,以获得合格的气体燃料。它的系统设备包括上升管、下降管、重力除尘器和回压管道等
煤粉喷吹系统	煤粉喷吹系统的主要任务是将喷吹燃料(燃油或煤粉)从高炉风口喷入到炉缸内,为提高风温和富氧鼓风创造条件。目的是为了达到降低焦化、强化冶炼、降低炼铁成本和提高产量
渣铁处理系统	渣铁处理系统的主要任务是及时将炉内的渣、铁排放出来,铁水通过铁罐送给转炉炼钢,或利用铸铁机浇注成铁块

第二节　炼铁的安全生产知识

考点 1　高炉本体

项目	具体内容
高炉本体	1. 高炉本体自身的问题与安全措施 高炉内衬耐火材料、填料、泥浆等,应符合设计要求,且不得低于国家标准的有关规定。 风口平台应有一定的坡度,并考虑排水要求,宽度应满足生产和检修的需要,上面应铺设耐火材料。炉基周围应保持清洁干燥,不应积水和堆积废料。炉基水槽应保持畅通。风口、渣口及水套,应牢固、严密,不应泄漏煤气;进出水管,应有固定支撑;风口二套,渣口二、三套,也应有各自的固定支撑。 高炉应安装环绕炉身的检修平台,平台与炉壳之间应留有间隙,检修平台之间宜设 2 个走梯。走梯不应设在渣口、铁口上方。为防止停电时断水,高炉应有事故供水设施。 冷却件安装之前,应用直径为水管内径 75% ~80% 倍的球进行通球试验,然后按设计要求进行水压试验,同时以 0.75 kg 的木槌敲击。经 10 min 的水压试验无渗漏现象,压力降不大于 3%,方可使用。 炉体冷却系统,应按长寿、安全的要求设计,保证各部位冷却强度足够,分部位按不同水压供水,冷却器管道或空腔的流速及流量适宜。并应满足下列要求:冷却水压力比热

续表

项目	具体内容
高炉本体	风压力至少大 0.05 MPa；总管测压点的水压，比该点到最上一层冷却器的水压应至少大 0.1 MPa；高炉风口、渣口水压由设计确定；供水分配管应保留足够的备用水头，供高炉后期生产及冷却器由双联（多联）改为单联时使用；应制定因冷却水压降低、高炉减风或休风后的具体操作规程。 热电偶应对整个炉底进行自动、连续测温，其结果应正确显示于中控室（值班室）。采用强制通风冷却炉底时，炉基温度不宜高于 250 ℃；应有备用鼓风机，鼓风机运转情况应显示于高炉中控室。采用水冷却炉底时，炉基温度不宜高于 200 ℃。 采用汽化冷却时，汽包应安装在冷却器以上足够高的位置，以利循环。汽包的容量，应能在最大热负荷下 1 h 内保证正常生产，而不必另外供水。 汽包的设计、制作及使用，应遵守下列规定：每个汽包应有至少 2 个安全阀和 2 个放散管，放散管出口应指向安全区。汽包的液位、压力等参数应准确显示在值班室，额定蒸发量大于 4 t/h 时，应装水位自动调节器；蒸发量大于 2 t/h 时，应装高、低水位警报器，其信号应引至值班室。汽化冷却水管的连接不应直角拐弯，焊缝应严密，不应逆向使用水管（进、出水管不能反向使用）。 炉顶应至少设置两个直径不小于 0.6 m、位置相对的人孔。应保证装料设备的加工、安装精度，不应泄漏煤气。炉顶放散阀，应比卷扬机绳轮平台至少高出 3 m，并能在中控室或卷扬机室控制操作。液压传动的炉顶设备，应按规定使用阻燃性油料；液压油缸应设折叠式护罩；液压件不应漏油。清理、更换受料漏斗衬板，应事先与上料系统相关岗位的人员联系并取得操作牌和停电牌，还应有专人在场监护。高炉应有各自的工业蒸汽集汽包，集汽包通至各用汽部门的阀门，应有明显的区别标志。生活用气不应使用该汽包的蒸汽。处理炉顶设备故障，应有专人携带一氧化碳和氧含量检测仪同行监护，以防止煤气中毒和氮气窒息。到炉顶作业时，应注意风向及氮气阀门和均压阀门是否有泄漏现象。 钟式炉顶通入大、小钟拉杆之间的密封处旋转密封间的蒸汽或氮气，其压力应超过炉顶工作压力 0.1 MPa。通入大、小钟之间的蒸汽或氮气管口，不应正对拉杆及大钟壁。炉顶设备应实行电气联锁，并应保证：大、小钟不能同时开启；均压及探料尺不能满足要求时，大、小钟不能自由开启；大、小钟联锁保护失灵时，不应强行开启大、小钟，应及时找出原因，组织抢修。大、小钟卷扬机的传动链条，应有防扭装置，探料尺应设零点和上部、下部极限位置。炉顶导向装置和钢结构，不应妨碍平衡杆活动。大、小钟和均压阀的每条钢丝绳安全系数不低于 8，钢丝绳应定期检查。高压高炉应有均压装置，均压管道入口不应正对大钟拉杆，管道不应有直角弯，管路最低处应安装排污阀，排污阀应定期排放。不宜使用粗煤气均压。 钟式炉顶工作温度不应超过 500 ℃。无料钟炉顶料罐均压系统的均压介质，应采用半净高炉煤气或氮气。炉顶温度应低于 350 ℃，水冷齿轮箱温度应不高于 70 ℃。炉顶氮气压力应控制在合理范围，而且应大于炉顶压力 0.1 MPa。应定期检查上、下密封圈的性能，并记入技术档案。齿轮箱停水时，应立即通知有关人员检查处理，并采取措施防止

续表

项目	具体内容
高炉本体	煤气冲掉水封，造成大量煤气泄漏，密切监视传动齿轮箱的温度；最大限度地增加通入齿轮箱的氮量；尽量保持较低的炉顶温度。炉顶系统停氮时，应立即联系有关人员处理，并严密监视传动齿轮箱的温度和阀门箱的温度，可增大齿轮箱冷却水流量来控制水冷齿轮箱的温度。炉顶传动齿轮箱温度超过70 ℃的事故处理，应遵守下列规定：传动齿轮箱的温度“高温报警”时，应立即检查其测温系统、炉顶温度、炉顶洒水系统、齿轮箱水冷系统和氮气系统，查明原因，及时处理；当该温度升到规定值时，应手动打开炉顶洒水系统向料面洒水，以降低炉顶煤气温度；若该温度持续20 min以上或继续升高，则应立即停止布料溜槽旋转，并将其置于垂直状态，同时高炉应减风降压直到休风处理；若用净煤气冷却传动齿轮箱，还应增加冷却煤气的压力。无料钟炉顶的料罐、齿轮箱等，不应有漏气和喷料现象。进入齿轮箱检修，应事先休风点火；然后打开齿轮箱人孔，用空气置换排净残余氮气；再由专人使用仪器检验确认合格，并派专人进行监护。 2. 高炉本体操作中的问题与安全措施 炉顶压力不断增高又无法控制时，应及时减风，并打开炉顶放散阀，找出原因，排除故障，方可恢复工作。 休风（或坐料）应遵守下列规定：休风前应事先同燃气（煤气主管部门）、氧气、鼓风、热风和喷吹等单位联系，征得燃气部门同意，方可休风（或坐料）。炉顶及除尘器，应通入足够的蒸汽或氮气；切断煤气（关切断阀）之后，炉顶、除尘器和煤气管道均应保持正压；炉顶放散阀应保持全开。长期休风应进行炉顶点火，并保持长明火；长期休风或检修除尘器、煤气管道，应用蒸汽或氮气驱赶残余煤气。因事故紧急休风时，应在紧急处理事故的同时，迅速通知燃气、氧气、鼓风、热风、喷吹等有关单位采取相应的紧急措施。正常生产时休风（或坐料），应在渣、铁出净后进行，非工作人员应离开风口周围；休风之前如遇悬料，应处理完毕再休风。休风（或坐料）期间，除尘器不应清灰；有计划的休风，应事前将除尘器的积灰清尽。休风前及休风期间，应检查冷却设备，如有损坏应及时更换或采取有效措施，防止漏水入炉。休风期间或短期休风之后，不应停鼓风机或关闭风机出口风门，冷风管道应保持正压；如需停风机，应事先堵严风口，卸下直吹管或冷风管道，进行水封。休风检修完毕，应经休风负责人同意，方可送风。 开、停炉及计划检修期间，应有煤气专业防护人员监护。应组成生产厂长（总工程师）为首的领导小组，负责指挥开、停炉，并负责制定开停炉方案、工作细则和安全技术措施。 开炉应遵守下列规定：应按制定的烘炉曲线烘炉，炉皮应有临时排气孔；带压检漏合格，并经24 h连续联动试车正常，方可开炉。冷风管应保持正压，除尘器、炉顶及煤气管道应通入蒸汽或氮气，以驱除残余空气；送风后，大高炉炉顶煤气压力应大于5～8 kPa，中小高炉的炉顶压力应大于3～5 kPa，并做煤气爆发试验，确认不会产生爆炸，方可接通煤气系统。应备好强度足够和粒度合格的开炉原、燃料，做好铁口泥包；炭砖炉缸应用黏土砖砌筑炭砖保护层，还应封严铁口泥包（不适用于高铝砖炉缸）。 停炉应遵守下列规定：停炉前，高炉与煤气系统应可靠地分隔开，采用打水法停炉时

续表

项目	具体内容
高炉本体	应取下炉顶放散阀或放散管上的锥形帽；采用回收煤气空料打水法时，应减轻炉顶放散阀的配重。打水停炉降料面期间，应不断测量料面高度，或用煤气分析法测量料面高度，并避免休风；需要休风时，应先停止打水，并点燃炉顶煤气。打水停炉降料面时，不应开大钟或上、下密封阀；大钟和上、下密封阀不应有积水；煤气中二氧化碳、氧和氢的浓度，应至少每小时分析一次，氢浓度不应超过6%。炉顶应设置供水能力足够的水泵，钟式炉顶温度应控制在400～500 ℃，无料钟炉顶温度应控制在350 ℃左右；炉顶打水应采用均匀雨滴状喷水，应防止顺炉墙流水引起炉墙塌落；打水时人员应离开风口周围。大、中修高炉，料面降至风口水平面即可休风停炉，大修高炉，应在较安全的位置（炉底或炉缸水温差较大处）开残铁口眼，并放尽残铁；放残铁之前，应设置作业平台，清除炉基周围的积水，保持地面干燥。 高炉突然断风，应按紧急休风程序休风，同时出净炉内的渣和铁。 停电事故处理，应遵守下列规定：高炉生产系统（包括鼓风机等）全部停电，应按紧急休风程序处理。煤气系统停电，应立即减风，同时立即出净渣、铁，防止高炉发生灌渣、烧穿等事故；若煤气系统停电时间较长，则应根据煤气厂（车间）要求休风或切断煤气。炉顶系统停电时，高炉工长应酌情立即减风降压直至休风（先出铁、后休风）；严密监视炉顶温度，通过减风、打水、通氮或通蒸汽等手段，将炉顶温度控制在规定范围以内；立即联系有关人员尽快排除故障，及时恢复回风，恢复时应摆正风量与料线的关系。发生停电事故时，应将电源闸刀断开，挂上停电牌；恢复供电，应确认线路上无人工作并取下停电牌，方可按操作规程送电。 风口水压下降时，应视具体情况减风，必要时立即休风。水压正常后，应确认冷却设备无损、无阻，方可恢复送水。送水应分段、缓慢进行，防止产生大量蒸汽而引起爆炸。 停水事故处理，应遵守下列规定：当冷却水压和风口进水端水压小于正常值时，应减风降压，停止放渣，立即组织出铁，并查明原因；水压继续降低以致有停水危险时，应立即组织休风，并将全部风口用泥堵死。如风口、渣口冒汽，应设法灌水，或外部打水，避免烧干。应及时组织更换被烧坏的设备。关小各进水阀门，通水时由小到大，避免冷却设备急冷或猛然产生大量蒸汽而炸裂。待逐步送水正常，经检查后送风。 高炉炉缸烧穿时，应立即休风。渣口装配不严或卡子不紧、渣口破损时，不应放渣。更换渣口应出净渣、铁，且高炉应休风或放风减压。渣口泥套漏煤气时，应先点燃煤气，然后再拆、做泥套或更换渣口。做泥套或更换渣口时，应挂好堵渣机的安全钩。铁水面接近渣口或渣口冷却水压不足时，不应放渣，应适量减风降压。高炉炉缸储铁量接近或超过安全容铁量时，应停止放渣，降低风压，组织出铁、出渣，防止发生渣口烧坏和风口灌渣、烧穿等事故。 风口、渣口发生爆炸，风口、风管烧穿，或渣口因误操作被拔出，均应首先减风改为常压操作，同时防止高炉发生灌渣等事故，然后出净渣、铁并休风。情况危急时，应立即休风。 进行停炉、开炉工作时，煤气系统蒸汽压力应大于炉顶工作压力，并保证畅通无阻。 人员进入高炉炉缸作业时，应拆除所有直吹管，并有效切断煤气、氧气、氮气等危险气源

考点2 供、装料系统

项目	具体内容
供、装料系统	供、装料系统中的问题与安全措施： （1）原、燃料装备及运输的扬尘点，应设有良好的通风除尘设施。 （2）矿槽、料斗、中间仓、焦粉仓、矿粉仓及称量斗等的侧壁和衬板，应有不小于50°的倾角，以保证正常漏料。衬板应定期检查、更换。焦粉仓下部的温度，宜在0 ℃以上。矿槽、焦槽上面应设有孔网不大于300 mm×300 mm的格筛。打开格筛应经批准，并采取防护措施。格筛损坏应立即修复。原、燃料卸料车在矿槽、焦槽卸料区间的运行速度，不应超过2 m/s，且运行时有声光报警信号。 （3）在槽上及槽内工作，应遵守下列规定：作业前应与槽上及槽下有关工序取得联系，并索取其操作牌；作业期间不得漏料、卸料；进入槽内工作，应佩戴安全带，设置警告标志；现场至少有一人监护，并配备低压安全强光灯照明；维修槽底应将槽内松动料清完，并采取安全措施方可进行；矿槽、焦槽发生棚料时，不应进入槽内捅料。 （4）单料车的高炉料坑，料车至周围构筑物的距离应大于1.2 m；大、中型高炉料车则应大于2.5 m。料坑上面应有装料指示灯，料坑底应设料车缓冲挡木和坡度为1%～3%的斜坡。料坑应安装能力足够的水泵，坑内应有良好的照明及配备通风除尘设施。料坑内应设有躲避危害的安全区域。料坑应设有2个出入口，出入口不应正对称量车轨道。敞开的料坑应设围栏，上方无料仓的料坑应设防雨棚。不应任意短接各类保护装置，必要时经确认可临时短接，并立即联系有关人员处理，处理正常立即恢复。槽下设焦炭中子测水装置，槽上和炉顶料罐采用放射元素测料位时，应有防护措施，并应有射线危险的警告标志。 （5）在有供电滑线的料车上卸料，应有防止触电的措施。应制定清扫制度，清扫时不应向周围或带式输送机上乱扔杂物，同时应有防止二次扬尘的措施。车辆出入的道口，应设立警示牌或安装警报装置。现场应有足够的检修空间，堆放物品处应挂牌说明。 （6）卷扬机室不应采用木结构，室内应留有检修场地，应设与中控室（高炉值班室）和上料操作室联系的电话和警报电铃，并应有良好的照明及通风除尘装置。上料操作室（液压站）应有空调和防火设施。卷扬机室与高炉和栈桥之间应设过桥。 （7）斜桥下面应设有防护板或防护网，斜桥一侧应设通往炉顶地走梯。运行中的料车和平衡车，不应乘人。在斜桥走梯上行走，不应靠近料车一侧。不应用料车运送氧气、乙炔或其他易燃易爆品。 （8）运送料车（罐）及槽下粉矿、碎焦的卷扬机，其每条钢丝绳的安全系数应不小于6，钢丝绳的报废和更新应按有关标准执行。料车（罐）应用两条钢丝绳牵引。 （9）主卷扬机应有钢丝绳松弛保护和极限张力保护装置。料车（罐）应有行程极限、超极限双重保护装置和高速区、低速区的限速保护装置。 （10）炉顶着火危及主卷扬钢丝绳时，应使卷扬机带动钢丝绳继续运转，直至炉顶火熄灭为止。更换料车钢丝绳时，料车应固定在斜桥上，并由专人监护和联系。 （11）卷扬机运转部件，应有防护罩或栏杆，下面应留有清扫撒料的空间。卷扬机的日常维

续表

项目	具体内容
供、装料系统	修,应征得司机及有关方面同意,并索取其操作牌方可进行。卷扬机主要部件出现故障或损坏时,应及时处理或更换,停机检修应有专人联络、监护,并挂停电检修牌。 (12)带高压电机的带式输送机,不应频繁启动。启动后,应等胶带运行一个循环再排料,以避免带式输送机超负荷运行。带4台高压电机的带式输送机,若其中1台电机脱机,其他电机应严格按顺序启动,同时工作的电机不应少于2台

考点3　煤粉喷吹

项目	具体内容
煤粉喷吹	煤在堆放过程中易发生自燃,煤粉制备、输送、喷吹过程中也可能产生煤粉尘爆炸。 1. 煤粉喷吹的问题与安全措施 喷吹无烟煤时,煤粉制备系统、喷吹系统及制粉间、喷吹间内的一切设备、容器、管道和厂房,均应采取安全防护措施;喷吹烟煤(混合煤)时,应符合《高炉喷吹烟煤系统防爆安全规程》(GB 16543)的规定。 原煤输送系统,应设除铁器和杂物筛,扬尘点应有通风除尘设施。煤粉仓、储煤罐、喷吹罐、仓式泵等设备的泄爆孔,应按《高炉喷吹烟煤系统防爆安全规程》(GB 16543)的规定进行设计;泄爆片的安装和使用,应符合国家有关标准的规定;泄爆孔的朝向应不致危害人员及设备。泄爆片后面的压力导引管的长度,不应超过泄爆管直径的10倍。泄爆片安装应牢固,法兰压垫安装应均匀。 岗位与岗位之间、喷吹值班室与高炉中控室之间,应有直接通信联系的装置。操作值班室应与用氮设备及管路严格分开。 煤粉管道的设计及输送煤粉的速度,应保证煤粉不沉积。停止喷吹时,应用压缩空气吹扫管道,喷吹烟煤则应用氮气或其他惰化气体吹扫。 向高炉喷煤时,应控制喷吹罐的压力,保证喷枪出口压力比高炉热风压力大0.05 MPa;否则,应停止喷吹。喷吹装置应能保持连续、均匀喷吹。 煤粉仓、储煤罐、喷吹罐、仓式泵等罐体的结构,应能确保煤粉从罐内安全顺畅流出,应有罐内储煤质量指示或料位指示。喷吹罐停喷煤粉时,无烟煤粉储存时间应不超过12 h;烟粉煤储存时间应不超过8 h,若罐内有氮气保护且罐内温度不高于70 ℃,则可适当延长,但不宜超过12 h。 罐压、混合器出口压力与高炉热风压力的压差,应实行安全联锁控制;喷吹用气与喷吹罐压差,也应实行安全联锁。突然断电时,各阀门应能向安全方向切换。在喷吹过程中,控制喷吹煤粉的阀门(包括调节型阀门和切断阀门)一旦失灵,应能自动停止向高炉喷吹煤粉,并及时报警。 煤粉、空气的混合器,不应安设在风口平台上。混合器与高炉之间的煤粉输送管路,应安装自动切断阀。所有喷煤风口前的支管,均应安装逆止阀或切断阀

续表

项目	具体内容
煤粉喷吹	喷吹煤粉系统的设备、设施及室内地面、平台，每班均应进行清扫或冲洗。检查制粉和喷吹系统时，应将系统中的残煤吹扫干净，应使用防爆型照明灯具。检修喷吹煤粉设备、管道时，宜使用铜制工具，检修现场不应动火或产生火花。需要动火时，应征得安全保卫部门同意，并办理动火许可证，确认安全方可进行检修。 煤粉制备的出口温度：烟煤不应超过 80 ℃；无烟煤不应超过 90 ℃。 2. 烟煤及混合煤喷吹 烟煤及烟煤与无烟煤的混合喷吹系统，其新建、扩建和改造工程的设计、施工与验收，以及操作、维护、检修和管理，应符合《高炉喷吹烟煤系统防爆安全规程》(GB 16543)的规定。 烟煤与无烟煤应分别卸入规定的原煤槽。车号、煤种、槽号均应对号，并做好记录。槽上下部位的槽号标志应明显。大块、杂物不应卸入槽内。原煤在槽内储存时间：烟煤不超过 2 天；无烟煤不超过 4 天。 制备烟煤时，其干燥气体应采用惰化气体；负压系统末端气体的含氧量，不应大于 12%。 磨制烟煤时，磨煤机出口、煤粉仓、布袋除尘器、喷吹罐等的温度应严格按设备性能参数控制；对于煤源稳定，并能严格控制干燥剂气氛和温度的制粉系统，该温度限界可根据煤种等因素确定。 烟煤和无烟煤混合吹时，其配比应保持稳定；配比应每天测定一次，误差应不大于 ±5%。烟煤和混合煤输送和喷吹系统的充压、流化、喷吹等供气管道，均应设置逆止阀；煤粉输送和喷吹管道，应有供应压缩空气的旁通设施；喷吹烟煤或混合煤时，应另设氮气旁通设施。 喷吹烟煤和混合煤时，仓式泵、贮煤罐、喷吹罐等压力容器的加压、收尘和流化的介质，应采用氮气或其他惰化气体。烟煤喷吹系统，应设置气控装置和非电动顺序控制系统，超温、超压、含氧超标等事故报警装置，还应设置防止和消除事故的装置。 3. 氧煤喷吹 用以喷吹的氧气管道阀门及测氧仪器仪表，应灵敏可靠。氧气管道及阀门，不应与油类及易燃易爆物质接触。喷吹前，应对氧气管道进行清扫、脱脂除锈，并经严密性试验合格。 高炉氧气环管，应采取隔热降温措施。氧气环管下方，应备有氮气环管，作为氧煤喷吹的保安气体。氧煤枪应插入风管的固定座上，并确保不漏风。 氧煤喷吹时，应保证风口的氧气压力比热风压力大 0.05 MPa，且氮气压力不小于 0.6 MPa；否则，应停止喷吹。在喷吹管道周围，各类电缆（线）与氧气管交叉或并行排列时，应保持 0.5 m 的距离。煤粉制备系统，应设有氧气和一氧化碳浓度检测和报警装置

考点4　富氧鼓风

项目	具体内容
富氧鼓风	从高炉安全生产的需要出发，富氧量是有限制的。目前，国内基本明确将富氧量控制在5%以内。 富氧鼓风的问题与安全措施： (1)氧气管道及设备的设计、施工、生产、维护，应符合《深度冷冻法生产氧气及相关气体安全技术规程》(GB 16912)的规定。连接富氧鼓风处，应有逆止阀和快速自动切断阀。吹氧系统及吹氧量应能远距离控制。 (2)富氧房应设有通风设施。高炉送氧、停氧，应事先通知富氧操作室，若遇烧穿事故，应果断处理，先停氧后减风。鼓风中含氧浓度超过25%时，如发生热风炉漏风、高炉坐料及风口罐渣(焦炭)，应停止送氧。 (3)吹氧设备、管道以及工作人员使用的工具、防护用品，均不应有油污；使用的工具还应镀铜、脱脂。检修时宜穿戴静电防护用品，不应穿化纤服装。富氧房及院墙内不应堆放油脂和与生产无关的物品，吹氧设备周围不应动火。 (4)氧气阀门应隔离，不应沾油。检修吹氧设备动火前，应认真检查氧气阀门，确保不泄漏，应用干燥的氮气或无油的干燥空气置换，经取样化验合格(氧浓度不大于23%)，并经主管部门同意，方可施工。 (5)正常送氧时，氧气压力应比冷风压力大0.1 MPa；否则，应通知制氧、输氧单位，立即停止供氧。在氧气管道中，干、湿氧气不应混送，也不应交替输送。 (6)检修后和长期停用的氧气管道，应经彻底检查、清扫，确认管内干净、无油脂，方可重新启用。对氧气管道进行动火作业，应事先制定动火方案，办理动火手续，并经有关部门审批后，严格按方案实施。进入充装氧气的设备、管道、容器内检修，应先切断气源、堵好盲板，进行空气置换后经检测氧含量在19.5%～23%范围内，方可进行

考点5　荒煤气

项目	具体内容
荒煤气	荒煤气系统中的问题与安全措施： (1)荒煤气系统设备包括上升管、下降管、重力除尘器、煤气切断阀和水封、回压管道及其附属均压阀、放散阀、高压高炉的高压阀组等。煤气着火、爆炸和中毒是荒煤气系统常见的事故。为了避免事故的发生，煤气管道应维持正压，煤气闸板不应泄漏煤气。高炉煤气管道的最高处，应设煤气放散管及阀门。该阀门的开关应能在地面或有关的操作室控制。除尘器和高炉煤气管道，如有泄漏，应及时处理，必要时应减风常压或休风处理。 (2)除尘器的下部和上部，应至少各有一个直径不小于0.6 m的人孔，并应设置两个出入口相对的清灰平台，其中一个出入口应能通往高炉中控室或高炉炉台。 (3)除尘器应设带旋塞的蒸汽或氮气管头，其蒸汽管或氮气管应与炉台蒸汽包相连接，且不应堵塞或冻结。用氮气赶煤气后，应采取强制通风措施，直到除尘器内残余氮气符合要求，方可进入除尘器内作业。 (4)高炉重力除尘器，其荒煤气入口的切断装置，应采用远距离操作。除尘器的清灰，应采用湿式螺旋清灰机或管道输送。除尘器应及时清灰，清灰应经工长同意

考点6 渣、铁处理

项目	具体内容
渣、铁处理	渣、铁处理系统工艺流程实际上是由出铁(含出残铁)、放渣及渣处理、铸铁和修罐4个相对独立而又配合紧密的生产工序组成。 1. 出渣、出铁处理中的问题与安全措施 应在值班工长领导下,严格按进度表组织出渣、出铁。出铁、出渣以前,应做好准备工作,并发出出铁、出渣或停止的声响信号;水冲渣的高炉,应先开动冲渣水泵(或打开冲渣水阀门)。 泥炮应由专人操作,炮泥应按规定标准配置,炮头应完整。打泥量及拔炮时间,应根据铁口状况及炮泥种类确定。未见下渣堵铁口时,应将炮头烤热,并相应增加打泥量。泥炮应有量泥标计或声响信号。清理炮头时应侧身站位。泥炮装泥或推进活塞时,不应将手放入装泥口。启动泥炮时其活动半径范围内不应有人。液压设备及管路不应漏油,应有防高温烘烤的措施。 装泥时,不应往泥膛内打水,不应使用冻泥、稀泥和有杂物的炮泥。 铁口泥套应保持完好。未达到规定深度的铁口出铁,应采取减风减压措施,必要时休风并堵塞铁口上方的1~2个风口。铁口潮湿时,应烤干再出铁。处理铁口及出铁时,铁口正对面不应站人,炉前起重机应远离铁口。出铁、出渣时,不应清扫渣铁罐轨道和在渣铁罐上工作。 开口机应转动灵活,专人使用。出铁时,开口机应移到铁口一侧固定,不应影响泥炮工作。 铁口发生事故或泥炮失灵时,应实行减风、常压或休风,直至堵好铁口。更换开口机钻头或钻杆时,应切断动力源。 通氧气用的耐高压胶管应脱脂。炉前使用的氧气胶管,长度不应小于30 m,10 m内不应有接头。吹氧铁管长度不应小于6 m。氧气胶管与铁管连接,应严密、牢固。氧气瓶放置地点,应远离明火,且不得正对渣口、铁口。氧气瓶的瓶帽、防震胶圈和安全阀应完好、齐全,并严防油脂污染。 炉前工具接触铁水之前,应烘干预热。渣、铁沟和撇渣器,应定期铺垫并加强日常维修。活动撇渣器、活动主沟和摆动溜嘴的接头,应认真铺垫,经常检查,严防漏渣、漏铁。不应使用高炉煤气烘烤渣、铁沟。用高炉煤气燃烧时,应有明火伴烧,并采取防煤气中毒的措施。 采用水冲渣工艺的高炉,下渣应有单独的水冲渣沟,大型高炉冲渣应有各自的水冲渣沟。 铁口、渣口应及时处理,处理前应将煤气点火燃烧,防止煤气中毒。 2. 摆动溜嘴操作中的问题与安全措施 接班时应认真检查:操作开关是否灵活,摆动机械传动部分有无异响,电机、减速机有无异响,极限是否可靠,摆动溜嘴工作层是否完好、无空洞等,发现异常应及时处理。 出铁前半小时,应认真检查摆动溜嘴的运行情况,及时处理铁沟溜嘴底部与摆动溜嘴之间的铁瘤,保证摆动溜嘴正常摆动以及撇渣器、铁沟溜嘴、摆动溜嘴溜槽畅通。出铁前10 min,应确认铁罐对位情况、配备方式和配罐数量

续表

项目	具体内容
渣、铁处理	每次出铁后，应及时将溜槽中的铁水倾倒干净，并将摆动溜嘴停放在规定的角度和位置；撇渣器内焖有铁水时，应投入保温材料，并及时用专用罩、网封盖好。 摆动溜嘴往两边的受铁罐受铁时，摆动角度应保证铁水流入铁水罐口的中心。最后一罐铁水，不应放满。出铁过程中过渡罐即将装满时，应提前通知驻在员联系倒罐。残铁量过多的铁罐，不应用作过渡罐，不应受铁。在停电情况下进行摆动溜嘴作业，应首先断开操作电源，再合上手插头进行手动操作。 3. 渣、铁罐使用中的问题与安全措施 使用的铁水罐应烘干，非电气信号倒调渣、铁罐的炼铁厂，应建立渣、铁罐使用牌制度；无渣、铁罐使用牌，运输部门不应调运渣、铁罐，高炉不应出铁、出渣。 渣、铁罐内的最高渣、铁液面，应低于罐沿 0. 3 m，正在用于出渣、铁的渣、铁罐，不应移动。如遇出铁晚点，或因铁口浅、涌焦等原因，造成累计铁量相差 1 个铁水罐的容量时，可降低顶压或改用常压出铁，并用较小的钻头开口，同时增配铁水罐。因高炉情况特殊致使渣、铁罐装载过满时，应用泥糊好铁罐嘴，并及时通知运输部门；运输应减速行驶，并由专人护送到指定地点。 渣罐使用前，应喷灰浆或用干渣垫底。渣罐内不应有积水、潮湿杂物和易燃易爆物。铁罐耳轴应锻制而成，其安全系数不应小于 8；耳轴磨损超过原轴直径的 10%，即应报废；每年应对耳轴做一次无损探伤检查，做好记录，并存档。不应使用凝结盖孔口直径小于罐径 1/2 的铁、渣罐，也不应使用耳轴开裂、内衬损坏的铁罐，重罐不应落地。不应向线路上乱丢杂物，并应及时清除挂在墙、柱和线路上的残渣，炉台下应照明良好。 渣、铁重罐车的行驶速度，不应大于 10 km/h；在高炉下行驶、倒调时不应大于 5 km/h。应根据出铁进度表，提前 30 min 配好渣、铁罐；应逐步做到拉走重罐后立即配空罐。 4. 水冲渣中的问题与安全措施 水冲渣应有备用电源和备用水泵。每吨渣的用水量应符合设计要求；冲渣喷口的水压，不宜低于 0. 25 MPa。 水渣沟架空部分，应有带栏杆的走台；水渣池周围应有栏杆，内壁应有扶梯。靠近炉台的水渣沟，其流嘴前应有活动护栏，或净空尺寸不大于 200 mm 的活动栏网。渣沟内应有沉铁坑，渣中不应带铁。 水冲渣发生故障时，应有改向渣罐放渣或向干渣坑放渣的备用设施。出铁、出渣之前，应用电话、声光信号与水泵房联系，确保水量、水压正常。出故障时，应立即采取措施停止冲渣。启动水泵，应事先确认水冲渣沟内无人。故障停泵，应及时报告。水冲渣时，冲刷嘴附近不应有人。高炉上的干渣大块或氧气管等铁器，不应弃入冲渣沟或进入冲渣池。 5. 转鼓渣过滤系统中的问题与安全措施 系统正常运转时，其粒化水量、吹扫空气量、清扫水量、粒化器的最高水温及渣流量，应达到设计规定值。系统运转时，设备检查应达到以下要求：设备专检无异常，粒化头无堵塞，接受槽格栅无渣块，高低沟、渣闸状态合理，热水槽中无积渣，地坑内无积水和

续表

项目	具体内容
渣、铁处理	渣,各管道阀门无泄漏,胶带运输平稳,无偏离,事故水位正常。出铁时所用的冲渣沟,应同时具备分流干渣的条件或其他处理炉渣的措施,拨闸分流的时间不应超过3 min。 正常生产时,系统设备的运转应实行自动控制。应在出铁前20 min启动系统,接到“已准备好”的信号,操作室方可启动系统。一次启动失败,不应立即连续启动。 系统运转中出现危及人身、设备安全的现象时,应立即停止系统运行,并将热渣倒入干渣坑或渣罐。出铁时,冲渣沟、粒化器附近不应有人。应严密注视系统粒化水量。若发现粒化水量大幅度减少、转鼓发生故障、胶带带水严重或操作室信号出现“大警报”,应立即分流至干渣坑或渣罐,严防液态渣进入粒化系统。 堵铁(渣)口20 min后,系统方可停止运行。系统停机后,应先停粒化泵动力电源,再检查和清扫粒化头、水渣沟、接受槽、粒化水泵。检查或更换、清扫喷嘴,应先停液压系统(关闭液压阀门)。检查皮带,应先停带式输送机动力电源。 系统维护人员,不应短接系统的各种保护装置,发现设备异常或事故情况,应迅速判断和处理,防止事故扩大;并记录异常现象和事故情况,报告有关领导。系统的各种联锁、保护装置,未经主管部门同意,任何人不应随意调整;如确需调整,应经主管部门同意,并报专业厂长批准;调整应做好记录,并存档。系统任何控制手柄处于“自动”位置时,不应检修。系统检修中如需转鼓动作,应指定专人操作。 采用轮法冲渣工艺时,应在粒化轮附近设安全防护网。 6. 倾翻渣罐中的问题与安全措施 渣罐倾翻装置应能自锁,倾翻渣罐的倾翻角度应小于116°(丝杆剩5~6扣)。倒干渣时应选好地形,防止渣壳崩落伤人。罐车应先采取止轮措施,再远距离操作翻罐,翻罐时,人员应远离罐车。翻罐供电,应采用隐蔽插头的软电缆,并在离罐30 m以外操作开关。罐口结壳及翻渣后罐内结壳,应使用打渣壳机和撞罐机处理。渣中带铁较多时,不应向弃渣池倾翻。重渣罐翻不出渣时,应待彻底凝固后再处理。 7. 碾泥机的问题与安全措施 碾泥机室应有良好的通风除尘设施和必要的装卸机械,冬季应有防冻措施。 干碾机与湿碾机应分开作业,干碾机应密闭和除尘。碾泥机之间,进出口料周围以及碾泥机下面的传动部件,应留有检修,运输以及操作空间。碾泥机上料及供料,应实行机械化。 碾泥机应有专人操作,并有自动联锁控制和信号。碾泥机在运转中如有异常声响,应立即停机。 碾泥机运转时,不应取样或清扫设备。碾泥机、搅拌机以及供料设备,应有防护装置。 8. 铸铁机的安全操作要求 铸铁机应专人操作,启动前应显示声光信号。铸铁机运转时,应遵守下列规定:不应检修铸铁机,任何人不应搭乘运转中的链带;不应在漏斗和装铁块的车皮外侧逗留;人员应远离正在铸铁的铁水罐;倾翻罐下和翻板区域,任何人不应作业、逗留和行走;凝结盖或罐嘴堵塞的铁水罐,应处理好再翻罐。铸铁时铁水流应均匀,炉前铸铁应使用铁口

续表

项目	具体内容
渣、铁处理	缓冲包,缓冲包在出铁前应烘干。铸模内不应有水,模耳磨损不应大于5%,不应使用开裂及内表面有缺陷的铸模。铸模内表面应均匀地喷上灰浆,并经干燥处理方可使用。灰浆的原料,应使用管道或溜槽来供应,灰浆的配制应实现机械化,清洗或更换灰浆喷嘴时,应先停蒸汽或压缩空气。铸铁机尾部应设置挡铁板。确认铸模内无残留铸铁、铸铁机停止运转,方可清理落在车厢外的铁块。 装运铸铁,应采用落放在平台上的开底吊斗,或者栏板高度不小于0.4 m的车厢。调运铸铁快,应有专人与铸铁机联系。 检修铸铁机,应事前取得"铸铁机操作牌";检修完毕,铸铁机司机应收回操作牌,确认人员全部撤离,杂物已清完,并发出开车信号,方可重新开车。链带运转或非计划停机时,不应在链带下面作业或逗留。 有凝结盖的铁水罐,不应鼓盖操作;用氧烧盖时,专用胶管和钢管应不短于4 m,管接头无泄漏,防止回火。铁水罐对位和复位应准确,防止移位和偏位

考点7　设备检修

项目	具体内容
设备检修	1. 设备检修的安全要求 企业应建立严格的设备使用、维护、检修制度。设备应按计划(有条件的企业应推行点检定修制)检修,不应拖延。设备管理部门的机、电技术人员,应对日常检修工作负责。 检修现场应设统一指挥部,并明确各单位的安全职责。参加检修工作的单位,应在检修指挥部统一指导下,按划分的作业地区与范围工作。检修现场应配备专职安全员。 检修之前,应有专人对电、煤气、蒸汽、氧气、氮气等要害部位及安全设施进行确认,并办理有关检修、动火审批手续。检修中应按计划拆除安全装置,并有安全防护措施。检修完毕,安全装置应及时恢复。安全防护装置的变更,应经安全部门同意,并应做好记录归档。 大、中修使用的拼装台和拼装作业,应符合大、中修指挥部的要求,不应妨碍交通。拼装作业应有专人指挥与监护。 施工现场行驶的车辆,应有专人指挥,并尽可能设立单行线。大、中修施工区域内,火车运行速度不应超过5 km/h,同时应设立警告牌和信号。 设备检修和更换,必须严格执行各项安全制度和专业安全技术操作规程。检修人员应熟悉相关的图纸、资料及操作工艺。检修前,应对检修人员进行安全教育,介绍现场工作环境和注意事项,做好施工现场安全交底。 检修设备时,应预先切断与设备相连的所有电路、风路、氧气管道、煤气管道、氮气管道、蒸汽管道、喷吹煤粉管道及液体管道,并严格执行设备操作牌制度

续表

项目	具体内容
设备检修	木料、耐火砖和其他材料的储存,应符合下列要求:储存场地应平坦、干净,宜选择地势较高的场所,并应设防雨棚;储料场与仓库的选择,应能保证工程的正常进行和消防车辆的顺利通行;耐火砖应错缝码放,一般耐火砖垛高不应超过1.8 m,大块或较重的耐火砖垛高不应超过1.5 m;材料堆垛之间的通道、宽度不应小于1.0 m;堆垛应防潮,粉状料应堆放在单独的房间里。 焊接或切割作业的场所,应通风良好。电、气焊割之前,应清除工作场所的易燃物。 高处作业,应设安全通道、梯子、支架、吊台或吊盘。吊绳直径按负荷确定,安全系数不应小于6。作业前应认真检查有关设施,作业不应超载。脚手架、斜道板、跳板和交通运输道路,应有防滑措施并经常清扫。高处作业时,应佩戴安全带。楼板、吊台上的作业孔,应设置护栏和盖板。高处作业时,不应利用煤气管道、氧气管道作起重设备的支架,携带的工具,应装在工具袋内,不应以抛掷方式递送工具和其他物体。遇6级以上强风时,不应进行露天起重工作和高处作业。在高处检修管道及电气线路,应使用乘人升降机,不应使用起重卷扬机类设备带人作业。 运送大部件通过铁路道口,应事先征得铁路管理部门同意,而且使用单位,还应设专人负责监护。 检修热风炉临时架设的脚手架,检修完毕应立即全部拆除。 在炉子、管道、贮气罐、磨机、除尘器或料仓等的内部检修,应严格检测空气的质量是否符合要求,以防煤气中毒和窒息。并应派专人核查进出人数,如果出入人数不相符,应立即查找、核实。 设备检修完毕,应先做单项试车,然后联动试车。试车时,操作工应到场,各阀门应调好行程极限,做好标记。设备试车,应按规定程序进行。施工单位交出操作牌,由操作人员送电操作,专人指挥,共同试车。非试车人员,不应进入试车规定的现场。 2. 炉体检修的安全要求 大修时,炉体砌筑应按设计要求进行。采用爆破法拆除炉墙砖衬、炉瘤和死铁层,应遵守《爆破安全规程》(GB 6722)的有关规定。应清除炉内残物。拆除炉衬时,不应同时进行炉内扒料和炉顶浇水。入炉扒料之前,应测试炉内空气中一氧化碳的浓度是否符合作业的要求,并采取措施防止落物伤人。 3. 炉顶设备检修的安全要求 检修大钟、料斗时应计划休风,应事先切断煤气,保持通风良好。在大钟下面检修时,炉内应设常明火,大钟应牢靠地放在穿入炉体的防护钢梁上,不应利用焊接或吊钩悬吊大钟。检修完毕,确认炉内人员全部撤离后,方可将大钟从防护梁上移开。工作环境中一氧化碳浓度超过50 ppm时,工作人员应佩戴防护用具,还应连续检测一氧化碳含量。检修大钟时,应控制高炉料面,并铺一定厚度的物料,风口全部堵严,检修部位应设通风

续表

项目	具体内容
设备检修	装置。休风进入炉内作业或不休风在炉顶检修时，应有煤气防护人员在现场监护。更换炉喉砖衬时，应卸下风管，堵严风口。 串罐式、并罐式无料钟炉顶设备的检修，应遵守下列规定：进罐检修设备和更换炉顶布料溜槽等，应可靠切断煤气、氮气源，采用安全电压照明，检测一氧化碳、氧气的浓度，并制定可靠的安全技术措施，报生产技术负责人认可，认真实施；检修人员应事先与高炉及岗位操作人员取得联系，经同意并办理正常手续方可进行检修（如动火检修应申办动火许可证）；检修人员应佩戴安全带和防毒面具；检修时，应用煤气报警和测试仪检测一氧化碳浓度是否在安全范围内；检修的全过程，罐外均应有专人监护。 4. 热风炉检修的安全要求 检修热风炉时，应用盲板或其他可靠的切断装置防止煤气从邻近煤气管道窜入，并严格执行操作牌制度；煤气防护人员应在现场监护。 进行热风炉内部检修、清理时，应遵守下列规定：煤气管道应用盲板隔绝，除烟道阀门外的所有阀门应关死，并切断阀门电源；炉内应通风良好，一氧化碳浓度应在 24 ppm 以下，含氧量应在 18% ~21%（体积浓度），每 2 h 应分析一次气体成分；修补热风炉隔墙时，应用钢材支撑好隔棚，防止上部砖脱落。 热风管内部检修时，应打开人孔，严防煤气热风窜入。 5. 除尘器检修的安全知识 检修除尘器时，应处理煤气并执行操作牌制度，至少由 2 人进行；应有煤气防护人员在现场监护。应防止邻近管道的煤气窜入除尘器，并排尽除尘器内灰尘，保持通风良好，环境应符合热风炉内部检修或清理的要求。固定好检修平台和吊盘。清灰作业应自上而下进行，不应掏洞。检修清灰阀时，应用盲板堵死灰口，应切断电源，并应有煤气防护人员在场监护。清灰阀关不严时，应减风后处理，必要时休风。 6. 摆动溜嘴检修的安全知识 检修作业负责人应与岗位操作工取得联系，索取操作牌，悬挂停电牌，停电并经确认后方可进行检修。检修中不应盲目乱割、乱卸；吊装溜嘴应有专人指挥，并明确规定指挥信号；指挥人员不应站在被吊物上指挥。在摆动支座上作业，应佩戴安全带。钢丝绳受力时，应检查卸扣受力方向是否正确。 7. 铁水罐检修的安全知识 检修铁水罐，应在专用场地或铁路专线一端进行，检修地点应有起重及翻罐机械。修罐时，电源线应采用软电缆。修罐地点以外 15 m 应设置围栏和标志。两罐间距离应不小于 2 m。重罐不应进入修罐场地和修罐专用线。 修罐坑（台）应设围栏。罐坑（台）与罐之间的空隙，应用坚固的垫板覆盖。罐坑内不应有积水。待修罐的内部温度，不应超过 40 ℃。砖衬应从上往下拆除，可喷水以减少灰尘。修罐时，罐内应通风良好，冬季应有防冻措施。距罐底 1.5 m 以上的罐内作业，应有台架及平台，采用钩梯上下罐。罐砌好并烘干，方可交付使用。罐座应经常清扫

案例分析

2011 年夏季某雨天，某炼铁厂 1 号高炉主风机于 19 时 25 分跳闸断电，高炉被迫休风。19 时 45 分，故障排除，热风班开始对干式除尘器进行引煤气操作，用煤气置换除尘器箱体内空气，并在主控室依次关闭除尘器 1 ~7 号箱体内空气动蝶阀。由于 7 号箱体 DN250 放散管气动蝶阀出现故障没有完全关闭，1 号高炉热风班 4 名工人于 21 时 40 分，上到 7 号箱体顶部实施人工关闭。由于没有关闭到位的 7 号箱体蝶阀使煤气仍处于放散状态，造成除尘器箱体顶部煤气大量聚集，导致 4 人当场中毒。21 时 50 分左右，在箱体下留守监护的闫某等 3 人怀疑箱体上面出现问题，也未佩戴空气呼吸器和携带一氧化碳报警仪，在未切断煤气气源的情况下，再次上到 7 号箱体顶部工作台，致使当中的 2 人相继倒下。6 名中毒人员经抢救无效死亡，1 人中毒较轻，直接经济损失 500 余万元。

根据以上场景，回答下列问题：

1. 分析该起事故的直接原因。

2. 煤气事故的处理规则是什么？

3. 煤气处理系统的常见隐患有哪些？

4. 存在燃爆粉尘的场所需要符合哪些要求？

参考答案及解析

1. 直接原因：

(1)不符合《工业企业煤气安全规程》(GB 6222)规定的“不应在雷雨天气进行，不宜在夜间进行”的要求，属违规作业。

(2)在 7 号箱体放散管气动蝶阀关闭不到位，未切断煤气气源，放散管仍处于放散状态的情况下，4 名作业人员未按照规定佩戴煤气报警仪和空气呼吸器，贸然上到 7 号箱体顶部实施作业。

(3)其他 3 名操作人员也未佩空气呼吸器，未采取任何措施盲目施救。

2. 煤气事故的处理规则：

(1)发生煤气中毒、着火、爆炸和大量泄漏煤气等事故，应立即报告调度室和煤气防护站。如发生煤气着火事故应立即拨火警电话，发生煤气中毒事故应立即通知附近卫生所。发生事故后应迅速查明事故情况，采取相应措施，防止事故扩大。

(2)抢救事故的所有人员都应服从统一领导和指挥，指挥人应是企业领导人(厂长、车间主任或值班负责人)。

(3)事故现场应划出危险区域，布置岗哨，阻止非抢救人员进入。进入煤气危险区的抢救人员应佩戴呼吸器，不应用纱布口罩或其他不适合防止煤气中毒的器具。

(4)未查明事故原因和采取必要安全措施前,不应向煤气设施恢复送气。

3.煤气处理系统的常见隐患:

(1)高炉煤气在产生、除尘处理、运输过程中泄漏,会导致重大环境污染或中毒、火灾、爆炸事故。

(2)机电设备运转产生的噪声超过100 dB(A)。

(3)煤气管道形成负压,吸入空气引起爆炸。

(4)设备维护、检验时防护不当造成高处坠落事故。

4.存在燃爆粉尘的场所需符合下列要求:

(1)定期进行粉尘防爆检查,现场严禁烟火。

(2)安装有通风除尘设施及泄爆、抑爆、隔爆装置并保持其良好运作状态。

(3)所用电气设备符合防爆安全要求。

(4)采取防止电弧、电火花、摩擦碰撞火花和静电引燃的安全措施等。

第五章　炼钢安全技术

知识框架

- 炼钢安全技术
  - 炼钢安全相关技术和标准
    - 一般安全要求
    - 炼钢过程中的危险有害因素
  - 炼钢的安全生产知识
    - 备料
    - 氧气转炉炼钢
    - 电炉炼钢
    - 精炼
    - 连铸
    - 转炉煤气回收
    - 设备检修

考点精讲

第一节　炼钢安全相关技术和标准

考点一　一般安全要求

项目	具体内容
炼钢相关技术和标准	钢的生产过程，就是一个高温氧化的物理化学反应过程。钢铁生产流程可分为高炉—转炉流程（长流程）和电炉流程（短流程）两大类，这两种流程并存和共同发展。 1. 厂（车间）位置的选择 选择厂（车间）的位置，应注意工程地质条件和预防洪水、海潮、飓风、滑坡的危害，并按地震烈度等级标准设防。 厂址应高出所在地最高洪水位 0.5 m 以上，场地位于海岸边的，其标高应高出最高潮水位 1 m 以上。如受条件限制，也可采用筑堤防洪，但厂址标高不应低于常年洪水位或历年最高内涝水位。 各车间应布置在生产流程的流水线上，位于居住区常年最小频率风向的上风侧和当地生活水源的下游，且应有适当的卫生防护距离

续表

项目	具体内容
炼钢相关技术和标准	炼钢厂不应邻近居民区、风景旅游区、文物保护区、重要农业区和生活水源地等。选择厂址时，应同时考虑炼钢厂“三废”排放、弃置与噪声、电网闪烁等公害所产生的影响，并采取必要的防护措施。 2. 厂(车间)位置的布置 炼钢主车间的布置，应根据各种物料的流向，保证其能顺畅运行，互不交叉、干扰，并尽可能缩短铁水、废钢及钢坯等大宗物流运输距离；如有条件，主车间出坯跨应尽可能与轧钢车间毗邻或直连，以实现坯热送或直接轧制。 炼钢主车间于各辅助车间设施，应布置在生产流程的顺行线上；铁水，钢水和液体渣，应设有专线(或专用通道)运输，以减少其他物流干扰。 炼钢主车间，应按从原料至成品的生产流程，以各工序分区作业为原则，合理布置各工艺装备及生产设施，确保各工序安全，顺行。 炼钢厂内，应按消防规定设置必要的消防设施和消防通道，设有消防设施的地点，应有明显的标志牌

考点 2　炼钢过程中的危险有害因素

项目	具体内容
炼钢过程中的危险有害因素	炼钢生产中高温作业线长，设备和作业种类多，起重作业和运输作业频繁，主要危险源有：高温辐射、钢水和熔渣喷溅与爆炸、氧枪回火燃烧爆炸、煤气中毒、车辆伤害、起重伤害、机具伤害、高处坠落伤害等。 炼钢生产的主要事故类别有：氧气回火、钢水和熔渣喷溅等引起的灼烫和爆炸，起重伤害，车辆伤害，机具伤害，物体打击，高处坠落，以及触电和煤气中毒事故。据统计表明，炼钢生产安全事故的主要原因有：人为的违章作业和误操作，作业环境条件不良，设备有缺陷，操作技术不熟悉，作业现场缺乏督促检查和指导，安全规程不健全或执行不严格，操作技术不熟悉，个体防护措施和用品有缺陷或缺乏等

第二节　炼钢的安全生产知识

考点 1　备料

项目	具体内容
备料	原料是炼钢的基础，炼钢原料分为金属料和非金属料。 1. 散状材料 根据入炉散状材料的特性与安全要求，确定其储存方法；入炉物料应保持干燥。采用

续表

项目	具体内容
备料	有轨运输时，轨道外侧距料堆应大于1.5 m。具有爆炸和自燃危险的物料，如电石粉（CaC_2）、镁粉、煤粉、直接还原铁（DRI）等应储存于密闭贮仓内，必要时用氮气保护；存放设施应按防爆要求设计，并禁火、禁水。地下料仓的受料口，应设置格栅板。 2. 废钢 可能存在放射性危害的废钢，不应进厂。进厂的社会废钢，应进行分选，拣出有色金属件、易燃易爆及有毒等物品；对密闭容器应进行切割处理；废武器和弹药应由相关专业部门严格鉴定，并进行妥善的处置。 废钢应按来源、形态、成分等分类、分堆存放；人工堆料时，地面以上料堆高度不应超过1.5 m。炼钢厂一般应设废钢配料间与废钢堆场，废钢配料作业直接在废钢场进行的，废钢堆场应部分带有房盖，以供雨、雪天配料。混有冰雪与积水的废钢，不应入炉。废钢配料间与废钢堆场，应设置必要的纵向与横向贯通的人行安全走道。废钢坑沿应高出地面0.5～1.0 m，露天废钢坑应设集排水设施，地面废钢料堆应距运输轨道外侧1.5 m以上。 废钢配料间或废钢堆场进料火车线与横向废钢运输渡车线相交时，火车线入口应设允许进车的信号装置，当渡车在废钢区运行时，火车不应进入。废钢装卸作业时，电磁盘或液压抓斗下不应有人，起重机的大车或小车启动、移动时，应发出蜂鸣或灯光警示信号，以警告地面人员与相邻起重机避让；起重机司机室应视野良好，能清楚观察废钢装卸作业点与相邻起重机作业情况。 3. 铁水贮运问题 铁水运输应用专线，不应与其他交通工具混行。 向铁炉兑铁水时，铁水罐口至混铁炉受铁口应保持一定距离；混铁炉不应超装，当铁水面距烧嘴达0.4 m时，不应兑入铁水；混铁炉出铁时，应发出声响信号；混铁炉在维修或炉顶有人，或受铁水罐车未停到位时，不应倾动；当冷却水漏入混铁炉时，应待水蒸发完毕方可倾炉。 混铁车倒罐站倒罐时，应确保混铁车与受铁坑内铁水罐车准确对位；混铁车出铁至要求的量并倾回零位后，铁水罐车方可开往吊包工位。 混铁炉与倒罐站作业区地坪及受铁坑内，不应有水。凡受铁水辐射热及喷溅影响的建（构）筑物，均应采取防护措施。 起重机龙门钩挂重铁水罐时，应有专人检查是否挂牢，待核实后发布指令，吊车才能起吊；吊起的铁水罐在等待往转炉兑铁水期间，不应提前挂上倾翻铁水罐的小钩。 4. 铁水预处理措施 铁水预处理措施，应布置在地坪以上；若因条件限制采用坑式设置，则应采取防水、排水措施，保证坑内干燥。 往炼钢炉内兑铁水时，铁水罐不应压在转炉炉口或电炉受铁槽上，人员应位于安全区域。 采用CaC_2与镁粉作脱硫剂时，其储粉仓应采用氮气保护；泄压时排除的粉尘应回收；该区域应采取防水、防火。CaC_2仓附近区域，应设乙炔检测和报警装置。 CaC_2与镁粉着火时，应采用干碾磨氮化物溶剂、石棉毡、干镁砂粉等灭火，不应使用水、四氯化碳、泡沫灭火器及河沙等灭火

考点2 氧气转炉炼钢

项目	具体内容
氧气转炉炼钢	转炉炼钢是把氧气鼓入熔融的生铁里，使硅、锰等氧化。 1. 设备及相关设施 转炉氧枪与副枪升降装置，应配备钢丝绳张力测定、钢丝绳断裂防坠、事故驱动等安全装置；各枪位停靠点，应与转炉倾动、氧气开闭、冷却水流量和温度等联锁；当氧气压力小于规定值、冷却水流量低于规定值、出水温度超过规定值、进出水流量差大于规定值时，氧枪应自动升起，停止吹氧。转炉氧枪供水，应设置电动或气动快速切断阀。 转炉宜采用铸铁盘管水冷炉口；若采用钢板焊接水箱形式的水冷炉口，应加强经常性检查，以防止焊缝漏水酿成爆炸事故。转炉传动机构应有足够的强度，应能承受正常操作最大合成力矩；不大于150 t的转炉，按全正力矩设计，靠自重回复零位；150 t以上的转炉，可采用正负力矩，但必须确保两路供电；若采用直流电机，可考虑设置备用蓄电池组，以便断电时强制低速复位。 从转炉工作平台至上层平台之间，应设置转炉围护结构。炉前后应设活动挡火门，以保护操作人员安全。 烟道上的氧枪孔与加料口，应设可靠的氮封。转炉炉子跨炉口以上的各层平台，宜设煤气检测与报警装置；上述各层平台，人员不应长时间停留，以防煤气中毒；确需长时间停留，应与有关方面协调，并采取可靠的安全措施。 转炉煤气回收系统的设备、风机房、煤气柜以及可能泄漏煤气的其他设备，应位于车间常年最小频率风向的上风侧。转炉煤气回收时，风机房属乙类生产厂房、二级危险场所，其设计应采取防火、防爆措施，配备消防设备、火警信号、通信及通风设施；风机房正常通风换气每小时应不少于7次，事故通风换气每小时应不少于20次。转炉煤气回收，应设一氧化碳和氧含量连续测定和自动控制系统；回收煤气的氧含量不应超过2%；煤气的回收与放散，应采用自动切换阀，若煤气不能回收而向大气排放，烟囱上部应设点火装置。转炉煤气回收系统，应合理设置泄爆、放散、吹扫等设施。 2. 生产操作 炉前、炉后平台不应堆放障碍物。转炉炉帽、炉壳、溜渣板和炉下挡渣板、基础墙上的粘渣，应经常清理，确保其厚度不超过0.1 m。废钢配料，应防止带入爆炸物、有毒物或密闭容器。废钢料高不应超过料槽上口。转炉留渣操作时，应采取措施防止喷渣。 兑铁水用的起重机，吊运重罐铁水之前应验证制动器是否可靠；不应在兑铁水作业开始之前先挂上倾翻铁水罐的小钩；兑铁水时炉口不应上倾，人员应处于安全位置，以防铁水罐脱钩伤人。 新炉、停炉进行维修后开炉及停吹8 h后的转炉，开始生产前均应按新炉开炉的要求进行准备；应认真检验各系统设备与联锁装置、仪表、介质参数是否符合工作要求，出现异常应及时处理。若需烘炉，应严格执行烘炉操作规程。炉下钢水罐车及渣车轨道区

续表

项目	具体内容
氧气转炉炼钢	域(包括漏钢坑),不应有水和堆积物。转炉生产期间需到炉下区域作业时,应通知转炉控制室停止吹炼,并不得倾动转炉。无关人员不应在炉下通行或停留。 转炉吹氧期间发生以下情况,应及时提枪停吹:氧枪冷却水流量、氧压低于规定值,出水温度高于规定值,氧枪漏水,水冷炉口、烟罩和加料溜槽口等水冷件漏水,停电。吹炼期间发现冷却水漏入炉内,应立即停吹,并切断漏水件的水源;转炉应停在原始位置不动,待确认漏入的冷却水完全蒸发,方可动炉。 转炉修炉停炉时,各传动系统应断电,氧气、煤气、氮气管道应堵盲板隔离,煤气、重油管道应用蒸汽(或氮气)吹扫;更换吹氧管时,应预先检查氧气管道,如有油污,应清洗并脱脂干净方可使用。 安装转炉小炉底时,接缝处泥料应铺垫均匀,炉底车顶紧力应足够,均匀挤出接缝处泥料;应认真检查接缝质量是否可靠,否则应予处理。 倾动转炉时,操作人员应检查确认各相关系统与设备无误,并遵守下列规定:测温取样倒炉时,不应快速摇炉;倾动机械出现故障时,不应强行摇炉。倒炉测温取样和出钢时,人员应避免正对炉口;采用氧气烧出钢口时,手不应握在胶管接口处。火源不应接近氧气阀门站。进入氧气阀门站不应穿钉鞋。油污或其他易燃物不应接触氧气阀及管道。有窒息性气体的底吹阀门站,应加强检查,发现泄漏及时处理。进入阀门站应预先打开门窗与排风扇,确认安全后方可入内,维修设备时应始终打开门窗与排风扇

考点 3　电炉炼钢

项目	具体内容
电炉炼钢	电弧炉炼钢是用来生产特殊钢和高合金钢的主要方法。此外,它现在也用来生产普通钢。目前,世界 95% 以上的电炉钢都是由电弧炉生产的,所以电炉炼钢主要指电弧炉炼钢。 1. 设备及相关设施 电炉的最大出钢量,应不超过平均出钢量的 120%。30 t 及其以上的电炉,均应采用高架式布置,并采用钢水罐车出钢。电炉倾动机械应设零位锁定,电极升降应有上限位锁定;电炉炉盖升降与旋转、电极升降与旋转、炉子倾动等动作的机械之间,应设有可靠的安全联锁;电炉液压站,应在断电事故情况下仍能完成一次出钢动作。 额定容量大于或等于 40 MV 的电炉变压器室,应设置二氧化碳等气体自动灭火系统。氧气阀门站至氧燃烧嘴和碳氧喷枪的氧气管线,应采用不锈钢制作,并应在软管接头前焊接长 1.5 m 以上的铜管。 设在密闭室内的氮、氩炉底搅拌阀站,应加强维护,发现泄漏及时处理;并应配备排风设施,人员进入前应排风,确认安全后方可入内,维修设备时应始终开启门窗与排风设施。 采用煤气烧嘴时,应设置煤气低压报警及与之联锁的快速切断阀等防回火设施,还应

续表

项目	具体内容
电炉炼钢	设置煤气吹扫与放散设施。 水冷炉壁与炉盖的水冷板、Consteel炉连接小车水套、竖井水冷件等，应配置出水温度与进出水流量差检测、报警装置。出水温度超过规定值、进出水流量差报警时，应自动断电并升起电极停止冶炼，操作人员应迅速查明原因，排除故障，然后恢复供电。 竖炉、Dancrrc Plus 2 000炉、Consteel炉的废钢预热段废气出口，以及Korfarc炉炉盖弯管出口，应设置废气成分连续分析系统；废气中的氧与一氧化碳超过规定值，燃烧室中的点火烧嘴便应工作，并供入适量空气，使排出废气继续完全燃烧。 电炉直接排烟除尘系统设计，应遵守《工业企业煤气安全规程》(GB 6222)和《工业炉窑烟尘测试方法》(GB 9079)的规定，系统中应有泄爆措施。 竖炉的竖井移动与停留区域下方空间，不应设置阀站等有火灾危险的建筑物，不应有电缆架或易燃管线穿越，否则应采取可靠的防护措施。Dancrrc Plus 2 000炉废钢预热的预热料篮旋转区域下方空间，不应有任何易燃物；料篮旋转时，人员应处于安全位置。 Consteel炉废钢传送带，两侧应设置宽度不小于0.9 m的安全走道。传送带支架下方，不应有人员通行；若有道路通过，应采取可靠的防护措施。 电炉供电设施及其各部位的绝缘电阻，应符合有关电气规程、规范的规定；炉壳与电极、炉盖升降装置，应可靠接地。供电设施附近，不应有易造成短路的材料与物件。炉后出钢操作室(或操作台)应设在较安全的位置，其正对出钢口的窗户应有防喷溅设施。操作室出入口应设在远离出钢口一侧。炉下钢水罐车运行控制应与电炉出钢倾动控制组合在一个操作台上，以便协调操作。电炉出钢倾动应与炉下钢水罐车的停靠位置及电子秤联锁，出钢水量达到规定值，电炉回倾到适当位置后，钢水罐车方可从出钢工位开出，以保证出钢作业安全。 偏心炉底出钢口活动维修平台，只有在电炉出钢完毕回复原始位置，方可开向工作位置。炉前喷粉设施与电炉热喷补机的发送罐，其设计、制造、验收与使用，应符合压力容器规范的规定。 直流电弧炉水冷钢棒式底电极，应有温度检测，应采用喷淋冷却方式，避免采用有压排水方式。炉底冷却水管，应悬挂设置，不应采用落地管线，以防漏钢时酿成爆炸事故。应在电炉炉下不同厚度的耐火材料中设置温度测量元件，当某特定测量点温度超过规定值时，应立即停止冶炼，修理炉底。 电炉炉顶维护平台应设安全门，人员进入时，安全门开启，电极电流断开，电炉不会倾动，炉盖不会旋转。 采用铁水热装工艺的电炉，应能正确控制兑铁水小车的停车位和铁水罐倾动的速度与位置，防止造成跑铁事故。 采用炉前热泼渣工艺的电炉，热泼渣区域周围的建、构筑物与地坪、上方的管线或电缆，应有可靠的防护措施，并应采取措施防止因作业区内积水酿成爆炸事故

续表

项目	具体内容
电炉炼钢	采用活动炉座的电炉，应由一台吊车吊运；因条件限制只能用两台吊车抬运时，应采取措施，保证作业安全。电炉的修炉区，应设置炉壳底座（或支架）、修炉坑或修炉平台。电极连接站，应设置可靠的防护设施，以防红热电极灼伤人员或损坏周围设施。 2. 生产操作 电炉开炉前应认真检查，确保各机械设备及联锁装置处于正常的待机状态，各种介质处于设计要求的参数范围，各水冷元件供排水无异常现象，供电系统与电控正常，工作平台整洁有序无杂物。电极通电应建立联系确认制度，先发信号，然后送电；引弧应采用自动控制，防止短路送电。 竖炉第一料篮下部的废钢，单块重量应不大于 400 kg；待加料的废钢料篮吊往电炉之前，不应挂小钩，废钢料篮下不应有人。电炉吹氧喷碳粉作业，应加强监控。当泡沫渣升至规定高度时，应停止喷碳粉。水冷氧枪应设置极限位，以确保氧枪与钢液面的安全距离。 氧燃烧嘴开启时应先供燃料，点火后再供氧；关闭时应先停止供氧，再停止供燃料。炉前热泼渣操作，应防止洒水过多，以避免积水产生事故。 电炉通电冶炼或出钢期间，人员应处于安全位置，不应登上炉顶维护平台，不应在短网下和炉下区域通行。电炉冶炼期间发生冷却水漏入熔池时，应断电、升起电极，停止冶炼、炉底搅拌和吹氧，关闭烧嘴，并立即处理漏水的水冷件，不应动炉。直至漏入炉内的水蒸发完毕，方可恢复冶炼。 正常生产过程中，应经常清除炉前平台流渣口和出钢区周围构筑物上的黏结物。黏结物厚度应不超过 0.1 m，以防坠落伤人。电炉炉下区域、炉下出钢线与渣线地面，应保持干燥，不应有水或潮湿物。电炉加料（包括铁水热装和吊铁水罐）、吊运炉底、吊运电极，应有专人指挥。吊物不应从人员和设备上方越过，人员应处于安全位置。维修炉底出钢口的作业人员与电炉主控人员之间，应建立联系与确认制度

考点 4　精炼

项目	具体内容
精炼	精炼工序主要事故类别包括灼烫、中毒窒息、物体打击、起重伤害等。 1. 设备与相关设施 精炼炉的最大钢水量，应能满足不同炉外精炼对钢液面以上钢包自由空间的要求。钢水炉外精炼装置，应有事故漏钢措施。VD、VOD 等钢包真空精炼装置，其蒸汽喷射真空泵系统应有抵制钢液溢出钢包的真空度调节措施，并应设彩色工业电视，监视真空罐内钢液面的升降。 VOD、CAS－OB、RH－KTB 等水冷氧枪升降机械，应有事故驱动等安全措施；氧气阀站至氧枪的氧气管道，应采用不锈钢管，且应在软管接头前设置长度超过 1.5 m 的铜管

续表

<table>
<tr><th>项目</th><th>具体内容</th></tr>
<tr><td>精炼</td><td>受钢液高温影响的水冷元件，应设可靠的断电供水设施，确保在断电期间保护设备免遭损坏；可能因冷却水泄漏酿成爆炸事故的水冷元件，如 VOD、CAS - OB、IR - UT、RH - KTB中的水冷氧枪，应配备进出水流量差报警装置；报警信号发出后，氧枪应自动提升并停止供氧，停止精炼作业。
VOD 与 RH - KTB 等真空吹氧脱碳精炼装置、蒸汽喷射真空泵的水封池应密闭，并设风机与排气管，排气管应高出厂房 2 ~ 4 m。所在区域应设置“警惕煤气中毒”“不准停留”等警示牌。
LF 与 RH 电加热的供电设施，应遵循有关电气规程、规范，设备与线路的绝缘电阻应达到规定值，电极与炉盖提升机械应有可靠接地装置；若 RH 与 RH - KTB 采用石墨电阻棒加热真空罐，真空罐应有可靠接地装置。
RH 装置的钢水罐或真空罐升降液压系统，应设手动换向阀装置。
真空精炼装置，用氮气破坏真空时，应设大气压平衡阀及恢复大气压信号。信号应与真空罐盖开启、RH 吸嘴抽出钢液的动作联锁，当真空罐内外存在压差时，不应开启真空罐盖或抽出 RH 吸嘴；VOD 与 RH - KTB 破坏真空系统，应有氮气稀释措施。
蒸汽喷射真空泵的喷射器，应包裹隔声层，废气排出口与蒸汽放散口应设消声器。
炉外精炼装置中的粉料发送罐、贮气罐、蒸汽分配器、汽水分离器、蓄势器等有压容器，其设计、制造、验收和使用，应符合国家有关压力的规定。
2. 生产操作
精炼炉工作之前，应认真检查，确保设备处于良好待机状态、各介质参数符合要求。应控制炼钢炉出钢量，防止炉外精炼时发生溢钢事故。应做好精炼钢包上口的维护，防止包口黏结物过多。氩气底吹搅拌装置应根据工艺要求调节搅拌强度，防止溢钢。
炉外精炼区域与钢水罐运行区域，地坪不得有水或潮湿物品。精炼过程中发生漏水事故，应立即终止精炼，若冷却水漏入钢包，应立即切断漏水件的水源，钢包应静止不动，人员撤离危险区域，待钢液面上的水蒸发完毕方可动包。精炼期间，人员不得在钢包周围行走和停留。
RH 或 RH - KTB 新的或修补后的插入管，应经烘烤干燥方可使用；VD、VOD、RH 或 RH - KTB 真空罐新砌耐火材料以及喷粉用喷枪，应予干燥。在 VD、VOD 真空罐内清渣或修理衬砖，应采取临时通风措施，以防缺氧。LF 通电精炼时，人员不应在短网下通行，工作平台上的操作人员不应触摸钢包盖及以上设备，也不应触碰导电体。人工测温取样时应断电。RH、RH - KTB 采用石墨棒电阻加热真空罐期间，人员不应进入真空罐平台。RH、RH - KTB 的插入管与 CAS - OB、IR - UT 的浸渍罩下方，不应有人员通行与停留；精炼期间，人员应处于安全位置。
AOD 的配气站，应加强检查，发现泄漏及时处理。人员进入配气站应预先开启门窗与通风设施，确认安全后方可入内，维修时应始终开启门窗与通风设施。
吊运满包钢水或红热电极，应有专人指挥；吊放钢包应检查确认挂钩、脱钩可靠，方可通知司机起吊</td></tr>
</table>

续表

项目	具体内容
精炼	潮湿材料不应加入精炼钢包；人工往精炼钢包投加合金与粉料时，应防止液渣飞溅或火焰外喷伤人。精炼炉周围不应堆放易燃物品。 喷粉管道发生堵塞时，应立即关闭下料阀，并在保持引喷气流的情况下，逐段敲击管道，以消除堵塞；若需拆检，应先将系统泄压。喂丝线卷放置区，宜设置安全护栏；从线卷至喂丝机，凡线转向运动处，应设置必要的安全导向结构，确保喂丝工作时人员安全；向钢水喂丝时，线卷周围5 m以内不应有人

考点5　连铸

项目	具体内容
连铸	连铸是将装有精炼好钢水的钢包运转至回转台，回转台转动到浇注位置后，将钢水注入中间包，中间包再由水口将钢水分配到各个结晶器中去。 1. 连铸中的问题与安全措施 确定铸机弯曲半径、拉速、冷却水等参数时，应确保铸坯凝固长度小于冶金长度。大包回转台的支承臂、立柱、地脚螺栓设计，应进行强度计算，计算中应考虑满包负荷冲击系数（1.5～2）。大包回转台旋转时，包括钢包的运动设备与固定构筑物的净距，应大于0.5 m。大包回转台应配置安全制动与停电事故驱动装置。连铸浇注区，应设事故钢水包、溢流槽、中间溢流罐。对大包回转台传动机械、中间罐车传动机械、大包浇注平台，以及易受漏钢损伤的设备和构筑物，应采取防护措施。 结晶器、二次喷淋冷却装置，应配备事故供水系统；一旦正常供水中断，即发出警报，停止浇注，事故供水系统启动，并在规定的时间内保证铸机的安全；应定期检查事故供水系统的可靠性。高压油泵发生故障或发生停电事故时，液压系统蓄势器应能维持拉矫机压下辊继续夹持钢坯30～40 min，并停止浇注，以保证人身和设备安全。 采用放射源控制结晶器液面时，放射源的装、卸、运输和存放，应使用专用工具，应建立严格的管理和检测制度；放射源只能在调试或浇注时打开，其他时间均应关闭；放射源启闭应有检查确认制度与标志，打开时人员应避开其辐射方向，其存放箱与存放地点应设置警告标志。 连铸主平台以下各层，不应设置油罐、气瓶等易燃、易爆品仓库或存放点，连铸平台上漏钢事故波及的区域，不应有水与潮湿物品。 浇注之前，应检查确认设备处于良好待机状态，各介质参数符合要求；应仔细检查结晶器，其内表面应干净并干燥，引锭杆头送入结晶器时，正面不应有人，应仔细堵塞引锭头与结晶器壁的缝隙，按规定放置冷却废钢等物料。浇注准备工作完毕，拉矫机正面不应有人，以防引锭杆滑下伤人。新结晶器和检修后的结晶器，应进行水压试验，合格的结晶器在安装前应暂时封堵进出水口。使用中的结晶器及其上口有渗水现象，不应浇注。钢包或中间罐滑动水口开启时，滑动水口正面不应有人，以防滑板窜钢伤人。浇注中发生漏、溢钢事故，应关闭该铸流。输出尾坯时（注水封顶操作），人员不应面对结

续表

项目	具体内容
连铸	晶器。浇注时应遵守下列规定:二次冷却区不应有人;出现结晶器冷却水减少报警时,应立即停止浇注;浇注完毕,待结晶器内钢液面凝固,方可拉下铸坯;大包回转台(旋转台)回转过程中,旋转区域内不应有人。 引锭杆脱坯时,应有专人监护,确认坯已脱离方可离开。采用煤气、乙炔和氧气切割铸坯时,应安装煤气、乙炔和氧气的快速切断阀;在氧气、乙炔和煤气阀站附近,不应吸烟和有明火,并应配备灭火器材。切割机应专人操作。未经同意,非工作人员不应进入切割机控制室。切割机开动时,机上不应有人。 2. 钢锭(坯)处理 钢锭(坯)堆放高度,应符合下列规定:大于 3 t 的钢锭,不大于 3.5 m。0.5 ~ 3 t 的钢锭,不大于 2.5 m。小于 0.5 t 的钢锭,不大于 1.9 m。人工吊挂钢锭,不大于 1.9 m。长度 6 m 及以上的连铸坯,不大于 4 m。长度 3 ~ 6 m 的连铸坯,不大于 3 m。长度 3 m 以下的连铸坯,不大于 2.5 m。 钢锭退火时应放置平稳,确认退火窑内无人方可推车。修磨钢锭(坯)时,应戴好防护用具,严格按操作规程进行。钢锭(坯)库内人行道宽度应不小于 1 m,锭(坯)垛间距应不小于 0.6 m。进入锭(坯)垛间应带小红旗,小红旗应高出钢锭(坯)垛

考点 6 转炉煤气回收

项目	具体内容
转炉煤气回收	1. 转炉煤气回收工艺 转炉煤气回收的成熟技术有 OG 湿法除尘回收工艺和 LT 干法除尘回收工艺。炼钢厂采用“OG 法”回收的转炉煤气经过一次风机引出,通过三通切换阀,一次风机房大水封。U 形水封,柜前蝶阀进入威金斯干式气柜,再经过柜后电除尘器除尘净化,鼓风机加压后,送往生产用户。 LT 干法除尘回收工艺的基本原理是:当转炉吹炼时,O_2 和 C 之间发生反应产生含有高浓度 CO 和烟尘的转炉煤气。为了回收利用高热值的转炉煤气和减少污染,需对烟气进行净化,首先将转炉烟气经过废气冷却系统,然后进入蒸发冷却器,喷水蒸发使烟气得到冷却。 2. 转炉煤气回收中常见的问题与安全措施 (1)煤气中转炉氧含量超标,易导致各类事故。 安全措施:在回收过程中应准确操作回收氧含量低的煤气,避免氧含量检测仪表故障,确保一次风机前煤气设施严密,以减少因转炉煤气氧含量高而产生的爆炸性气体的危险性,杜绝事故的发生。 (2)三通阀故障导致柜前 U 形水封排水器被击穿而煤气泄漏。 安全措施:在煤气泄漏点,增设固定式 CO 检测仪,CO 超标时操作室有声光提示,便于

续表

项目	具体内容
转炉煤气回收	操作人员及时检查处理。将U形排水器更换为有效高度为4 m的排水器。 (3)柜位计钢丝绳断裂,导致停止回收和输送煤气。 安全措施:当柜位计钢丝绳断裂,造成柜前放散阀被打开时,将转换开关由“集中”打至“机旁”并立即去现场按下停止按钮,再按下关阀按钮关闭放散阀。如果放散阀无法关闭时,应停止回收煤气,关柜前入口阀(或封柜前U形水封)向柜前管道内通氮气,以确保柜前管道呈正压

考点7 设备检修

项目	具体内容
拆炉	转炉采用拆炉机拆炉期间,人员不应在炉下区域通行与停留。电炉采用风镐拆炉时,作业人员应佩戴护目镜等防护装备,并注意站位安全,防止落砖伤人
修炉作业施工区要求	施工区应有足够照明,危险区域应设立警示标志及临时围栏等。有可能泄漏煤气、氧气、高压蒸汽、其他有害气体与烟尘的部位,应采取防护措施。电炉修炉区,应设专用平台或搭建稳固的临时平台,使作业人员能安全方便地进出炉壳。施工区域耐火砖砖垛高度应不超过1.9 m,重质耐火砖砖垛高度不超过1.5 m,垛间应留宽度大于1 m的人行通道。施工区域至车间外部,应临时建立废砖清运、耐火材料输送的专用通道,以保证安全有序、物流畅通。高处作业人员应佩戴安全带。搭建修炉脚手架应经检查连接牢固,脚手架离工作面0.05~0.1 m,负荷不应超过279 kg/m^2,其上物料不应集中放置;倾斜跳板宽度应不小于1.5 m,坡度不大于30°,防滑条间距应不小于0.3 m
转炉修炉	应事先全面清除炉口、炉体、汽化冷却装置、烟道口烟罩、溜料口、氧枪孔和挡渣板等周围的残钢和残渣,然后进行拆炉。修炉之前,应切断氧气,堵好盲板,移开氧枪,切断炉子倾动和氧枪横移电源;关闭汇总散状料仓并切断气源;炉口应支好安全保护棚,在作业的炉底车、修炉车两侧设置轨道铁,切断钢包车和渣车的电源。应认真执行停电、挂牌制度;修炉时,砌炉地点周围不应有人。在炉体内外作业,除执行停电挂牌制度外,还应将炉体倾动制动器锁定。采用上修法时,活动烟道移开后,固定烟道下方应设置盲板。采用复吹工艺时,检修前应将底部气源切断,并应采取隔离措施
电炉修炉	电炉倾动机械应锁定,炉盖旋开并锁定,液压站关闭。炉前碳氧喷枪应转至停放位并切断气源,炉底搅拌气源应切断,并采取隔离措施;氧燃烧嘴或炉壁氧枪的氧气应切断,并采取隔离措施。吊运砖垛与物料,人员应避开;炉内砖垛高度应不超过1 m。操作者应站在炉壳外放置胎模,每节胎打满时应注意防止风锤崩出伤人
其他	拆除化铁炉应自上而下进行,应站在作业点的上方操作;拆炉、砌炉所用的起重设备,应经常检查,确保安全可靠;并应有上下通信联络措施。修炉爆破应遵守《爆破安全规程》(GB 6722)的规定

案例分析

E 钢铁公司棒材厂的加热炉使用煤气为燃料。2017 年 4 月 9 日 8 时，棒材厂 1 号加热炉停产检修，更换煤气阀组后面的补偿器。11 时更换完补偿器后，由工长甲负责组织引煤气。按照引气操作程序，先用氮气对加热炉进行吹扫置换，经检测合格后才能引煤气点火。

工长甲让维修工乙和丙两人去开阀组后面的截止阀，两人合力未能打开。乙取来一个铁制扳手。11 时 35 分，乙在松动截止阀的紧固螺栓时，扳手与螺栓撞击产生了火花，遇到泄漏的煤气着火。工长甲在现场立即拿灭火器灭火，但由于火势太大无法扑灭，现场火势迅速蔓延并发生爆炸，乙当场死亡，丙被烧伤。甲手足无措，带着丙慌忙离开现场并赶赴医院。事故后调查发现，由于阀组前球阀密封不严，煤气从密封处泄漏，扩散到截止阀处。

事故造成的经济损失包括：设备损失 500 万元，处理事故和现场抢救费用 30 万元，停产损失 300 万元，丙住院治疗费 80 万元，支付乙家属抚恤金 25 万元，丙歇工工资 3 万元，事故罚款 15 万元，补充新员工培训费 1 万元。

根据以上场景，回答下列问题：

1. 计算此次事故的直接经济损失和间接经济损失。

2. 指出甲、乙、丙 3 人在操作过程中和事故处置过程中的不当之处。

3. 指出本案中 E 钢铁公司棒材厂在安全生产方面存在的不足。

4. 为防止此类事故再次发生，E 钢铁公司棒材厂应采取哪些安全措施。

参考答案及解析

1. (1) 直接经济损失包括：设备损失 500 万元、处理事故和现场抢救费用 30 万元、丙住院治疗费 80 万元、丙歇工工资 3 万元、支付乙家属抚恤金 25 万元、事故罚款 15 万元。

直接经济损失：500 + 30 + 80 + 3 + 25 + 15 = 653（万元）。

(2) 间接经济损失包括：停产损失 300 万元、补充新员工培训费 1 万元。

间接经济损失：300 + 1 = 301（万元）。

2. 工长甲不当之处：

(1) 在作业前没有制备作业方案和安全措施。

(2) 在开截止阀之前没有取样分析，测定作业环境空气中的含氧量。

(3) 发生事故后没有立即报告调度室和煤气防护站。

维修工乙、丙不当之处：

(1) 作业时未有煤气防护人员在场监护。

(2) 使用了能产生火星的工具。

(3) 未备有防毒器具及消防器材。

3. E 钢铁公司棒材厂在安全生产方面存在的不足：

(1) 安全管理不到位。

(2)作业现场管理混乱。

(3)违章指挥和违章作业。

(4)职工安全意识不强。

(5)安全教育、培训不足。

(6)安全设施投入不足,本质安全程度低。

4. 为防止此类事故再次发生,E 钢铁公司棒材厂应采取的安全措施:

(1)建立、健全、落实安全责任制。

(2)杜绝违章指挥、违章作业。

(3)加强对职工安全教育培训,提高安全意识。

(4)加强应急培训,提高职工应急能力。

(5)严格执行安全操作规程。

(6)加强对安全设施的投入。

第六章　轧钢安全技术

知识框架

- 轧钢安全技术
  - 轧钢安全相关技术和标准
    - 一般安全要求
    - 厂区布置与厂房建筑
    - 防火
  - 轧钢的安全生产知识
    - 轧钢的主要危险与有害因素
    - 备料
    - 加热
    - 轧制

考点精讲

第一节　轧钢安全相关技术和标准

考点 1　一般安全要求

项目	具体内容
一般安全要求	经过辊道、冷床、移送机和运输机等设备的人行通道，应修建符合下列规定的人行天桥：桥宽不小于 0.8 m，两侧设不低于 1.05 m 的防护栏杆；跨越输送灼热金属的天桥，应设有隔热桥板，两侧设不低于 1.5 m 的防护挡板；有可能发生飞溅金属屑、渣或氧化铁皮处的人行天桥，两侧应设置不低于 2.0 m 的防护挡板；有高速轧件上窜危险处的人行天桥，应设置金属网罩，其网眼应小于最小轧件的尺寸；跨越轧制线的人行天桥，其间距不宜超过 40 m。 与生产无关的人员，不应进入生产操作场所。应划出非岗位操作人员行走的安全路线，其宽度一般不小于 1.5 m。 新建、改建和扩建轧钢厂，应靠厂房一侧沿轧制生产线的方向，距离地面适当高度修建供参观和其他生产操作人员行走的安全通廊，其宽度不小于 1 m，栏杆高度不低于 1.5 m；较长的通廊，每隔 20 m 应设有交汇平台。 轧机、加热设备及其他距地面 1 m 以上需要经常操作、检测、检修或运输的设备，均应

续表

项目	具体内容
一般安全要求	设置带上下扶梯的固定平台或安全通道，并设有不低于1.05 m的防护栏杆，栏杆下部应有不小于0.1 m的护脚板。重要的工作平台或安全通道，应至少设2个出入口。 设备裸露的转动或快速移动部分，应设有结构可靠的安全防护罩、防护栏杆或防护挡板。轧钢厂区内的坑、沟、池、井，应设置安全盖板或安全护栏。 车间主要危险源或危险场所，应有禁止接近，禁止通行、禁火或其他警告标志；各种射线源、高压供电设施、易于泄漏煤气（或天然气）等可燃气体，以及其他严重危险的区域，应设有色灯或声响警告信号；吊车易于碰撞的设备、高处作业坠物区、易燃易爆场所以及其他事故多发地段，均应用易于辨认的安全色标明或设置醒目的警告标志牌。 轧钢车间使用表压超过0.1 MPa的液体和气体的设备和管路，应安装压力表，必要时还应安装安全阀和逆止阀等安全装置。各种阀门应采用不同颜色和不同几何形状的标志，还应有表明开、闭状态的标志。 不同介质的管线，应按照《工业管道的基本识别色、识别符号和安全标识》的规定涂上不同的颜色，并注明介质名称和流向。 液压站、阀台、蓄势器和液压管路，应有安全阀、减压阀、液压控制阀和截止阀，蓄势器与油路之间应有紧急闭锁装置。 液压系统和润滑系统的油箱，应设有液位上下限、压力上下限、油温上限和油泵过滤器堵塞的显示和警报装置，油箱和油泵之间应有安全联锁装置。 高频电气设备应符合高频和超高频电磁场电源的安全要求，高频设备应屏蔽，其电场强度不应超过10 V/m，磁场强度不应超过5 A/m。 酸洗和碱洗区域，应有防止人员灼伤的措施，并设置安全喷淋或洗涤设施。 采用放射性元素检测仪表的区域，应有明显的标志，并有必要的防护措施，并按有关规定定期检测。轧钢企业强电磁辐射区域应设警示标识，体内安装有心脏起搏器或金属植入物的人员禁止进入

考点2 厂区布置与厂房建筑

项目	具体内容
厂区布置与厂房建筑	厂址选择应遵循《工业企业总平面设计规范》和《钢铁企业总图运输设计规范》的规定。 厂（车间）应设在企业污染影响较大的生产区最小频率风向的下风侧。 厂房主要迎风面，宜与夏季主导风向成60°～90°角；应使热作业区和产生烟气或有害气体的作业区布置在下风位置；噪声较大或有害气体和粉尘危害较严重的工序，在工艺条件允许的情况下，应布置在独立的跨间或单独的房间内；高温作业的操作岗位，应布置在热源的上风侧。 工厂平面布置，应合理安排车流、人流，实行人车分流。 厂房建筑和设备基础受高温辐射烘烤，轧件和机械的冲击负荷以及大量油、酸、碱腐蚀等破坏作用的，应采取相应的防护措施

续表

项目	具体内容
厂区布置与厂房建筑	设置吊车的新建厂房，其柱顶或屋架下弦底面与吊车顶端的净空尺寸不应小于0.22 m；应设吊车安全走道，双面走道宽度一般不小于1.5 m，单面走道不小于0.80 m；通过立柱处的走道，最小宽度（上柱内缘到吊车大桥端头外缘的净空尺寸）不应小于0.55 m，如从上柱人孔穿孔，人孔宽度不应小于0.4 m；吊车轨道标高应保证对最高设备吊装拆卸的安全高度，吊件下缘高度距最高设备高度净空间距不应小于0.5 m；吊车操作室下缘，距安全通道平台、材料堆垛和车间设施的安全间距应不小于2.0 m，距安全操作平台的安全间距不应小于3.0 m。 在厂房结构上，应合理分布适当数量的加强桁架，以便更换吊车电机等设备时作承重结构使用；采取重型工作制吊车的厂房，两端应设有检修平台，并应按吊车台数设置司机专用走梯和登车平台。厂区布置和主要车间的工艺布置，应设有安全通道，以便在异常情况或紧急抢救情况下供人员和消防车、急救车使用

考点3　防火

项目	具体内容
防火	轧钢企业应根据国家有关法律、法规配备消防设施、设备和人员，并与当地消防部门建立联系。 车间电气室、地下油库、地下液压站、地下润滑站、地下加压站等要害部门，其出入口应不少于两个（室内面积小于6 m^2 而无人值班的，可设一个），门应向外开。 电气室（包括计算机房）、主电缆隧道和电缆夹层，应设有火灾自动报警器、烟雾火警信号器、监视装置、灭火装置和防止小动物进入的措施；还应设防火墙和遇火能自动封闭的防火门，电缆穿线孔等应用防火材料进行封堵。新建、改建和扩建的轧钢企业，应设有集中监视和显示的火警信号中心。 油库、液压站和润滑站，应设有灭火装置和自动报警装置。 设有通风以及自动报警和灭火设施的场所，风机与消防设施之间，应设有安全联锁装置

第二节　轧钢的安全生产知识

考点1　轧钢的主要危险与有害因素

项目	具体内容
轧钢	1. 轧钢生产危险源及主要事故类别和原因 危险源：高温加热设备、高温物流、高速运转的机械设备、煤气氧气等易燃易爆和有毒

续表

项目	具体内容
轧钢	有害气体、有毒有害化学制剂、电器和液压设施、能源和起重设备、以及作业高温、噪声和烟雾影响等。 事故类别:机械伤害、物体打击、起重伤害、灼烫、高处坠落、触电和爆炸等。 事故原因:违章作业和操作失误、技术设备缺陷和防护装置缺陷、安全技术和操作技术不熟练、作业环境条件不良、安全规章制度执行不严格。 2. 轧钢生产事故预防措施及技术 检修前组织好检修人员和安全管理人员做好安全准备工作,并在检修过程中加强安全监护。重视不安全因素,除有安全防范措施外,检修现场要设置围栓、安全网、屏障和安全标志牌。高空作业必须戴安全带

考点2　备料

项目	具体内容
备料	轧钢所用的原料有三种:钢锭、钢坯和连铸坯。轧制时的主要生产工具包括钢锭的整修、加热、初轧、精轧、矫直、成材、吊运等。初轧是在炼钢系统无连铸工艺情况下,将炼钢的钢锭脱模,在经均热、加热后轧制成符合要求的钢坯的过程。连铸坯经二次加热后进入不同的轧钢机,轧制成不同类型的钢材 它主要包括:线材、棒材、钢管钢坯的备料;热轧板坯的备料;冷轧、硅钢钢卷的备料

考点3　加热

项目	具体内容
加热	加热是指热源将热能传给较冷物体而使其变热的过程。 加热设备应设有可靠的隔热层,其外表面温度不得超过100 ℃。加热设备应配置安全水源或设置高位水源。 工业炉窑应设有各种安全回路的仪表装置和自动警报系统,以及使用低压燃油、燃气的防爆装置。均热炉揭盖机,应设有音响警报信号。 实行重级工作制的钳式吊车,应设有防碰撞装置,夹钳夹紧显示灯,操纵杆零位锁扣,挺杆升降安全装置和小车行驶缓冲装置。 均热炉出渣口附近的炉壁,应用挡板覆盖。 运渣小车应安装音响信号,速度不应超过5 km/h,外缘距通廊壁不应小于0.8 m。平行布置的加热炉之间的净空间距除满足设备要求外,还应留有足够的人员安全通道和检修空间。 工业炉窑所有密闭性水冷系统,均应按规定试压合格方可使用;水压不应低于0.1 MPa,出口水温不应高于50 ℃。 端面出料的加热炉,应设有防止钢料冲击辊道的缓冲器

续表

项目	具体内容
加热	连续热处理设备旁,应设有应急开关。带有活底的热处理炉,应设有开启门的闭锁装置和声响信号。 使用氮气设备,应设有粗氮、精氮含氧量极限显示和警报装置,并有紧急防爆的应急措施。进入使用氢气、氮气的炉内,或贮气柜、球罐内检修,应采取可靠的置换清洗措施,并应有专人监护和采取便于炉内外人员联系的措施。 辊底式热处理炉,炉底辊传动装置应设有安全电源。 工业炉窑使用煤气的生产区,其煤气危险区域的划分,应符合表1-6-1的规定。 第一类区域,应戴上呼吸器方可工作。 第二类区域,应有监护人员在场,并备好呼吸器方可工作。 第三类区域可以工作,但应有人定期巡视检查。 在工业炉窑有煤气危险的区域作业,应由两人以上进行,并携带便携式一氧化碳报警仪。加热设备与风机之间应设安全联锁、逆止阀和泄爆装置,严防煤气倒灌爆炸事故;炉子点火、停炉、煤气设备检修和动火,应按规定事先用氮气或蒸汽吹净管道内残余煤气或空气,并经检测合格,方可进行。 贮油罐或重油池,应安装排气管和溢流管。输送重油的管路,应设有火灾时能很快切断重油输送的专用阀。 电热设备应有保证机电设备安全操作的联锁装置。水冷却电热设备的排水管,应有水温过高警报和供水中断时炉子自动切断电源的安全装置。 采用电感应加热的炉子,应有防止电磁场危害周围设备和人员的措施。 有炉辊的炉子,应尽量采用机械辅助更换炉辊。需要采用吊车或人工更换时,应采取必要的安全措施。 工业炉窑检修和清渣,应严格按照有关设备维护规程和操作规程进行,防止发生人员烫伤事故。 工业炉窑加热,应执行有关操作规程,防止炉温过高塌炉

表1-6-1　煤气危险区域的划分

第一类	第二类	第三类
(1)带煤气抽堵盲板、换流量孔板、处理开闭器。 (2)煤气设备漏煤气处理。 (3)煤气管道排水口、放水口。 (4)烟道内部	(1)烟道、渣道检修。 (2)煤气阀等设备的修理。 (3)停、送煤气处理。 (4)加热炉、罩式炉、辊底式炉煤气开闭口。 (5)开关叶型插板。 (6)煤气仪表附近	(1)加热炉、罩式炉、辊底式炉炉顶及其周围,加热设备仪表室。 (2)均热炉看火口、出渣口、渣道洞口。 (3)加热炉、热处理炉烧嘴、煤气阀。 (4)其他煤气设备附近。 (5)煤气爆发试验区域

考点4　轧制

<table>
<tr><th>项目</th><th>具体内容</th></tr>
<tr><td>轧制</td><td>轧制是将炼钢生产的钢锭与钢坯轧制成钢材的过程。轧制生产具有工艺流程长、科技含量高、危险有害因素多等特点。

1. 一般规定

操纵室和操纵台,应设在便于观察操纵的设备而又安全的地点,并应进行坐势和视度检验,坐视标高取1.2 m,站视标高取1.5 m。

横跨轧机辊道的主操纵室,以及经常受热坯烘烤或有氧化铁皮飞溅的操纵室,应采用耐热材料和其他隔热措施,并采取防止氧化铁皮飞溅影响以及防雾的措施。

轧机的机架、轧辊和传动轴,应设有过载保护装置,以及防止其破坏时碎片飞散的措施。轧机与前后辊道或升降台、推床、翻钢机等辅助设施之间,应设有安全联锁装置。自动、半自动程序控制的轧机,设备动作应具有安全联锁功能。轧机的润滑和液压系统,应设置各种监测和保险装置。

轧辊应堆放在指定地点。除初轧辊外,宜使用辊架堆放。辊架的结构形式应与堆放的轧辊形式相匹配,堆放的高度应与堆放的轧辊形式和地点相匹配,以确保稳定堆放和便于调运。辊架间的安全通道宽度不小于0.6 m。

加工热辊时,应采取措施防止工人受热辐射。用磨床加工轧辊,操作台应设置在砂轮旋转面以外,不应使用不带罩的砂轮进行磨削。带冷却液体的磨床,应设防止液体飞溅的装置。

应优先采用机械自动或半自动换辊方式,换辊应指定专人负责指挥,并拟定换辊作业计划和安全措施。

剪机与锯,应设专门的控制台来控制。喂送料、收集切头和切边,均应采用机械化作业或机械辅助作业。运行中的轧件,不应用棍撬动或用手脚接触和搬动。热锯机应有防止锯屑飞溅的设施,在有人员通行的方向应设防护挡板。各运动设备或部件之间,应有安全联锁控制。剪切机及圆盘锯机换刀片或维修时,应切断电源,并进行安全定位。

有人通行的地沟,起点净空高度应不小于1.7 m,人行通道宽度不小于0.7 m。地沟应设有必要的入口与人孔。有铁皮落下的沟段,人行通道上部应设置防护挡板。进入地沟工作应由2人以上进行,轧机生产时人员不应入内。地沟的照明装置,固定式装置的电压不应高于36 V,开关应设在地沟入口;手持式的电压不应高于12 V。检修或维护高频设备时,应切断高压电源。

一端闭塞或滞留易燃易爆气体、窒息性气体和其他有害气体的铁皮沟,应有通风措施。

在线检测,应优先采用自动检测系统。

2. 初轧

初轧机应设有防止过载、误操作或出现意外情况的安全装置。在初轧机和前后推床的侧面,应有防止氧化铁皮飞溅和钢渣爆炸危害的挡板、索链或金属网。火焰清理机应有煤气、氧气紧急切断阀,以及煤气火灾警报器、超敏度气体警报器。

3. 型钢、线材轧制

弯曲的坯料,不应使用吊车喂入轧机。轧机轧制时,不应用人工在线检查和调整导卫</td></tr>
</table>

续表

项目	具体内容
轧制	板、夹料机、摆动式升降台和翻钢机，不应横越摆动台和进到摆动台下面。型钢专用加工作业线上各设备之间，应有安全联锁装置。预精轧机、精轧机、定径机、减径机的机架以及高速线材轧机，应设金属防护罩。采用活套轧制的轧机，应设保护人员安全的防护装置，并应考虑便于检修。小型轧机尾部机架的输出辊道，应有不低于0.3 m的侧挡板。卷线机操作台主令开关，应设在距卷线机5 m以外的安全地点。轧线上的切头尾事故飞剪，应设安全护栏。高速线材轧机的吐丝机，应设安全罩。 4. 板、带轧制 轧机除磷装置，应设置防止铁磷飞溅危害的安全护板和水帘。中厚板三辊轧机侧面，应安设可挪动的防护网。热带连轧机与卷取机之间的输送辊道，两侧应设有不低于0.3 m的防护挡板。带钢轧机应能在带钢张力作用下安全停车。卷取机工作区周围，应设置安全防护网或板。地下式卷取机的上部，周围应设有防护栏杆，并有防止带钢冲出轧线的设施。冷轧卷取机还应设有安全罩。采用吊车运输的钢卷或立式运输的钢卷，应进行周向打捆或采取其他固定钢卷外圈的措施。板、带冷轧机，应有防止冷轧板、带断裂及头、尾、边飞裂伤人和损坏设备的设施。 5. 钢管轧制 穿孔机、轧管机、定径机、均整机和减径机等主要设备与相应的辅助设备之间，应设有可靠的电气安全联锁。穿孔机、轧管机、定径机和减径机等主要设备的轧辊更换，宜优先采用液压换辊方式。更换顶头、顶杆和芯棒，宜采用机械化作业。采用油类调制石墨润滑芯棒，应设有抽风排烟装置，同时应采取防滑、防电气短路的必要措施。冷轧管机与冷拔管机，应有防止钢管断裂和管尾飞甩的措施。张力减径机后的辊道应设置盖板，出口速度较高的还应在辊道末端设置防止钢管冲出事故的收集套

案例分析

事故经过：某年2月16日4时00分左右，轧钢厂丙班在生产Φ12螺纹钢中16架轧辊孔型损坏，需要更换轧槽和16架入口导卫。在更换完轧槽和16架入口导卫，按工艺规定先试小样。4时50分左右，轧机班长陈某将小样从13#轧机压到15#轧机。由于小样温度低，15#轧机负荷增大，电机过流，小样卡在轧机内。班长陈某在轧线上指挥地面操作员赵某把15#轧机移出轧制线后，将导卫松开，指挥地面操作员赵某点动反爬车。赵某接到指令后，点动控制按钮，退出的小样顶出松开的入口导卫，将站在轧线上的陈某左腿挤伤。经医院诊断陈刚左大腿开放性骨折、小腿骨折，现已送入医院治疗。

根据以上场景，回答下列问题：

1. 造成这起事故的直接原因是什么。

2. 造成事故的间接原因是什么。

3. 应采取什么样的措施预防事故发生。

参考答案及解析

1. 直接原因：

(1)轧机班长陈某在指挥地面操作员赵某处理卡钢时，先将导卫松开，人站在轧线上就指挥操作人员进行反爬车，违反了安全操作规程轧机出入口不准站人的规定，是造成此次事故的主要原因。

(2)地面操作员赵某也没有按照操作规程规定对陈某站位进行确认，就进行反爬操作是造成事故的另一个原因。

2. 间接原因：

(1)试轧小样温度低，凭经验试轧。轧钢厂在试轧小样时，只凭肉眼查看小样的温度，而没有采用温度测试仪测试，这是一种不规范的操作。

(2)岗位危险分析不细致。轧钢厂丙班在组织岗位危险分析时，没有按照公司要求对岗位的危险工作逐项分析，使员工对试小样的危险性认识不足。

3. 预防事故重复发生的措施：

(1)开展事故反思活动，进行自检自查。

(2)制定小样测试标准，采用温度测试仪测试小样温度。

(3)梳理岗位危险分析。

(4)对处理卡钢工作应制定操作标准和安全措施。

第七章　有色金属压力加工安全技术

知识框架

- 有色金属压力加工安全技术
  - 有色金属压力加工的工艺流程
    - 熔炼与铸锭
    - 轧制
    - 挤压与拉拔
    - 锻造与冲压
  - 有色金属压力加工中的危险及措施
    - 有色金属压力加工中的危险
    - 轻金属压力加工中的治理措施
    - 重金属及硬质合金压力加工中的治理措施

考点精讲

第一节　有色金属压力加工的工艺流程

考点1　熔炼与铸锭

项目	具体内容
熔炼	有色金属压力加工企业一般都设有熔炼与铸锭车间，为的是将金属原料按照各种产品的化学成分和内部质量的要求配制成各种合金并铸出适宜于压力加工尺寸、形状和质量要求的各种合金铸锭，以便进行压力加工。 有色金属熔炼的设备主要有熔炉（又称熔炼炉），静置炉（又称保温炉），以及加料、出灰通氮等所用的操作工具
铸锭	（1）有色金属及合金铸锭生产多采用连续铸造法或金属模浇铸法。铸造是将符合铸造要求的液态金属通过一系列转注工具浇入到具有一定形状的铸模中，使液态金属在重力场或外力场的作用下充满铸模型腔，冷却并凝固成具有铸模型腔形状的铸锭或铸件的工艺过程。 （2）铸锭中所使用到的设备：铸造机、钢丝绳。 （3）使用钢丝绳机时应注意的问题： ①使用前，必须按照设备使用维护规程的要求，对设备进行认真检查，并按照规定在

续表

项目	具体内容
铸锭	各润滑点注油润滑。检查时,重点放在钢丝绳、滑轮及卷筒上,钢丝绳要固定牢靠,不出槽,不打结,不断股,滑轮与卷筒转动灵活。发现钢丝绳破损,要严格执行报废标准,绝不允许凑合使用。 ②确认传动机构正常后,应进行空负荷试车,检查平台升降、抱闸制动、行程指示、水泵运转、水位报警、各开关位置控制等是否正常。其中,应重点检查平台升降情况,要求升降平稳。确认一切正常无误后方能开车铸造。 ③采用变速齿轮调整铸造速度的铸造机,在更换齿轮时,要注意齿数应符合规定;必须在空负荷情况下进行;更换前应将平台下降到距离铸造井底 0.5 ~ 1 m 的高度;平台下降后,立即停电并挂上停电牌;更换时首先用卡紧齿轮固定;更换后将变速齿轮用定位键和螺丝紧住。然后卸下卡紧齿轮,送电试车。 ④铸造过程:注意及时开动水泵,抽出井中积水;防止"跑流子",一旦出现应立即堵住流口,停止铸造,清除设备上的冷凝块,然后检查设备,继续铸造;铸造中发生突然停电、停水事故时,应立即堵住流口,扳动铸造机对轮,使平台下降,直至流盘中金腾液铸造完。 ⑤启动提升电机时,要特别注意平台和盖板的距离,当平台上升到离顶部零位 200 mm 左右时,应该用慢速上升,严格防止超过上部极限位置造成设备损坏。吊取铸锭时要正确指挥吊车,绝不允许碰撞铸造机。 ⑥铸造结束后,要清理设备上的渣和工具,并定期清理铸造井中的积渣和冷却水过滤箱中的过滤网。停产后必须将铸造井积水抽干,并在导轨和钢丝绳上涂油保护。 (4)铸造作业危险有害因素包括:火灾及爆炸;灼烫;机械伤害;高处坠落;尘毒危害;噪声振动;高温和热辐射

考点 2　轧制

项目	具体内容
轧制	轧制过程是靠旋转的轧辊与轧件之间形成的摩擦力将轧件拖进轧辊之间的缝隙,并使之受到压缩产生塑性变形的过程。 轧制的方式大致分为三种:纵轧、斜轧和横轧。 纵轧是指金属在相互平行且旋转方向相反的轧辊缝隙间进行塑性变形,而金属的行进方向与轧辊轴线垂直,结果使金属厚度减小,而长度、宽度增大,其中长度增大最为显著。纵轧适用于各种型材、板带材。 斜轧是指金属在同向旋转且中心线相互成一定角度的轧辊缝隙间进行塑性变形。在斜轧中金属沿轧辊交角的中心线方向进入轧辊,金属在变形过程中除绕其轴线旋转运动外,还有沿其轴线的前进运动。斜轧适用于轧制管材及变断面型材。 横轧是指金属在同向旋转且中心线相互平行的轧辊缝隙间进行塑性变形。在横轧中金属轴线与轧辊轴线平行,金属只有绕其自身轴线旋转的运动,故仅在横向进行加工。横轧适用于生产齿轮、车轮和各种轴等回转体

续表

项目	具体内容
轧制	根据轧制时金属的温度不同，又可分为热轧和冷轧。在金属的再结晶温度以上轧制叫热轧，而在金属的再结晶温度以下进行轧制时叫冷轧。热轧时，金属的塑性好，变形抗力低；冷轧则具有轧制精度高、表面光洁等优点。 根据轧制时的轧辊形状，可分为平辊轧制和孔型轧制。平辊轧制主要用于生产板、带、条、箔等，所用的轧辊为均匀的圆柱体，它具有设备简单、生产率高、产品成本低等特点，因此在有色金属塑性加工中得到广泛应用；在刻有轧槽的轧辊中轧制各种型材叫孔型轧制，它是轧制法生产有色金属型材及管材的方法之一

考点 3　挤压与拉拔

项目	具体内容
挤压	挤压是指把放置在模具容器内的金属坯料从膜孔中挤出来成型为零件的过程。包括冷挤压和热挤压，多用于制造壁厚较薄的零件及无缝管材等。 挤压时，锭坯尺寸选择的是否合理，直接影响到挤压制品的质量、成品率、生产率等技术经济指标，另外还对挤压过程是否顺利进行产生很大的影响
拉拔	拉拔是在外力加拉力作用下，利用金属的塑性，迫使坯料通过规定的模孔以获得相应的尺寸和形状的产品的塑性加工的方法。拉拔可分为热拉拔和冷拉拔。拉拔是管材、棒材、型线材的主要生产方法之一，尤其用于小直径断面产品的生产。 拉拔所使用的工具主要是拉模和芯头。尚有固定拉模和芯头用的模套、芯头螺丝、连接杆及拉杆等附属工具

考点 4　锻造与冲压

项目	具体内容
锻造	锻造又称为锻压，它是利用金属塑性变形以得到一定形状的制品，同时提高金属的机械性能的压力加工方法。主要包括自由锻造（自由锻）和模型锻造（模型锻）。 自由锻和模锻的主要设备可以分为四大类：锻锤、液压机、螺旋压力机和机械压力机，其中每一类又有各种各样的结构形式。 锻造中容易造成的机械伤害有：锻造加工过程中，机械设备、工具或工件的非正常选择和使用，人的违章操作等。如锻锤锤头击伤；打飞锻件伤人；辅助工具打飞击伤；模具和冲头打崩、损坏伤人；原料、锻件等在运输过程中造成的砸伤；操作杆打伤、锤杆断裂击伤等。 实现机械本质安全的措施有：消除产生危险的原因；减少或消除接触机器的危险部件的次数；使人们难以接近机器的危险部位（或提供安全装置，使得接近这些部位不会导致伤害）；提供保护装置或者个人防护装备

续表

项目	具体内容
锻造	锻造作业的职业危害有:噪声和振动。锻锤以巨大的力量冲击坯料,产生强烈的低频率噪声和振动,可引起职工听力降低或患振动病。 尘毒危害:火焰炉使用的各种燃料燃烧生产的炉渣、烟尘,空气中存在的有毒有害物质和粉尘微粒。 热辐射:加热炉和灼热的工件辐射大量热能
冲压	冲压是通过模具对板料施加外力,使之产生塑性变形或分离,从而获得一定尺寸、形状和性能的零件的加工方法。 冲压件在形状和尺寸精度方面互换性较好,可以满足一般装配的使用要求,并且经过塑性变形,金属的内部组织得到改善,机械强度有提高,具有质量轻、刚度好、精度高和外表光滑美观等特点。冲压的基本工序可以分为分离和成形两大类,主要包括冲裁、弯曲、拉延、施压、成形以及翻边、校型、扩口、缩口、压花纹等。 冲压作业中的危险主要有以下几个方面:设备结构具有的危险;动作失控;开关失灵;模具的危险。 冲压车间主要职业病危害因素: (1)备料:噪声、振动、劳动强度过大等。 (2)冲压成型:噪声、振动、有毒物质(润滑油雾)等。 (3)入库:噪声

第二节 有色金属压力加工中的危险及措施

考点1 有色金属压力加工中的危险

项目	具体内容
有色金属压力加工中的危险	有色金属压力加工中的危险主要有:火灾、爆炸;灼烫;起重伤害;物体打击;触电;机械伤害;高处坠落;中毒;噪声、粉尘和高温等

考点2 轻金属压力加工中的治理措施

项目	具体内容
废气治理	铝渣回收产生烟气时应设置通风除尘系统。 镁精炼炉产生烟气时应设置通风及烟气治理设施。 加工过程中产生的金属粉尘、氧化物粉尘,以及静电粉末喷涂过程中产生的粉尘超标时,应设置通风、除尘系统。有燃爆危险的除尘系统应采取防火、防爆措施。 铝加工用熔炼炉和保温炉在熔炼、精炼、搅拌、扒渣过程中产生的金属氧化物、覆盖剂

续表

项目	具体内容
废气治理	精炼剂等含颗粒物烟气浓度超标时,应设置排烟和除尘处理设施;当烟气中酸性有害气体超标时,应进行脱硫、脱酸处理。氯气贮存间、氮氯混合室(气柜)应设置事故预警、报警及事故应急处理设施,输送管道及用户房间应设置事故报警装置。 铝板带热轧机产生含油雾(非甲烷总烃)废气时,宜采用机械排风系统和丝网过滤式油雾净化回收装置进行处理;铝板带、箔冷轧机产生含油雾(非甲烷总烃)废气时,应采用机械排风系统及吸收蒸馏式或丝网过滤式油雾净化回收装置进行净化处理。 表面处理工序散发酸(碱)雾的槽子(容器),应采用密闭罩或槽边抽风设施排除废气;喷粉、喷漆工序应有密闭设施排除废气,当污染物排放速率或浓度超过排放标准时,应进行净化处理。 铝板带、铝箔、铝罐及软包装材料在涂层、印花、衬纸、复合及固化过程中排出有机废气时,应设置集气系统;当超出排放标准时,应进行净化处理
固体废物治理	铝型材氧化着色废水处理产生的泥渣,宜回收利用或安全处置。 铝带材涂层表面钝化喷洗、镁材氧化着色产生的含铬泥渣,喷漆工序回收的漆渣等危险废物应安全处置。 含油废水、废乳液处理产生的污泥,废轧制油再生废渣及废过滤介质等危险废物应安全处置。 铝熔渣宜配置渣回收装置回收其中的金属,尾渣应综合利用,熔炼、保温炉的除尘灰应综合利用或安全处置,镁灰渣暂不能利用时,应安全处置。 静电粉末喷涂回收的漆粉应回收利用。 铝板、带、箔油雾净化排烟系统收集的轧制油应回收利用,铝材加工产生的废轧制油应再生后返回使用或安全处置
废水治理	铝带材涂层预处理的钝化工序宜采用直接烘干工艺。 铝带材涂层钝化采用水洗工艺产生的含铬废水、镁材氧化着色的酸性或碱性含铬废水,均应单独收集回用或经处理达标后排放。 铝罐表面处理产生的含油、氟化物和铝等污染物的酸性废水,应采用中和沉淀加活性炭吸附工艺处理。 定期更换的酸、碱洗废液及槽液应回收利用,无利用价值的应处理达标后排放。 含油废水宜采用絮凝、气浮、过滤和吸附的处理工艺;高浓度含油废水宜先隔油预处理;含乳化液废水宜采用超滤工艺处理,采用破乳工艺需预处理后与含油废水合并处理或单独进行生化处理。 酸洗、碱洗、漂洗废水及尾气淋洗塔产生的废水,应进行中和处理。 铝型材氧化着色产生的酸性或碱性含金属氧化物废水,应采用絮凝、中和沉淀法处理;镁材氧化着色的酸性或碱性含铬废水,应单独收集并经处理达标后排放

考点3 重金属及硬质合金压力加工中的治理措施

项目	具体内容
废气治理	锌熔铸和锌粉制造产生含氧化锌和金属锌粉尘时,应设置粉尘收集系统,并应采用高效除尘器处理。 (仲)钨酸铵、(仲)钼酸铵煅烧分解产生氨气时,应采取净化措施;当粉尘浓度超标时,应采取除尘措施。 钨、钼材加工过程中产生金属及氧化物粉尘时,应采取粉尘收集及净化措施,粉尘宜回收利用;除尘系统应采取防火、防爆措施。 黄铜、锌白铜和锌合金采用电炉熔炼产生含氧化锌粉尘的烟气,电炉进料和出料口应设置排烟集气罩和袋式除尘器净化系统,并应回收氧化锌粉尘;采用火焰反射炉熔炼产生烟气时,应设置除尘系统,当烟气中二氧化硫浓度超标时,应进行脱硫处理。 铍青铜、镉青铜采用感应电炉熔炼产生含氧化铍、氧化镉等有毒烟气时,熔炼炉的加料口、出料口、扒渣口等烟气逸散点必须采取烟气密闭收集措施,排烟系统应配置高效除尘器进行烟气净化处理。 熔炼锡磷青铜的熔炼炉加料口、出料口、扒渣口等处应采取烟气收集措施,排烟系统应采用除尘器进行烟气净化处理。 铜材及电解铜箔生产中的溶铜罐、酸洗槽、碱洗槽、钝化槽和其他散发酸(碱)雾的槽体或容器、表面处理机组和气垫式退火炉等部位,应设置抽排风装置;当硫(铬)酸雾、碱雾和其他有害气体浓度超过排放标准时,应采取净化措施。 铜板带、箔材冷轧机运行中产生油雾(非甲烷总烃)时,应设置机械排风系统,并应采用吸收蒸馏式或丝网过滤式油雾净化回收装置进行处理;铜板带热轧机运行中产生含油雾废气时,应采用机械排风系统和丝网过滤式油雾净化装置处理
固体废物治理	熔铜渣应进行筛选,金属应返回熔炉重熔,渣应回收利用或妥善处置。 铜熔炼炉除尘灰应回收利用或妥善处置。 铍青铜或含镉、砷等熔炼炉除尘灰,应采取无害化处理或安全处置的措施。 含铍、镉、砷等重金属的有害熔渣,应设置专用暂存库堆存。不回收利用时,应采取无害化处理或安全处置措施。 酸、碱废水处理产生的污泥应回收利用或安全处置。 含铍、铬、镍、镉、砷等重金属的废水及废液处理产生的污泥,应采取无害化处理或安全处置措施。 含油废水、废乳液处理产生的污泥等应安全处置。 铜板、带、箔油雾净化排烟系统收集的轧制油应回收利用;铜材加工产生的废轧制油应再生后返回使用或安全处置。 轧制油过滤产生的废硅藻土、废过滤介质、废轧制油再生废渣及含油废水隔油预处理产生的废油等属危险废物,应安全处置

续表

项目	具体内容
废水治理	铜、钨、钼材等金属加工酸洗和碱洗过程产生的漂洗废水、尾气淋洗废水，应中和处理。 铜材表面处理宜采用无酸清洗工艺，清洗液经过滤后循环使用；铜材表面处理采用酸洗或碱洗工艺时，酸、碱废水应混合、中和后达标排放；铜、锌材酸洗产生的含铜、锌、锡等金属离子的漂洗废水，宜采用中和、沉淀、絮凝、气浮、过滤、吸附等方式处理，不得稀释处理。 铍青铜、镉铜合金酸洗产生的含铍、镉、砷等第一类污染物的漂洗废水，应单独收集，并应回收利用或经处理达标后排放。 酸洗和碱洗废液应回收利用，当无回收利用价值时，应净化处理。含铍、铬、镉、砷、铅、镍等第一类污染物的废液及漂洗废水，应单独收集，并应回用或经处理达标后排放。 电解铜箔在清洗、镀铜粗化和表面处理时产生的含铜、铬等重金属离子的酸、碱清洗废水，应单独处理。 以上关于轻金属加工、重有色金属及硬质合金加工中的治理措施均参考了《有色金属工业环境保护工程设计规范》

案例分析

A公司建年产轿车生产线。利用冲焊联合厂房和涂装联合厂房增加设置了冲压车间、焊装车间、涂装车间和总装车间。该项目的原材料为钢板，主要辅助材料为涂料（主要成分为苯系物、溶剂汽油）、焊丝等。

冲压车间的生产工艺流程为：备料（开卷落料丝）—冲压成型（各冲压线）—检验（专用检具）—入库。焊装车间的主要生产工艺流程为：组合—焊接—补焊—检查—涂密封胶—车身调整。

焊接厂房储气罐老旧阀门时常松动，且无人定期维护，在2016年8月7日3时临时工甲进行焊接作业时发生爆炸。事故发生5 h后，消防队接警进行救火及抢救。事故造成37人死亡，40人重伤。该起事故的经济损失包括：人员伤亡后所支出的费用9 523万元，善后处理费用3 052万元，财产损失1 850万元，停产损失580万元，处理环境污染费用5万元。

根据以上场景，回答下列问题（1 ~ 3题为单选题，4 ~ 7题为多选题）：

1. 冲压车间主要职业病危害因素不包括（　　）。

A. 噪声　　B. 有毒物质

C. 振动　　D. 非电离辐射

E. 劳动强度过大

2. 焊装车间主要职业病危害因素不包括（　　）。

A. 噪声　　B. 有毒物质　　C. 电焊烟尘　　D. 非电离辐射

E. 劳动强度过大

3. 该起事故的直接经济损失为(　　)万元。

A. 8 523　　B. 12 575　　C. 14 425　　D. 15 005

E. 15 010

4. 该起事故的间接原因包括(　　)。

A. 作业人员安全教育不够　　B. 事故报告与救援不及时

C. 安全管理制度缺失　　D. 未按规定参加工伤保险

E. 未按规定办理安全生产行政许可

5. 在该企业的危险有害因素中,由物理性危险、有害因素造成事故的包括(　　)。

A. 锅炉爆炸　　B. 电气伤害

C. 火灾、爆炸　　D. 中毒、窒息

E. 电气伤害、中毒、窒息

6. 针对该事故,成立的事故调查组的职责包括(　　)。

A. 查明事故原因、人员伤亡及直接经济损失情况

B. 查明事故的性质和责任

C. 对事故责任者进行处理

D. 检查控制事故的应急措施是否得当和落实

E. 提出事故处理以及防止类似事故再次发生所应采取的措施

参考答案及解析

1. D　【解析】冲压车间主要职业病危害因素:备料:噪声、振动、劳动强度过大等;冲压成型:噪声、振动、有毒物质(润滑油雾)等;入库:噪声。

2. E　【解析】焊装车间主要职业病危害因素:组合:噪声;焊接、补焊:非电离辐射、电焊烟尘(氧化铁、氧化锰等)、臭氧、氮氧化物、一氧化碳、局部振动、高温等;涂密封胶:有毒物质(苯、甲苯、二甲苯等);车身调整:噪声、振动。

3. C　【解析】直接经济损失的统计范围:人身伤亡后所支出的费用;善后处理费用;财产损失价值。本案例中直接经济损失 =9 523 +3 052 +1 850 =14 425 万元。

4. AC　【解析】案例当中作业人员为临时工,可以看出作业人员安全教育不足、安全管理制度存在问题,选择 AC 正确。

5. CD　【解析】案例中主要是焊接时明火遇可燃气体引发爆炸和火灾,与锅炉、电气伤害等没有关系。而选项 D 则属于物理性危险。

6. ABDE　【解析】事故调查组的职责包括:查明事故原因、人员伤亡及直接经济损失情况;查明事故的性质和责任;检查控制事故的应急措施是否得当和落实;提出事故处理以及防止类似事故再次发生所应采取的措施。

第八章　煤气安全技术

知识框架

- 煤气安全技术
  - 煤气储存、输配安全相关规定
  - 煤气的安全知识
    - 煤气柜(储存)
    - 煤气加压站和混合站
    - 煤气管道及其附属设备(输配)
    - 煤气设备的操作及检修
  - 煤气事故的应急处理
    - 煤气泄漏事故的应急处理
    - 煤气着火事故的应急处理
    - 煤气爆炸事故的应急处理
    - 煤气中毒事故的应急处理
  - 煤气调度室及煤气防护站
    - 煤气调度室
    - 煤气防护站

考点精讲

第一节　煤气储存、输配安全相关规定

考点　煤气储存、输配安全相关规定

项目	具体内容
煤气	煤气是工业生产的主要能源之一。在冶金企业里煤气是高炉炼铁、焦炉炼焦、转炉炼钢的副产品。 1. 一般安全要求 煤气工程的设计应做到安全可靠,对于笨重体力劳动及危险作业,应优先采用机械化、自动化措施。 煤气工程设计,应由持有国家或省、自治区、直辖市有关部门颁发的有效的设计许可证的设计单位设计

续表

项目	具体内容
煤气	设计和制造应有完整的技术文件。煤气工程的设计人员，必须经有关部门考核，不合格者，不得独立进行设计工作。 煤气设施的焊接工作应按国家有关规定由持有合格证的焊工担任。 施工应按设计进行，如有修改应经设计单位书面同意。工程的隐蔽部分，应经煤气使用单位与施工单位共同检查合格后，才能封闭。施工完毕，应由施工单位编制竣工说明书及竣工图，交付使用单位存档。 新建、改建和大修后的煤气设施应经过检查验收，证明符合安全要求并建立、健全安全规章制度后，才能投入运行。煤气设施的验收必须有煤气使用单位的安全部门参加。 现有企业的煤气设施达不到要求者，应在改建、扩建、大修或技术改造中解决，未解决前，应采取安全措施，并报省、自治区、直辖市安全生产监督管理部门或其授权的安全生产监督管理部门备案。各种主要的煤气设备、阀门、放散管、管道支架等应编号，号码应标在明显的地方。煤气管理部门应备有煤气工艺流程图，图上标明设备及附属装置的号码。 2. 有煤气设施的单位应建立以下制度 （1）煤气设施技术档案管理制度，将设备图纸、技术文件、设备检验报告、竣工说明书、竣工图等完整资料归档保存；煤气设施大修、中修及重大故障情况的记录档案管理制度；煤气设施运行情况的记录档案管理制度；建立煤气设施的日、季和年度检查制度，对于设备腐蚀情况、管道壁厚、支架标高等每年重点检查一次，并将检查情况记录备查。 （2）煤气危险区（如地下室、加压站、热风炉及各种煤气发生设施附近）的一氧化碳浓度应定期测定，在关键部位应设置一氧化碳监测装置。 （3）应对煤气工作人员进行安全技术培训，经考试合格的人员才准上岗工作，以后每两年进行一次复审。煤气作业人员应每隔一至两年进行一次体检，体检结果记入“职工健康监护卡片”，不符合要求者，不应从事煤气作业。 （4）剩余煤气放散装置应设有点火装置及蒸汽（或氮气）灭火设施，需要放散时，一般应点燃。 （5）煤气设施的人孔、阀门、仪表等经常有人操作的部位，均应设置固定平台。 3. 钢铁企业煤气储存设施 钢铁企业煤气储存设施应选用干式煤气柜。煤气柜的适用范围应符合以下规定： （1）多边形稀油柜设计压力为 3 ~ 15 kPa，设计温度小于等于 60 ℃，储存煤气含尘量小于等于 10 mg/m^3，可储存的煤气种类为高炉煤气、熔融还原炉煤气、焦炉煤气等。 （2）圆筒形稀油柜设计压力为 3 ~ 20 kPa，设计温度小于等于 60 ℃，储存煤气含尘量小于等于 10 mg/m^3，可储存的煤气种类为：高炉煤气、熔融还原炉煤气、焦炉煤气等。 （3）橡胶稀油柜设计压力为 2 ~ 15 kPa，设计温度小于等于 70 ℃，储存煤气含尘量小于等于 200 mg/m^3，可储存的煤气种类为转炉煤气、焦炉煤气、高炉煤气、熔融还原炉煤气等

第二节 煤气的安全知识

考点 1 煤气柜(储存)

项目	具体内容
湿式煤气柜的安全要求	煤气柜分湿式和干式两种,是储存工业及民用煤气的钢制容器。 1. 区域布置 新建湿式柜不应建设在居民稠密区,应远离大型建筑、仓库、通信和交通枢纽等重要设施,并应布置在通风良好的地方。煤气柜周围应设有围墙、消防车道和消防设施,柜顶应设防雷装置。湿式柜的防火要求以及与建筑物、堆场的防火间距应符合相关规范的规定。 2. 设备结构 湿式柜每级塔间水封的有效高度应不小于最大工作压力的 1.5 倍。湿式柜出入口管道上应设隔断装置,出入口管道最低处应设排水器。出入口管道的设计应能防止煤气柜地基下沉所引起的管道变形。湿式柜上应有容积指示装置,柜位达到上限时应关闭煤气入口阀,并设有放散设施,还应有煤气柜位降到下限时,自动停止向外输出煤气或自动充压的装置。湿式柜应设操作室,室内设有压力计、流量计、高度指示计,容积上、下限声光信号装置和联系电话。湿式柜的水封在寒冷地带应采取相应的防冻措施。湿式柜需设放散管、人孔、梯子、栏杆。 3. 湿式柜的检验 湿式柜施工完毕,应检查柜体内外涂刷的防腐油漆和水槽底板上浇的沥青层是否符合设计要求。 湿式柜安装完毕,应进行升降试验,以检查各塔节升降是否灵活可靠,并测定每一个塔节升起或下降后的工作压力是否与设计的工作压力基本一致。有条件的企业可进行快速升降试验,升降速度可按 1.0~1.5 m/min 进行。没有条件的企业可只做快速下降试验。升降试验应反复进行,并不得少于 2 次。 湿式柜安装完毕后应进行严密性试验。严密性试验方法分为涂肥皂水的直接试验法和测定泄漏量的间接试验法两种,无论采用何种试验方法,只要符合要求都可认为合格。 第一种为直接试验法:在各塔节及钟罩顶的安装焊缝全长上涂肥皂水,然后在反面用真空泵吸气,以无气泡出现为合格。 第二种为间接试验法:将气柜内充入空气,充气量约为全部储气容积的 90%。以静置 1 天后的柜内空气标准容积为起始点容积,以再静置 7 天后的柜内空气标准容积为结束点容积,起始点容积与结束点容积相比,泄漏率不超过 2% 为合格。气柜在静置 7 天的试验期内,每天都应测定一次,并选择日出前、微风时、大气温度变化不大的情况下进行测定。如遇暴风雨等温度波动较大的天气,测定工作应顺延
干式煤气柜的安全要求	1. 区域布置 干式柜与建筑物以及堆物的防火间距,应符合《建筑设计防火规范》(GB 50016)的

续表

项目	具体内容
干式煤气柜	有关规定。干式煤气柜防爆分区应按《爆炸危险环境电力装置设计规范》(GB 50058)的要求划分。 2. 设备结构 稀油密封型干式柜的上部可设预备油箱;油封供油泵的油箱应设蒸汽加热管,密封油在冬季要采取防冻措施;底部油沟应设油水位观察装置。干式柜应设内、外部电梯,供检修及检查时载人用。电梯应设最终位置极限开关、升降异常灯。电梯内部应设安全开关、安全扣和联络电话。干式柜一般应设有内部电梯供检修和保养活塞用。电梯应设有最终位置极限开关和防止超载、超速装置。还应设救护提升装置;活塞上部应备有一氧化碳检测报警装置及空气呼吸器。干式柜外部楼梯的入口处应设门。 布帘式柜应设调平装置,活塞水平测量装置及紧急放散装置。用于 LDG 回收时,柜前宜设事故放散塔。应设微氧量的连续测定装置,并与柜入口阀,事故放散塔的入口阀,炼钢系统的三通切换阀开启装置联锁。柜区操作室应设有与转炉煤气回收设施间的声光信号和电话设施。柜位应设有与柜进口阀和转炉煤气回收的三通切换阀的联锁装置。 干式柜除生产照明外还应设事故照明、检修照明、楼梯及过道照明、各种检测仪表照明以及外部升降机上、下出入口照明。 3. 干式煤气柜的检验 干式柜施工完毕,应按其结构类型检查活塞倾斜度、活塞回转度、活塞导轮与柜壁的接触面、柜内煤气压力波动值、密封油油位高度、油泵站运行时间、柜容上下限报警联锁等是否符合设计要求。 干式柜安装完毕后应进行速度升降试验和严密性试验。采用油封结构的干式柜,应检查柜侧壁是否有油渗漏。 对干式柜及其底板、活塞板焊缝需做真空实验,以不泄露为合格;对隔绝煤气的部位,构件焊缝应做煤油渗透实验,以不泄露为合格

考点 2　煤气加压站和混合站

项目	具体内容
煤气加压站	煤气加压站和混合站的建筑物属防火、防爆区域。 煤气加压站、混合站、抽气机室的管理室一般设在主厂房一侧的中部,有条件的可将管理室合并在能源管理中心。为了隔绝主厂房机械运转的噪声,管理室与主厂房间相通的门应设有能观察机械运转的隔音玻璃窗。 管理室应装设二次检测仪表及调节装置。一次仪表不应引入管理室内;另一次仪表室应设强制通风装置。 管理室应设有普通电话。大型加压站、混合站和抽气机室的管理室宜设有与煤气调度室和用户联系的直通电话

续表

项目	具体内容
煤气加压站	站房内应设有一氧化碳监测装置,并把信号传送到管理室内。 有人值班的机械房、加压站、混合站、抽气机房内的值班人员不应少于2人。室内禁止烟火,如需动火检修,应有安全措施和动火许可证。 煤气加压机、抽气机等可能漏煤气的地方,每月至少用检漏仪或用涂肥皂水的方法检查一次,机械房内的一次仪表导管应每周检查一次。 煤气加压机械应有两路电源供电,如用户允许间断供应煤气,可设一路电源。焦炉煤气抽气机至少应有2台(1台备用),均应有两路电源供电,有条件时,可增设1台用蒸汽带动的抽气机。 站房内主机之间以及主机与墙壁之间的净距应不小于1.3 m;如用作一般通道,应不小于1.5 m;如用作主要通道,不应小于2 m,以便于操作及应急。房内应留有放置拆卸机件的地点,不应放置和加压机械无关的设备。站房内应设有消防设备。 加压机房或压缩机房毗邻而建的控制室隔墙应设有防火墙,且墙上不应开设门窗和孔洞,防火墙的耐火极限不应低于3.0 h。 混合站在运行中应防止煤气互串,混合煤气压力在运行中应保持正压。 煤气加压机、抽气机的排水器应按机组各自配置。每台煤气加压机、抽气机前后应设可靠的隔断装置。 发生炉煤气加压机的电动机必须与空气总管的空气压力继电器或空气鼓风机的电动机进行联锁,其联锁方式应符合下列要求:空气总管的空气压力升到预定值,煤气加压机才能启动;空气压力降到预定值时,煤气加压机应自动停机。空气鼓风机启动后,煤气加压机才能启动;空气鼓风机停止时,煤气加压机应自动停机。 水煤气加压机前宜设有煤气柜,如未设煤气柜,则加压机的电动机应与加压机前的煤气总管压力联锁,当煤气总管的压力降到正常指标以下时,应发出低压信号,当压力继续下降到最低值时,煤气加压机应自动停机。 鼓风机的主电机采用强制通风时,鼓风机风压过低,应有声光报警信号

考点3　煤气管道及其附属设备(输配)

项目	具体内容
煤气管道	1. 煤气管道的结构与施工 煤气管道和附件的连接可采用法兰、螺纹,其他部位应尽量采用焊接。 煤气管道的垂直焊缝距支座边端应不小于300 mm,水平焊缝应位于支座的上方。 煤气管道应采取消除静电和防雷的措施。 2. 煤气管道的敷设 (1)架空煤气管道的敷设。一氧化碳含量较高的,如发生炉煤气、水煤气、半水煤气、高炉煤气和转炉煤气等管道不应埋地敷设

续表

项目	具体内容
煤气管道	煤气管道架空敷设应遵守下列规定:应敷设在非燃烧体的支柱或栈桥上;不应在存放易燃易爆物品的堆场和仓库区内敷设;不应穿过不使用煤气的建筑物、办公室、进风道、配电室、变电所、碎煤室以及通风不良的地点等,如需要穿过不使用煤气的其他生活间,应设有套管;架空管道靠近高温热源敷设以及管道下面经常有装载炽热物件的车辆停留时,应采取隔热措施;在寒冷地区可能造成管道冻塞时,应采取防冻措施;在已敷设的煤气管道下面,不应修建与煤气管道无关的建筑物和存放易燃、易爆物品;在索道下通过的煤气管道,其上方应设防护网;厂区架空煤气管道与架空电力线路交叉时,煤气管道如敷设在电力线路下面,应在煤气管道上设置防护网及阻止通行的横向栏杆,交叉处的煤气管道应可靠接地;架空煤气管道根据实际情况确定倾斜度;通过企业内铁路调车场的煤气管道不应设管道附属装置。 架空煤气管道与其他管道共架敷设时,应遵守下列规定:煤气管道与水管、热力管、燃油管和不燃气体管在同一支柱或栈桥上敷设时,其上下敷设的垂直净距不宜小于250 mm;煤气管道与在同一支架上平行敷设的其他管道的最小水平净距宜符合《工业煤气安全规程》的规定;与输送腐蚀性介质的管道共架敷设时,煤气管道应架设在上方,对于容易漏气、漏油、漏腐蚀性液体的部位如法兰、阀门等,应在煤气管道上采取保护措施;与氧气和乙炔气管道共架敷设时,应遵守《深度冷冻法生产氧气及相关气体安全技术规程》的有关规定和乙炔站设计规范的有关规定;油管和氧气管宜分别敷设在煤气管道的两侧;与煤气管道共架敷设的其他管道的操作装置,应避开煤气管道法兰、闸阀、翻板等易泄漏煤气的部位;在现有煤气管道和支架上增设管道时,应经过设计计算,并取得煤气设备主管单位的同意;煤气管道和支架上不应敷设动力电缆、电线,但供煤气管道使用的电缆除外;其他管道的托架、吊架可焊在煤气管道的加固圈上或护板上,并应采取措施,消除管道不同热膨胀系数的相互影响,但不应直接焊在管壁上;其他管道架设在管径大于和等于1 200 mm的煤气管道上时,管道上面宜预留600 mm 的通行道。 煤气管道与在同一支架上平行敷设的其他管道的最小水平净距应符合表1－8－1的规定。 (2)地下煤气管道的敷设。管道应视具体情况,考虑是否设置排水器,如设置排水器,则排出的冷凝水应集中处理。地下管道排水器、阀门及转弯处,应在地面上设有明显的标志。与铁路和道路交叉的煤气管道,应敷设在套管中,套管两端伸出部分,距铁路边轨不少于3 m,距有轨电车边轨和距道路路肩不少于2 m。地下管道法兰应设在阀门井内。 3. 煤气管道的防腐 架空管道,钢管制造完毕后,内壁(设计有要求者)和外表面应涂刷防锈涂料。管道安装完毕试验合格后,全部管道外表应再涂刷防锈涂料。管道外表面每隔4～5年应重新涂刷一次防锈涂料。埋地管道,钢管外表面应进行防腐处理;应定期测定煤气管道管壁厚度,建立管道防腐档案

续表

项目	具体内容
附属设备	1. 燃烧装置 当燃烧装置采用强制送风的燃烧嘴时,煤气支管上应装止回装置或自动隔断阀。在空气管道上应设泄爆膜。煤气、空气管道应安装低压警报装置。空气管道的末端应设有放散管,放散管应引到厂房外。 2. 隔断装置 (1)一般规定。凡经常检修的部位应设可靠的隔断装置。焦炉煤气、发生炉煤气、水煤气(半水煤气)管道的隔断装置不应使用带铜质部件。寒冷地区的隔断装置,应根据当地的气温条件采取防冻措施。 (2)插板。插板是可靠的隔断装置。安设插板的管道底部离地面的净空距:金属密封面的插板不小于 8 m,非金属密封面的插板不小于 6 m,在煤气不易扩散地区须适当加高;封闭式插板的安设高度可适当降低。 (3)水封。水封装在其他隔断装置之后并用时,才是可靠的隔断装置。水封的有效高度为煤气计算压力至少加 500 mm,并应定期检查水封高度。水封的给水管上应设给水封和止回阀。禁止将排水管、满流管直接插入下水道。水封下部侧壁上应安设清扫孔和放水头。U 形水封两侧应安设放散管、吹刷用的进气头和取样管。 (4)眼镜阀和扇形阀。眼镜阀和扇形阀不宜单独使用,应设在密封蝶阀或闸阀后面。敞开眼镜阀和扇形阀应安设在厂房外,如设在厂房内,应离炉子 10 m 以上。 (5)密封蝶阀。密封蝶阀单独使用不能作为可靠的隔断装置,只有和水封、插板、眼镜阀等并用时才是可靠的隔断装置。 密封蝶阀的使用应符合下列要求:密封蝶阀的公称压力应高于煤气总体气密性试验压力;单向流动的密封蝶阀,在安装时应注意使煤气的流动方向与阀体上的箭头方向一致,轴头上应有开、关程度的标志。 (6)旋塞。旋塞一般用于需要快速隔断的支管上。旋塞的头部应有明显的开关标志。焦炉的交换旋塞和调节旋塞应用 2×10^4 Pa(2 040 mm H_2O)的压缩空气进行气密性试验,经 30 min 后压降不超过 5×10^2 Pa(51 mm H_2O)为合格。试验时,旋塞密封面可涂稀油(50 号机油为宜),旋塞可与 0.03 m^3 的风包相接,用全开和全关两种状态试验。 (7)闸阀。单独使用闸阀不能作为可靠的隔断装置。所用闸阀的耐压强度应超过煤气总体试验的要求。煤气管道上使用的明杆闸阀,其手轮上应有“开”或“关”的字样和箭头,螺杆上应有保护套。闸阀在安装前,应重新按出厂技术要求进行气密性试验,合格后才能安装。 (8)盘形阀。盘形阀(或钟形阀)不能作为可靠的隔断装置,一般安装在污热煤气管道上。盘形阀的使用应符合下列要求:拉杆在高温影响下不歪斜,拉杆与阀盘(或钟罩)的连接应使阀盘(或钟罩)不致歪斜或卡住;拉杆穿过阀外壳的地方,应有耐高温的填料盒。 (9)盲板。盲板主要适用于煤气设施检修或扩建延伸的部位。盲板应用钢板制成,并

续表

项目	具体内容
附属设备	无砂眼,两面光滑,边缘无毛刺。盲板尺寸应与法兰有正确的配合,盲板的厚度按使用目的经计算后确定。堵盲板的地方应有撑铁,便于撑开。 (10)双板切断阀(平行双闸板切断阀、NK阀)。阀腔注水型且注水压力为煤气计算压力至少加5 000 Pa,并能全闭到位,保证煤气不泄漏到被隔断的一侧的双板切断阀是可靠的隔断装置。 3. 放散装置 (1)吹刷煤气放散管。下列位置应安设放散管:煤气设备和管道的最高处;煤气管道以及卧式设备的末端;煤气设备和管道隔断装置前,管道网隔断装置前后支管闸阀在煤气总管旁0.5 m内,可不设放散管,但超过0.5 m时,应设放气头。 放散管口应高出煤气管道、设备和走台4 m,离地面不小于10 m。厂房内或距厂房20 m以内的煤气管道和设备上的放散管,管口应高出房顶4 m。厂房很高,放散管又不经常使用,其管口高度可适当减低,但应高出煤气管道、设备和走台4 m。不应在厂房内或向厂房内放散煤气。 放散管口应采取防雨、防堵塞措施。放散管根部应焊加强筋,上部用挣绳固定。放散管的闸阀前应装有取样管。煤气设施的放散管不应共用,放散气集中处理的除外。 (2)剩余煤气放散管。剩余煤气放散管应安装在净煤气管道上。剩余煤气放散管应控制放散,其管口高度应高出周围建筑物,一般距离地面不小于30 m,山区可适当加高,所放散的煤气应点燃,并有灭火设施。经常排放水煤气(包括半水煤气)的放散管,管口高度应高出周围建筑物,或安装在附近最高设备的顶部,且设有消声装置。 4. 冷凝物排水器 排水器之间的距离一般为200~250 m,排水器水封的有效高度应为煤气计算压力至少加500 mmH_2O。高压高炉从剩余煤气放散管或减压阀组算起300 m以内的厂区净煤气总管排水器水封的有效高度,应不小于40 kPa。 煤气管道的排水管宜安装闸阀或旋塞,排水管应加上、下两道阀门。2条或2条以上的煤气管道及同一煤气管道隔断装置的两侧,宜单独设置排水器。如设同一排水器,其水封有效高度按最高压力计算。 排水器应设有清扫孔和放水的闸阀或旋塞;每只排水器均应设有检查管头;排水器的满流管口应设漏斗;排水器装有给水管的,应通过漏斗给水。排水器可设在露天场所,但寒冷地区应采取防冻措施;设在室内的,应有良好的自然通风。 5. 蒸汽管、氮气管 具有下列情况之一者,煤气设备及管道应安设蒸汽或氮气管接头:停、送煤气时需用蒸汽和氮气置换煤气或空气者;需在短时间内保持煤气正压力者;需要用蒸汽扫除萘、焦油等沉积物者。 蒸汽或氮气管接头应安装在煤气管道的上面或侧面,管接头上应安旋塞或闸阀。为防止煤气串入蒸汽或氮气管内,只有在通蒸汽或氮气时,才能把蒸汽或氮气管与煤气管道连通,停用时应断开或堵盲板

续表

项目	具体内容
附属设备	6. 补偿器 补偿器宜选用耐腐蚀材料制造。带填料的补偿器，应有调整填料紧密程度的压环。补偿器内及煤气管道表面应经过加工，厂房内不得使用带填料的补偿器。 7. 泄爆阀 泄爆阀安装在煤气设备易发生爆炸的部位。泄爆阀应保持严密，泄爆膜的设计应经过计算。泄爆阀泄爆口不应正对建筑物的门窗。 8. 人孔、手孔及检查管 闸阀后，较低的管段上，膨胀器或蝶阀组附近，设备的顶部和底部，煤气设备和管道需经常入内检查的地方，均应设人孔。 煤气设备或单独的管段上人孔一般不少于 2 个。可根据需要设置人孔。人孔直径应不小于 600 mm，直径小于 600 mm 的煤气管道设手孔时，其直径与管道直径相同。有砖衬的管道，人孔圈的深度应与砖衬的厚度相同。人孔盖上应根据需要安设吹刷管头。 在容易积存沉淀物的管段上部，宜安设检查管。 9. 管道标志和警示牌 厂区主要煤气管道应标有明显的煤气流向和种类的标志。所有可能泄漏煤气的地方均应挂有提醒人们注意的警示标志

表 1－8－1　最小水平净距

序号	其他管道公称直径(mm)	煤气管道公称直径(mm)		
		<300	300～600	>600
1	<300	100	150	150
2	300～600	150	150	200
3	>600	150	200	300

考点 4　煤气设备的操作及检修

项目	具体内容
煤气设备的操作	煤气事故主要是中毒、着火、爆炸，一旦发生，影响较大，因此，应及时防止事故的发生。 除有特别规定外，任何煤气设施均应保持正压操作，在设备停止生产而保压又有困难时，则应可靠地切断煤气来源，并将内部煤气吹净。 吹扫和置换煤气设施内部的煤气，应用蒸汽、氮气或烟气为置换介质。吹扫或引气过程中，不应在煤气设施上栓、拉电焊线，煤气设施周围 40 m 内不应有火源

续表

项目	具体内容
煤气设备的操作	煤气设施内部气体置换是否达到预定要求,应按预定目的,根据含氧量和一氧化碳分析或爆发试验确定。 炉子点火时,炉内燃烧系统应具有一定的负压,点火程序应为先点燃火种后给煤气,不应先给煤气后点火。凡送煤气前已烘炉的炉子,其炉膛温度超过1 073 K(800 ℃)时,可不点火直接送煤气,但应严密监视其是否燃烧。 防止炉膛爆炸的措施是:点火前,开动引风机给锅炉通风5~10 min,没有风机的可自然通风5~10 min,以清除炉膛及烟道中的可燃物质。点燃气、油、煤粉炉时,应先送风,之后投入点燃火炬,最后送入燃料。 锅炉有下列情况之一时,应进行内部检验:新安装的锅炉在运行一年后;移装锅炉投运前;锅炉停止运行一年以上恢复运行前;受压元件经重大修理或改造后及重新运行一年后;根据上次内部检验结果和锅炉运行情况,对设备安全可靠性有怀疑时;根据外部检验结果和锅炉运行情况,对设备安全可靠性有怀疑时。 锅炉缺水处理不当,可能导致锅炉爆炸。锅炉轻微缺水时,可以立即向锅炉上水,使水位恢复正常,严重缺水时,必须紧急停炉、修炉。在未判定缺水程度或者已判定属于严重缺水的情况下,严禁给锅炉上水,以免造成锅炉爆炸事故。 送煤气时不着火或者着火后又熄灭,应立即关闭煤气阀门,查清原因,排净炉内混合气体后,再按规定程序重新点火。 凡强制送风的炉子,点火时应先开鼓风机但不送风,待点火送煤气燃着后,再逐步增大供风量和煤气量。停煤气时,应先关闭所有的烧嘴,然后停鼓风机。 固定层间歇式水煤气发生系统若设有燃烧室,当燃烧室温度在773 K(500 ℃)以上,且有上涨趋势时,才能使用二次空气。 直立连续式炭化炉操作时必须防止炉内煤料“空悬”。严禁同一孔炭化炉同时捣炉和放焦。炉底要保持正压。 煤气系统的各种塔器及管道在停产通蒸汽吹扫煤气合格后,不应关闭放散管;开工时,若用蒸汽置换空气合格后,可送入煤气,待检验煤气合格后,才能关闭放散管,但不应在设备内存在蒸汽时骤然喷水,以免形成真空压损设备。 送煤气后,应检查所有连接部位和隔断装置是否泄漏煤气。 各类离心式或轴流式煤气风机均应采取有效的防喘震措施。除应选用符合工艺要求、性能优良的风机外,还应定期对其动、静叶片及防喘震系统进行检查,确保处于正常状态。煤气风机在启动、停止、倒机操作及运行中,不应处于或进入喘震工况
煤气设备的检修	煤气设施停煤气检修时,应可靠地切断煤气来源并将内部煤气吹净。长期检修或停用的煤气设施,应打开上、下人孔、放散管等,保持设施内部的自然通风。 进入煤气设施内工作时,应检测一氧化碳及氧气含量。经检测合格后,允许进入煤气

续表

项目	具体内容
煤气设备的检修	设施内工作时，应携带一氧化碳及氧气监测装置，并采取防护措施，设专职监护人。一氧化碳含量不超过 30 mg/m³（24 ppm）时，可较长时间工作；一氧化碳含量不超过 50 mg/m³ 时，入内连续工作时间不应超过 1 h；不超过 100 mg/m³ 时，入内连续工作时间不应超过 0.5 h；在不超过 200 mg/m³ 时，入内连续工作时间不应超过 15～20 min。工作人员每次进入设施内部工作的时间间隔至少在 2 h 以上。 进入煤气设备内部工作时，安全分析取样时间不应早于动火或进塔（器）前 0.5 h，检修动火工作中每 2 h 应重新分析。工作中断后恢复工作前 0.5 h，也应重新分析，取样应有代表性，防止死角。当煤气比重大于空气时，取中、下部各一气样；煤气比重小于空气时，取中、上部各一气样。 打开煤气加压机、脱硫、净化和贮存等煤气系统的设备和管道时，应采取防止硫化物等自燃的措施。 带煤气作业或在煤气设备上动火，应有作业方案和安全措施，并应取得煤气防护站或安全主管部门的书面批准。 带煤气作业，如带煤气抽堵盲板、带煤气接管、高炉换探料尺、操作插板等危险工作，不应在雷雨天进行，不宜在夜间进行；作业时，应有煤气防护站人员在场监护；操作人员应佩戴呼吸器或通风式防毒面具，并应遵守下列规定：工作场所应备有必要的联系信号、煤气压力表及风向标志等；距工作场所 40 m 内，不应有火源并应采取防止着火的措施，与工作无关人员应离开作业点 40 m 以外；应使用不发火星的工具，如铜制工具或涂有很厚一层润滑油脂的铁制工具；距作业点 10 m 以外才可安设投光器；不应在具有高温源的炉窑等建（构）筑物内进行带煤气作业。 在煤气设备上动火应遵守下列规定：在运行中的煤气设备上动火，设备内煤气应保持正压，动火部位应可靠接地，在动火部位附近应装压力表或与附近仪表室联系。在停产的煤气设备上动火，用可燃气体测定仪测定合格，并经取样分析，其含氧量接近作业环境空气中的含氧量；将煤气设备内易燃物清扫干净或通上蒸汽，确认在动火全过程中不形成爆炸性混合气体。 电除尘器检修前，应办理检修许可证，采取安全停电的措施。进入电除尘器检查或检修，除应遵守有关安全检修和安全动火的规定外，还应遵守以下事项：断开电源后，电晕极应接地放电；入内工作前，除尘器外壳应与电晕极连接；电除尘器与整流室应有联系信号。 进入煤气设备内部工作时，所用照明电压不得超过 12 V。 加压机或抽气机前的煤气设施应定期检验壁厚，若壁厚小于安全限度，应采取措施后，才能继续使用。 在检修向煤气中喷水的管道及设备时，应防止水放空后煤气倒流

第三节 煤气事故的应急处理

考点1 煤气泄漏事故的应急处理

项目	具体内容
煤气泄漏事故的应急处理	煤气区域内发现煤气泄漏后，岗位人员应立即汇报当班值长和工段负责人。 少量的煤气泄漏，进行修理时可以采用堵缝（用堵漏胶剂、木塞）或者打补丁的方法来实现；如果是为螺栓打补丁而钻孔，可以采用手动钻或压缩空气钻床；如果补丁需要焊接，那么在焊补前必须设法阻止漏气。大量煤气泄漏且修理难度较大的情况下，应预先分步详细讨论并制定缜密方案，采取停煤气处理后进行整体包焊或设计制作煤气堵漏专用夹具进行整体包扎的方法。 在进行上述修理操作前，必须对泄漏部位进行检查确认，一般采取用铜制或木质工具轻敲的办法，查看泄漏点的形状和大小，检查泄漏部位（设备外壳或者管壁）是否适合于不停产焊补和粘接，检查人应富有实践经验并必须佩戴呼吸器或其他防毒器具。 如果堵漏工作需要停煤气方可进行，事故现场指挥部应根据煤气泄漏区域、管线、设备的损坏程度，根据实际情况和制定的堵漏方案联系协调该管线系统的停运工作，并组织实施煤气处理、置换方案。 发生煤气泄漏后，由安全环保部、煤气防护站和事故发生单位安环科取煤气泄漏区域周围空间空气样，做CO含量分析，根据测定的CO含量结果，报告现场指挥，由保卫部负责人员的疏散或道路管制，事故单位安全环保科配合让危险区域内人员的撤离及疏通抢险通道。 进入煤气泄漏区域工作按照如下标准进行： （1）在煤气场所工作的安全许可时间： ①CO含量不超过30 mg/m³（24 ppm）时，可较长时间工作。 ②CO含量不超过50 mg/m³（40 ppm）时，连续工作时间不得超过1小时。 ③CO含量不超过100 mg/m³（80 ppm）时，连续工作时间不得超过0.5小时。 ④CO含量不超过200 mg/m³（160 ppm）时，连续工作时间不超过15至20分钟。 （2）工作人员每次进入煤气泄漏区域工作的时间间隔至少在2小时以上。 带煤气作业时应采取防护措施，应有煤气防护站人员在场监护，并有作业单位专人监护。按照煤气场所工作的安全标准，靠近煤气泄漏部位的带煤气操作的人员必须佩戴呼吸器（如氧气、空气呼吸器）或其他防毒器具，负责监护的人员不得随意离开现场。煤气泄漏现场应划出危险区域，布置岗哨进行警戒，距煤气泄漏现场40 m内，禁止有火源并应采取防止着火的措施，配备足够的灭火器具、降温器材（如黄泥、湿麻袋等），有风力吹向的下风侧，应根据实际情况扩大禁区范围。与带煤气堵漏工作无关的人员必须离开现场40 m以外。带煤气作业所采用的工具必须是不产生火星的工具，如木质、铜制工具或涂有一厚层润滑油、甘油的铁、钢制工具。带煤气作业不宜在雷、雨天气、低气压

续表

项目	具体内容
煤气泄漏事故的应急处理	雾天进行。工作场所应备有必要的联系信号、煤气压力表及风向标志等。距作业点 10 m 以外才可安设防爆投光灯。不得在具有高温源的炉窑、建、构筑物内进行煤气作业，如需作业，必须采取可靠的安全措施。精神不佳，身体不好，技术不熟练者不得参加带煤气操作。带煤气作业不准穿钉子鞋，不准携带火种或打火机等引火物品。进行带煤气作业时应对现场作业地点的平台、斜梯、围栏等安全防护设施进行检查确认，预先设置好安全逃生通道。凡是在室内或设备内进行的带煤气作业，必须降低或维持压力，减少煤气泄漏量，尽最大努力减少 CO 含量。室内带煤气作业应打开门窗使空气对流，所采用的排风设备必须为防爆型式，室内外严禁火源及高温

考点 2　煤气着火事故的应急处理

项目	具体内容
煤气着火事故的应急处理	发生煤气着火后，岗位人员应立即拨打火警电话报警，报出着火地点、着火介质、火势情况等，同时迅速汇报当班值长、工段负责人和煤气防护站，并立即组织义务消防队员现场灭火，并派专人引导消防车到火灾现场。 如果煤气着火后伤及人身，值长应迅速通知医院及时赶赴现场救人。 火灾现场由专业组具体负责消防灭火，煤气防护站配合查找煤气泄漏来源，事故单位进行灭火过程中具体工作实施及煤气危险区域内人员的撤离、疏通抢险通道。 由现场指挥根据煤气着火的现场情况和施工抢险方案组织相关部门来决定是否需停煤气处理，并迅速做相应安排。 使用湿草(麻)袋、黄泥、专用灭火器灭火，涉及或危及电器着火，应立即切断电源。 若煤气着火导致设备烧红，应逐步喷水降温，切忌大量喷水骤然冷却，以防设备变形，加大恢复难度，遗留后患。 煤气设施着火时，应逐渐降低煤气压力，通入大量蒸汽或氮气，但设施内煤气压力最低不得低于 100 Pa，严禁突然关闭煤气阀门，以防回火爆炸。 直径小于或等于 100 mm 的煤气管道着火，可直接关闭煤气阀门，轻微着火可用湿麻袋或黄泥堵住火口灭火。 事故发生后，煤气隔断装置、压力表或蒸汽、氮气接头应安排专人控制操作。 未查明原因前，严禁送煤气恢复正常生产

考点 3　煤气爆炸事故的应急处理

项目	具体内容
煤气爆炸事故的应急处理	应立即报告当班值长和工段负责人、煤气防护站、安环部、保卫部及相关部门及其人员，总指挥第一时间内组织成立现场指挥部。 煤气爆炸事故发生后的第一任务是救人，事故单位组织清点人数，并及时汇报

续表

项目	具体内容
煤气爆炸事故的应急处理	发生煤气爆炸事故后,一般是煤气设备被炸损坏,冒煤气或冒出的煤气着火,因此煤气爆炸事故发生后,可能发生煤气中毒、着火事故,或者发生二次爆炸,所以发生煤气爆炸事故后应立即采取措施,即应立即切断煤气来源,同时立即通知后续工序。并迅速充入氮气、蒸汽等惰性气体把煤气处理干净;对出事地点严加警戒,绝对禁止通行;在爆炸地点 40 m 内禁止火源,以防事故的蔓延和重复发生,如果在风向的下风侧,警戒范围应适当延伸;煤气防护站组织迅速查明爆炸原因,在未查明原因之前,绝不允许送煤气。 根据煤气爆炸的现场情况,由设备负责人立即组织相关部室及事故发生单位商讨抢救和修复设备方案,生产科安排好生产协调工作,各部门共同协作,积极抢修,争取以最快速度、最大程度的消除危险因素、降低环境污染。 发生煤气爆炸事故后,煤气隔断装置、压力表或蒸汽、氮气接头应安排专人控制操作

考点 4　煤气中毒事故的应急处理

项目	具体内容
煤气中毒事故的应急处理	进入发生煤气中毒事故区域的有关人员,必须佩戴呼吸器,未有防护措施,严禁进入煤气泄漏区域、严禁用纱布口罩或其他不适合防止煤气中毒的器具。 事故报告单位或个人报告事故时必须报告事发现场详细地点或部位,看到的人员中毒现场的简况。 事故现场指挥部第一时间内组织成立现场指挥部负责现场指挥,并按程序报告总指挥,通讯联系以总调为信息枢纽。 中毒区域岗位负责人组织清点事故发生岗位人数。 现场指挥人员负责组织查明泄漏点及泄漏原因,并对泄漏点进行处理。 中毒人员的抢救:作业现场发生轻度煤气中毒时,引起人员轻微煤气中毒,中毒者可自行或在他人帮助下先尽快离开室内到空气新鲜处,喝热浓茶,促进血液循环,或在煤气防护站救护人员护送下到医院治疗。引起人员中度煤气中毒时,救护人员将中毒者从煤气区域转移到空气新鲜地带,进行现场急救,或在煤气防护站救护人员护送下到医院治疗

第四节　煤气调度室及煤气防护站

考点 1　煤气调度室

项目	具体内容
煤气调度室	在煤气使用单位较多的企业中,应设煤气调度室。煤气使用单位较少的企业煤气分配工作可由动力或生产调度室负责

续表

项目	具体内容
煤气调度室	调度室应为无爆炸危险房屋，并与有爆炸危险的房屋分开。 调度室应设有下列设备： (1)应设有各煤气主管压力、各主要用户用量、各缓冲用户用量、气柜储量等的测量仪器、仪表和必要的安全报警装置。 (2)应设有与生产煤气厂(车间)、煤气防护站和主要用户的直通电话。 各使用煤气单位应服从煤气调度室的统一调度。当煤气压力骤然下降到最低允许压力时，使用煤气单位应立即停火保压。恢复生产时，应听从煤气调度室的统一指挥

考点 2　煤气防护站

项目	具体内容
煤气防护站	煤气防护站应尽可能设在煤气发生装置附近，或煤气设备分布的中心且交通方便的地方，煤气防护人员应集中住在离工厂较近的地区。煤气防护站应设煤气急救专用电话。煤气防护站应配备呼吸器、通风式防毒面具、充填装置、万能检查器、隔离式自救器、担架、各种有毒气体分析仪、防爆测定仪及供危险作业和抢救用的其他设施(如对讲电话)，并应配备救护车和作业用车等，且应加强维护，使之经常处于完好状态

案例分析

A 供气公司位于 N 省 B 市 C 县工业园区内，有员工 225 人，法定代表人为甲。甲认为，公司员工不足 300 人，没有必要设置安全生产管理部门，也没有必要配备专职安全生产管理人员。公司技术人员乙于 2013 年通过了全国注册安全工程师执业资格考试，但未注册。乙被甲任命为公司兼职安全生产管理人员。

A 供气公司生产的煤气主要供市民及周边企业使用。该公司 3#、4#焦炉煤气工程(简称焦炉煤气工程)于 2014 年 8 月取得 C 县规划局《关于 A 供气公司 3#、4#焦炉煤气工程的选址意见》的批复，2015 年 12 月取得 B 市发展和改革委员会《关于 A 供气公司 3#、4#焦炉煤气工程的批复意见》。

焦炉煤气工程的主要设备设施包括：60 万 t/年焦炉 2 座，备煤、煤气净化、化产回收装置，50 000 m^3 稀油密封干式煤气柜(简称气柜)1 座。

气柜内部设有可上下移动的活塞，活塞下部空间储存煤气，上部空间有与大气相连的通气孔。正常生产状况下，活塞在气柜内做上升、下降往复运动，起储存焦炉煤气和稳定煤气管网压力的作用。

气柜于 2016 年 5 月开工建设，气柜施工没有聘用工程监理。在气柜建设期间，未经具有相关资质的设计单位设计，在气柜顶部安装了非防爆的照明射灯、摄像探头等用电设备。2017 年 7 月完工。施工完成后，没有依据相关标准和规范进行项目验收，施工的相关档案资料不全。2017年9月投入试运行后,A供气公司未对焦炉煤气工程进行安全验收评价,也未向相关安全生产监督管理部门申请安全验收,一直处于试生产阶段。

至2018年9月25日,气柜试运行正常。2018年9月26日9时20分,气柜内活塞密封油液位下降,气柜活塞密封系统失效,煤气由活塞下部空间泄漏到活塞上部空间,气柜顶部气体检测报警仪频繁报警。乙多次将上述情况向甲报告,但未引起重视,气柜一直带病运行。

2018年9月28日17日56分,气柜突然发生爆炸,造成气柜本体损毁报废,周边约150 m范围内砖墙倒塌,约1 000 m范围内建筑物门窗部分损坏。爆炸导致气柜北侧粗苯工段的洗苯塔、脱苯塔以及回流槽损坏,粗苯泄漏并被引燃,造成火灾。

该起事故共造成3人死亡、4人重伤、29人轻伤。事故损失包括:受伤人员的医疗费用450万元,受伤人员的歇工工资260万元,设备设施等固定资产损失3 800万元,清理现场的费用120万元,损坏建筑物的维修费用322万元,粗苯泄漏环境污染的处置费用65万元,补充新职工的培训费用3万元,善后及丧葬抚恤金1 150万元,事故罚款200万元等。

根据以上场景,回答下列问题(1~2题为单选题,3~5题为多选题):

1. 根据《生产安全事故报告和调查处理条例》,负责该起事故调查的应为(　　)。

A. N省安全生产委员会

B. N省人民政府

C. B市应急管理部

D. B市人民政府

E. B市安全生产委员会

2. 根据《危险化学品生产企业安全生产许可证实施办法》,下列关于A供气公司安全生产管理机构设置和安全生产管理人员配置的说法中,正确的是(　　)。

A. A供气公司从业人员不足300人,可不设置安全生产管理机构

B. A供气公司从业人员不足300人,可不配备专职安全生产管理人员

C. A供气公司应委托具有相应资质的注册安全工程师事务所进行安全生产管理

D. A供气公司应设置安全生产管理机构并配备专职安全生产管理人员

E. A供气公司应设置安全生产管理机构或配备专职安全生产管理人员

3. 下列事故损失中,应列为事故直接经济损失的有(　　)。

A. 受伤人员的歇工工资260万元

B. 清理现场的费用120万元

C. 粗苯泄漏污染环境的处置费用65万元

D. 补充新职工的培训费用3万元

E. 事故罚款200万元

4. A供气公司气柜操作人员的安全培训应包括的主要内容有(　　)。

A. 煤气燃烧爆炸特性

B. 气柜操作应注意的安全事项

C. 气体检测报警器的标定方法

D. 气柜运行的工况参数

E. 气柜建设施工方法

5. A 供气公司存在的违反安全生产法律法规和安全生产标准的行为有(　　)。

A. 在气柜顶部安装非防爆的照明射灯和摄像探头

B. 未申请危险化学品建设项目安全设施竣工验收

C. 安全生产管理人员乙未取得注册安全工程师执业证

D. 未及时查明气体检测报警器频繁报警的原因

E. 施工相关档案资料不全

参考答案及解析

1. B 【解析】本案例中事故为重大事故。依据《生产安全事故报告和调查处理条例》规定，重大事故、较大事故、一般事故分别由事故发生地省级人民政府、设区的市级人民政府、县级人民政府负责调查。省级人民政府、设区的市级人民政府、县级人民政府可以直接组织事故调查组进行调查，也可以授权或者委托有关部门组织事故调查组进行调查。

2. D 【解析】依据《危险化学品生产企业安全生产许可证实施办法》规定，企业应当依法设置安全生产管理机构，配备专职安全生产管理人员。配备的专职安全生产管理人员必须能够满足安全生产的需要。

3. ABE 【解析】直接经济损失的统计范围：(1)人身伤亡后所支出的费用，包括医疗费用(含护理费)、丧葬及抚恤费用、补助及救济费用和误工费等。(2)善后处理费用，包括处理事故的事务性费用、现场抢救费用、现场清理费用、事故罚款和赔偿费用等。(3)财产损失价值，包括固定资产损失和流动资产损失等。

4. ABCD 【解析】安全培训的主要内容重点是：(1)本岗位工作及作业环境范围内的安全风险辨识、评价和控制措施；(2)典型事故案例；(3)岗位安全职责、操作技能及强制性标准；(4)自救互救、急救方法、疏散和现场紧急情况的处理；(5)安全设施、个人防护用品的使用和维护。

5. ABDE 【解析】选项 A，应为防爆的照明射灯和摄像探头。选项 B，建设项目竣工投入生产或者使用前，生产经营单位应当向安全生产监督管理部门申请安全设施竣工验收。选项 D，应及时查明报警的原因。选项 E，验收合格后，要求提供相应施工相关档案资料。

第九章 冶金企业常用气体安全技术

知识框架

- 冶金企业常用气体安全技术
  - 冶金企业常用气体安全相关技术和标准
    - 氧气的基本规定
    - 氮气、氩气及稀有气体的基本规定
    - 氢气的基本规定
  - 冶金企业常用气体的安全知识
    - 氧气的安全防护知识
    - 氢气生产中的问题与安全措施
    - 氧气及相关气体(氮气、氩气等)设备的检修维修
    - 氢气设备的检修维修

考点精讲

第一节 冶金企业常用气体安全相关技术和标准

考点1 氧气的基本规定

项目	具体内容
氧气	1.一般安全要求 凡与氧气接触的设备、管道、阀门、仪表及零部件严禁沾染油脂。氧气压力表应设有禁油标志。操作、维护、检修氧气生产系统的人员所用工具、工作服、手套等用品,严禁沾染油脂。盛装低温液体的器具应干净,容器内严禁积存油、水、有机物和其他杂质。配制、搬运腐蚀性化学物品时,应穿戴好防护用品。生产现场不准堆放油脂和与生产无关的其他物品。空分装置、液氧罐周围和主控制室内严禁堆放易燃易爆物品,不准随便乱倒有害污染物质。 开车前应检查设备的安全防护装置、仪器、仪表,并确认阀门开、关的状态。应定期检查校对系统中的压力表、安全阀、温度计等仪表和安全联锁保护装置。储罐与安全阀之间不宜装设中间截止阀门。若需要,可加装同等级的截止阀门,但正常运行时该截止阀门应保持全开,并加铅封、加锁、挂牌。 在氮气和氩气及其他稀有气体区域内作业,应采取防止窒息措施,作业区内气体经化

续表

项目	具体内容
氧气	验合格后方准工作。 回转设备启动前应按设备操作规程要求进行盘车检查，严禁边盘车边启动。设备裸露的回转部位，应设符合有关国家标准的防护罩。严禁跨越运转中的设备。应按规定进行运行中的设备巡回检查，若发现问题及时处理并上报，紧急情况下应停机处理。 寒冷天气，设备应采取防冻措施。压缩机、储罐（包括低温液体储罐）和其他有关设备，严禁超压运行。设备或系统如有泄漏，严禁带压紧螺栓。禁止向室内排放除空气外的各种气体。氧气储罐投入使用前，应进行压力试验、气密性试验、除锈、脱脂、吹扫，并在内壁涂不燃防锈涂料。放散氧气时以及排放液氧、液空时，应通知周围严禁动火，并设专人监护。 2. 厂址选择 厂址应选择在环境清洁地区，并布置在有害气体及固体尘埃散发源的全年最小频率风向的下风侧，应考虑周围企业扩建时可能对本厂带来的影响。宜远离住宅区和铁路。 生产和储存场所距国家铁路不应小于 200 m。生产场所宜靠近主要用户并应有方便，经济的交通运输条件。 3. 设施类别及防火间距 氧气（包括液氧）储罐间的防火间距，应不小于相邻两罐中较大罐的半径；与氢气储罐宜分开设置，必须相邻时，防火间距应不小于相邻两罐较大罐的直径。 氧气管道口径大于和等于 150 mm 的氧气压力调节阀组，应设置独立阀门时（氧气厂，站应设在主厂房外），其防火间距可根据工艺要求确定。手动阀门的阀杆应伸出防护墙外操作。 氧气管道口径小于 150 mm 的氧气压力调节阀组，宜设置独立阀门室，其要求同上。若不单独设置阀门室，节流阀前后应设安全铜管段，其长度为 5 倍管道直径且不小于 1.5 m，安装铜基或不锈钢阀门。 氧气缓冲器、氧气储气囊与制氧厂房的防火间距，应根据工艺配管和方便操作条件确定。 生产车间及建筑物的生产类别和最低耐火等级应符合表 1－9－1 的规定。 4. 一般防护措施 厂区四周应设围墙和围栏。 各种带压气体及低温液体储罐周围应设安全标志，必要时设单独围栏或围墙。储罐本体应有色标。 制氢间和氢气储罐区宜设高度不小于 2.5 m 的不燃烧体实体围墙与四周隔断，并设安全警戒标志。 厂区通行道路及露天工作场所和巡逻检查运转设备的路线，应有足够的照明灯具。 厂区高空管道阀门，应设操作平台，围栏和直梯

表 1－9－1　生产车间及建筑物的生产类别和最低耐火等级

名称		生产类别	最低耐火等级
主要生产车间及设施	制氧站房	乙类	二级
	液氧系统设施	乙类	二级
	氧气压力调节阀门室	乙类	二级
	氧气充瓶间(灌氧站房)	乙类	二级
	氧气压缩机间、充瓶间	戊类	二级
	液氮系统设施	戊类	三、四级
	氩气压缩机间、充瓶间、液氩系统	戊类	三、四级
	设施、氩气净化间	乙类	二级
	生产、储存氢气的建筑物	甲类	一级
辅助生产车间	水泵房、冷却塔及水处理设施	戊类	三、四级
	锅炉房	丁类	二、三级
	氧气厂专用的变配电站	丙类	二级
	油侵变压器室		一级

注：

1. 液氧系统设施包括液氧储槽、液氧泵、汽化器和阀门室等。液氮、液氩设施的要求同上。

2. 制氧、制氢、压氧、压氢、氧瓶、氩瓶等所使用的建筑物不宜吊顶。制氧、充瓶间及计算机房、主控制室的建筑采用吊顶结构时，应不低于二级耐火等级

考点 2　氮气、氩气及稀有气体的基本规定

项目	具体内容
氮气、氩气及稀有气体的基本规定	1. 氮气 氮压机(无油润滑型)应有完善的保护系统。氮压站与空分主控室之间应设有可靠的停车报警联系信号或停车联锁装置，并建立联系制度。氮压机运转后，应对机后出口氮气进行分析，纯度合格后方准送入管网。主要氮气用户入口处宜建立完善的纯度监测和保护系统。 氮气管道不应敷设在通行地沟内。各种使用氮气的场所，应定期监测大气中氧含量，氧含量不应低于 19.5%。氮气宜高空排放。氮气排放口附近应挂警示牌，对地坑排放应设置警戒线，并悬挂“禁止入内”标志牌。 2. 氩气及稀有气体 氩气是一种白色、无味的在工业上应用很广的惰性气体。它的性质十分不活泼，既不能燃烧，也不助燃，当盛装液氩的容器与设备遇明火时高温可使容器内压力急剧升高导致气瓶爆炸。 氩净化设备及催化反应炉在投产前不得先加氢气，只有在粗氩中含氧量小于 3% 后，方准加氢。催化反应炉温度高于 500 ℃时，应停止加氢。氩净化设备停机前，应停止向

续表

项目	具体内容
氮气、氩气及稀有气体的基本规定	粗氩中加氢,并关闭氢气手动切断阀。催化反应炉的爆破片应符合安全要求。 充装冷冻瓶前后,应称量,严禁超装。充装后应立即复热气化充瓶,直至常温。严禁存留低温液体。冷冻瓶气化时,应先用凉水浇淋,缓慢气化,防止超压。 更换氪、氙系统的设备零件,应严格脱脂。 在氖、氦生产中,粗氖、粗氦中的含氢量不宜超过5%。加氧量应按比例进行,过量氧控制在0.5% ~1.0%范围内。在氪、氙生产的除甲烷系统中,接触炉的温度应保持在450 ~550 ℃范围内,除甲烷后的贫氪、氙气体中甲烷含量不应高于1.0×10^{-6}。 氩净化间和稀有气体间应具有良好的通风换气设施。氩气和稀有气体钢瓶应专气专用,划分区域保存,严禁混放、混用。氩气和稀有气体应用专门的气相色谱仪进行杂质含量分析。 氧气储气罐之间的防火间距不应小于相邻较大罐的半径

考点3 氢气的基本规定

项目	具体内容
氢气	1.一般安全要求 氢气罐或罐区之间的防火间距要求如下:湿式氢气罐(柜)之间的防火间距,不应小于相邻较大罐的半径。卧式氢气罐之间的防火间距,不应小于相邻较大罐直径的2/3;立式罐之间、球形罐之间的防火间距不应小于相邻较大罐的直径。卧式、立式、球形罐与湿式罐(柜)之间的防火间距不应小于相邻较大罐的直径。一组卧式、立式或球形罐的总容积不应超过30 000 m^3。罐组间的防火间距中,卧式氢气罐不应小于相邻较大罐高度的一半;立式、球形罐不应小于相邻较大罐的直径,并不应小于10 m。 供氢站、氢气罐应为独立的建(构)筑物;宜布置在工厂常年最小频率风向的下风侧,并远离有明火或散发火花的地点;不得布置在人员密集地段和交通要道邻近处;宜设置不燃烧体的实体围墙。 氢气充(灌)装站、供氢站、实瓶间、空瓶间宜布置在厂房的边缘部分。氢气充(灌)装站、供氢站、实瓶间、空瓶间周边至少10 m内不得有明火。 氢气使用区域应通风良好。保证空气中氢气最高含量不超过1%(体积)。采用机械通风的建筑物,进风口应设在建筑物下方,排风口设在上方。 建筑物顶内平面应平整,防止氢气在顶部凹处积聚;建筑物顶部或外墙的上部应设气窗或排气孔。排气孔应设在最高处,并朝向安全地带。 氢气有可能积聚处或氢气浓度可能增加处宜设置固定式可燃气体检测报警仪,可燃气体检测报警仪应设在监测点(释放源)上方或厂房顶端,其安装高度宜高出释放源0.5 ~2 m且周围留有不小于0.3 m的净空,以便对氢气浓度进行监测。可燃气体检测报警仪的有效覆盖水平平面半径,室内宜为7.5 m,室外宜为15 m。禁止将氢气系统内的氢气排放在建筑物内部

续表

项目	具体内容
氢气	氢气储存容器应与氧气、压缩空气、卤素、氧化剂及其他助燃性气瓶隔离存放。 供氢站的耐火等级不应低于二级，应为独立的单层建筑，不得在建筑物的地下室、半地下室设供氢站，并应按相关规范的规定对站内的爆炸危险场所设置泄压设施。当实瓶数量不超过60瓶或占地面积不超过500 m^2 时，可与耐火等级不低于二级的用氢厂房或与耐火等级不低于二级的非明火作业的丁、戊类厂房毗连，但毗连的墙应为无门、窗及洞的防火墙。 供氢站、氢气罐、充（灌）装站和汇流排间应设置防雷接地设施。防雷装置应每年检测一次。所有防雷防静电接地装置应定期检测，接地电阻每年至少检测一次，对爆炸危险环境场所的防雷装置宜每半年检测一次。 供氢站、氢气罐、充（灌）装站、汇流排间和装卸平台地面应做到平整、耐磨、不发火花。 供氢站、充（灌）装站内需要吊装设备或氢气的充（灌）装、采用钢质无缝气瓶集装装置，宜设起吊设施，起吊设施的起吊质量应按吊装件的最大荷重确定；在爆炸危险区域内的起吊设施应采用防爆设施。 任何场所的民用轻气球不得使用氢气作为充装气体。 2. 作业人员 作业人员应经过岗位培训、考试合格后持证上岗。特种作业人员应经过专业培训，持有特种作业资格证，并在有效期内持证上岗。 作业人员上岗时应穿符合规定的阻燃、防静电工作服和防静电鞋。工作服宜上、下身分开，容易脱卸。严禁在爆炸危险区域穿脱衣服、帽子或类似物。严禁携带火种、非防爆电子设备进入爆炸危险区域。 作业时应使用不产生火花的工具。严禁在禁火区域内吸烟、使用明火。 作业人员应无色盲、无妨碍操作的疾病和其他生理缺陷，且应避免服用某些药物后影响操作或判断力的作业。 3. 氢气系统 氢气系统氢气质量应满足其安全使用要求。氢气系统停运后，应用盲板或其他有效隔离措施隔断与运行设备的联系，应使用符合安全要求的惰性气体（其氧气体积分数不得超过3%）进行置换吹扫。动火作业应实行安全部门主管书面审批制度。氢气系统动火检修，应保证系统内部和动火区域的氢气体积分数最高含量不超过0.4%。 检修或检验设施应完好可靠，个人防护用品穿戴符合要求。防止明火和其他激发能源进入禁火区域，禁止使用电炉、电钻、火炉、喷灯等一切产生明火、高温的工具与热物体。动火检修应选用不产生火花的工具。 首次使用和大修后的氢气系统应进行耐压、清洗（吹扫）和气密试验，符合要求后方可投入使用。钢质无缝气瓶集装装置组装后应进行气密性试验，其试验压力为气瓶的公称工作压力，应以无泄漏点为合格，试验介质应为氮气或无油空气。 氢气系统中氢气中氧的体积分数不得超过0.5%，氢气系统应设有氧含量小于3%的

续表

项目	具体内容
氢气	惰性气体置换吹扫设施。氢气系统设备运行时,禁止敲击、带压维修和紧固,不得超压。禁止处于负压状态。 氢气系统检修或检验作业应制定作业方案及隔离、置换、通风等安全防护措施,并经过设备、安全等相关部门审批。未经安全部门主管书面审批,作业人员不得擅自维修或拆开氢气设备、管道系统上的安全保护装置。 氢气充(灌)装系统应设置超压泄放用安全阀、氢气回流阀、分组切断阀、吹扫放空阀、压力显示报警仪表,并设有气瓶内余气与氧含量测试仪表、抽真空装置等。氢气系统可根据工艺需要设置气体过滤装置、在线氢气泄漏报警仪表、在线氢气纯度仪表、在线氢气湿度仪表等

第二节　冶金企业常用气体的安全知识

考点 1　氧气的安全防护知识

项目	具体内容
氧气	1. 防火、防爆 制氧站房、灌氧站房或压氧站房,宜布置成独立建筑物,但可与不低于耐火等级的除火灾危险性属"甲""乙"类的生产车间,以及铸造车间、锻压车间、热处理车间等明火车间外的其他车间毗连建造,其毗连的墙应为无门、窗、洞的防护墙。 输氧量不超过 60 m^3/h 的氧气汇流排间,可设在不低于三级耐火等级的用户厂房内靠近墙处,并应用高度为 2.5 m、耐火极限不低于 1.5 h 的墙和丙级防火门与厂房的其他部分隔开。 输氧量超过 60 m^3/h 的氧气汇流排间,宜布置成独立建筑物,当与其他厂房毗连建造时,其毗连的厂房的耐火等级不应低于二级,并应采用防火极限不低于 1.5 h 的无门、窗、洞的墙,与该厂房隔开。 氧气汇流排间,可与气态乙炔站或乙炔汇流排间,毗连建造在耐火等级不低于二级的同一建筑物内,但应以无门、窗、洞的防护墙相互隔开。 2. 防雷、防静电 氧气生产、储配设施的建构筑物属第二类防雷建、构筑物。氧气生产、储配系统的建、构筑物和高度在 1.5 m 以上的吸风筒,属第三类防雷建、构筑物。 所有防雷防静电接地装置,应定期检测接地电阻,每年至少检测一次。 3. 电气安全 电缆沟底面坡度不小于 0.5%,在最低处设集水井和排水设施。 电气线路和设备的绝缘必须良好。裸露带电导体处须设置安全遮拦和明显的示警标志与良好照明

续表

项目	具体内容
氧气	电气设备和装置的金属外壳及有金属外壳的电缆,必须采取保护性接地和接零。 携带式照明灯具的电源电压,不准超过36 V,在金属容器内和潮湿处的灯具电压不准超过12 V,有爆炸场所危险灯具必须是防爆型。 有燃烧、爆炸危险气体的工作场所,应按要求使用防爆型电气设备。 氧及氢的主要生产车间、机器通道处及控制室、变电室入口处应设置应急照明灯。 4. 防冻、防窒息 空分装置基础应根据不同地区的气候和地质条件、地下水位、地表水渗入层等因素,采取防冻措施,应用珠光砂混凝土等具有防火、防冻特性材料做基础,不准用可燃物质代替。 空分装置基础内,宜设监控测温点。 在生产与检修作业中,要采取可靠措施,严防氮气,稀有气体等造成窒息事故。 5. 防地震、防振动 氧气(站、车间)的各种设备、装置的防振动应符合以下要求: (1)厂区应按总图布置的有关规定,与周期性机械振动的振源保持一定距离。 (2)各种压缩机的允许振幅值,必须符合有关技术规程的要求。 (3)对产生振动的机组、附属设备及其管道,应采取防止共振措施。 (4)大型压缩。 6. 消防设施的安全要求 (1)设置消防车通道和消防给水设施。寒冷地区的消防给水设施应有防冻措施。配备适当种类,数量的相应灭火器。 (2)透平氧压机防护墙内宜设火灾自动报警系统和可燃气体、助燃气体自动检测报警装置

考点2 氢气生产中的问题与安全措施

项目	具体内容
氢气	1. 设备及管道 氢气设备应严防泄漏,所用的仪表及阀门等零部件密封应确保良好,定期检查,对设备发生氢气泄漏的部位应及时处理。 对氢气设备、管道和阀门等连接点进行漏气检查时,应使用中性肥皂水或携带式可燃气体检测报警仪,禁止使用明火进行漏气检查。携带式可燃气体检测报警仪应定期校验。 氢气管道应设置分析取样口、吹扫口,其位置应能满足氢气管道内气体取样、吹扫、置换要求。最高点应设置排放管,并在管口处设阻火器。湿氢管道上最低点应设排水装置。 氢气管道宜采用架空敷设,其支架应为非燃烧体。架空管道不应与电缆、导电线路、高温管线敷设在同一支架上。氢气管道与氧气管道、其他可燃气体、可燃液体的管道共架敷设时,氢气管道应与上述管道之间宜用公用工程管道隔开,或保持不小于250 mm的净距。分层敷设时,氢气管道应位于上方

续表

项目	具体内容
氢气	氢气管道应避免穿过地沟、下水道及铁路汽车道路等，穿过时应设套管。氢气管道不得穿过生活间、办公室、配电室、仪表室、楼梯间和其他不使用氢气的房间，不宜穿过吊顶、技术(夹)层，需穿过吊顶、技术(夹)层时应采取安全措施。氢气管道穿过墙壁或楼板时应敷设在套管内，套管内的管段不应有焊缝，氢气管道穿越处孔洞应用阻燃材料封堵。 室内氢气管道不应敷设在地沟中或直接埋地，室外地沟敷设的管道，应有防止氢气泄漏、积聚或窜入其他地沟的措施。埋地敷设的氢气管道埋深不宜小于 0.7 m。湿氢管道应敷设在冰冻层以下。 在氢气管道与其相连的装置、设备之间应安装止回阀，界区间阀门宜设置有效隔离措施，防止来自装置、设备的外部火焰回火至氢气系统。氢气作焊接、切割、燃料和保护气等使用时，每台(组)用氢设备的支管上应设阻火器。 氢气管道、阀门及水封等出现冻结时，作业人员应使用热水或蒸汽加热进行解冻，且应戴面罩进行操作。禁止使用明火烘烤或使用锤子等工具敲击。 室内外架空或埋地敷设的氢气管道和汇流排及其连接的法兰间宜互相跨接和接地。氢气设备与管道上的法兰间的跨接电阻应小于 0.03 Ω。与氢气相关的所有电气设备应有防静电接地装置，应定期检测接地电阻，每年至少检测一次。 氢气管道的施工及验收符合下列规定：接触氢气的表面彻底去除毛刺、焊渣、铁锈和污垢等。碳钢管的焊接宜采用氩弧焊作底焊；不锈钢应采用氩弧焊。氢气管道、阀门、管件等在安装过程中及安装后采用严格措施防止焊渣、铁锈及可燃物等进入或遗留在管内。氢气管道强度试验合格后，使用不含油的空气或惰性气体，以不小于 20 m/s 的流速进行吹扫，直至出口无铁锈、无尘土及其他污垢为合格。长距离埋地输送管道设计、安装时宜做电化学保护措施，吹扫前宜做通球处理。电化学保护宜每年检测一次并存档备案。 氢气充(灌)装台宜设 2 组或 2 组以上钢质无缝气瓶集装装置，一组供气，一组倒换气瓶。 2. 储存 氢气储存容器应设置如下安全设施：应设有安全泄压装置，如安全阀等。氢气储存容器顶部最高点宜设氢气排放管。应设压力监测仪表。应设惰性气体吹扫置换接口。惰性气体和氢气管线连接部位宜设计成两截一放阀或安装“8 字”盲环板。氢气储存容器底部最低点宜设排污口。氢气储存容器周围环境温度不应超过 50 ℃，储存场所及周边应设计安装消防水系统。 氢气实瓶和空瓶应分别存放在位于装置边缘的仓间内，并应远离明火或操作温度等于或高于自燃点的设备。氢气瓶的设计、制造和检验应符合《气瓶安全技术监察规程》的要求。氢气瓶体应为淡绿色，20 MPa 气瓶应有淡黄色色环，并用红漆涂有“氢气”字样和充装单位名称，应经常保持漆色和字样鲜明。 多层建筑内使用氢气瓶，除生产特殊需要外，一般宜布置在顶层外墙处。因生产需要

续表

项目	具体内容
氢气	在室内(现场)使用氢气瓶,其数量不得超过5瓶,室内(现场)的布置符合如下要求:氢气瓶与盛有易燃易爆、可燃物质及氧化性气体的容器和气瓶的间距不应小于8 m;与明火或普通电气设备的间距不应小于10 m;与空调装置、空气压缩机和通风设备(非防爆)等吸风口的间距不应小于20 m;与其他可燃性气体储存地点的间距不应小于20 m。 氢气瓶瓶体在运输中瓶口应设有瓶帽(有防护罩的气瓶除外)、防震圈(集装气瓶除外)等其他防碰撞措施,以防止损坏阀门。氢气瓶搬运中应轻拿轻放,不得摔滚,严禁撞击和强烈震动。不得从车上往下滚卸,氢气瓶运输中应严格固定。 储存和使用氢气瓶的场所应通风良好。不得靠近火源、热源及在太阳下暴晒。不得与强酸、强碱及氧化剂等化学品存放在同一库内。氢气瓶与氧气瓶、氯气瓶、氟气瓶等应隔离存放。 氢气瓶使用时应采用规定的方式固定,防止倾倒。气瓶、管路、阀门和接头应固定,不得松动位移,且管路和阀门应有防止碰撞的防护装置。气瓶嘴冻结时应先将阀门关闭,后用温水解冻。不得将气瓶内的气体用尽,瓶内至少应保留0.05 MPa以上的压力,以防空气进入气瓶。气瓶阀门如有损坏,应由相关资质单位检修。开启气瓶阀门时,作业人员应站在阀口的侧后方,缓慢开启气瓶阀门。 氢气瓶应定期(每3年)进行检验,气瓶上应有检验钢印及检验色标。气瓶集装装置应有防止管路和阀门受到碰撞的防护装置;气瓶、管路、阀门和接头应经常维修保养,不得松动移位及泄漏。 氢气罐应安装防雷装置。防雷装置应每年检测一次,并建立设备档案。进入罐内作业应佩戴氧含量报警仪,同时应有人监护,以及其他有效的安全防护措施。氢气罐应有静电接地设施。所有防静电设施应定期检查、维修,并建立设备档案。 氢气柜在工程验收时应进行试漏检查,防止泄漏。氢气柜除工程验收时进行试漏检查外,运行过程中也应加强检查,防止水槽壁、套筒及钟罩漏水漏气。 3. 氢气站选址 氢气站、供氢站、氢气罐宜布置在全年最小频率风向的下风侧,并应远离有明火或散发火花的地点。宜布置为独立建(构)筑物,且远离人员密集地段和主要交通要道邻近处。氢气站、供氢站和氢气罐区宜设高度不小于2.5 m的不燃烧体的实体围墙与四周隔断,并设安全警戒标志。氢气站、供氢站、氢气罐与建(构)筑物的防火间距应符合《氢气站设计规范》(GB 50177)的有关规定。 氢气罐或罐区之间的防火间距应符合下列规定:湿式氢气罐之间的防火间距,不应小于相邻较大罐(罐径较大者,下同)的半径;卧式氢气罐之间的防火间距,不应小于相邻较大罐直径的2/3;立式罐之间、球形罐之同的防火间距,不应小于相邻较大罐的直径。卧式、立式、球形氢气罐与湿式氢气罐之间的防火间距,应按其中较大者确定。一组卧式或立式或球形氢气罐的总容积,不应超过30 000 m^3。组与组的防火间距,卧式氢气罐不应小于相邻较大罐长度的一半;立式、球形氢气罐不应小于相邻较大罐的直径,并不应小于10 m

续表

项目	具体内容
氢气	氢气压缩机安全保护装置的设置应符合下列规定:压缩机出口与第1个切断阀之间应设安全阀。压缩机进、出口应设高低压报警和超限停机装置润滑油系统应设油压过低或油温过高的报警装置。压缩机的冷却水系统应设温度或压力报警和停机装置。压缩机进、出口管路应设有置换吹扫口。 氢气站、供氢站的氢气罐安全设施的设置应符合下列规定:应设有安全泄压装置,如安全阀等。氢气罐顶部最高点应设氢气放空管。应设压力测量仪表。应设含氧量小于0.5%的氮气吹扫置换设施。 氢气站应按外销氢气量选择氢气缺罐装方式。氢气灌装系统的设置应符合下列规定:应设有超压泄放用安全阀。应设有氢气回流阀,氢气回流至氢气压缩机前管路或氢气缓冲罐。应设有分组切断网、压力显示仪表。应设有吹扫放空阀,放空管应接至室外安全处。应设有气瓶内余气及含氧量测试仪表。

考点3 氧气及相关气体(氮气、氩气等)设备的检修维修

项目	具体内容
氧气及相关气体(氮气、氩气等)	1. 一般要求 在设备、管道上动火时,氧气含量应控制在23%以下;在生产区域或容器内动火时,应控制氧气含量在19.5%~23%。氢含量不准超过0.4%。在空分装置周围动火时,不准排放液氧、液空。暂停动火后,再次动火前,应重新取样分析氧、氢含量,如动火作业连续超过4 h后,应重新取样分析氧、氢含量,不应超过标准。氧氢容器、管道动火时除满足以上条件外,应进行可靠切断。氧氢生产区域动火时应连续监控氧、氢含量在上述规定范围内。 所有运转设备检修前,应将电源开关断开,挂上"正在检修"的警示牌。非工作人员严禁取牌合闸。合闸前应检查,确认无人作业后,方可合闸。 安全阀检修时,应按设计要求或有关规定进行校验,不准随意更改起跳压力。 进入冷箱内或容器内检修时,应使用12 V的安全照明灯具,电缆、焊把线、接地线应确保绝缘完好。 2. 空分装置 空分装置的低温部分设备检修,宜升到常温进行。必须在低温状态下进行抢修时,应有防止人员冻伤的措施。 进入冷箱检修前,应切断气源,用空气置换内部气体,扒出检修部位的保温材料,经分析冷箱内气体氧含量在19.5%~23%范围内,人员方可入内。 设备、阀门、管道和容器,严禁带压拆卸。 与氧气接触的设备、阀门、管道和容器,进入空分装置的空气、氮气管道及氮水预冷系统的水管等检修时严禁被油脂污染。检修后应进行脱脂处理,确认脱脂合格后,方可投入生产

续表

项目	具体内容
氧气及相关气体(氮气、氩气等)	冷箱内搭脚手架宜采用非金属材料。脚手架应固定在冷箱骨架或大管径管道上。检修完毕后,应拆除冷箱内脚手架,并清除一切杂物。施工中应采取防滑、防跌措施。 管道施焊时,严禁在管道上打火引弧,铝管同一处焊接不能超过2次,否则应重新配管施焊。严禁用工艺管道作为地线进行焊接。 冷箱内高处作业时,人员应佩戴安全带,所携带工、机具应固定或系牢,不准乱扔物品。 在冷箱内进行查漏作业时,严禁攀登直径80 mm以下的细管及仪表管线。 空分装置用三氯乙烯等清洗剂清洗时,应采取防护措施。空分装置检修清洗后,投产前应进行系统全面大加热。 空分装置试压前,应首先制定试压方案,试压应采用气压法,所用气体必须是无油、干燥、洁净的空气或氮气。严禁用氧气试压。用瓶装的高压气体做试压气源时,应减压。需要查漏时,试压气体宜用空气。当使用氮气试压查漏时,应严格监控冷箱内氧气含量在规定范围内,严防氮气窒息。 空分装置试压应有专人操作和监护。试压所用的压力表应在检验周期内,系统较大的装置试压时,应安装2块以上符合要求的相同精度与量程的压力表。 空分装置试压时,应按不同压力分别进行,应缓慢升压,严禁超压。 空分装置的查漏,应采用涂刷肥皂水的方法。铝管应采用中性肥皂水。 3. 空压机、氧压机、氮压机 空压机、氧压机、氮压机在检修时应划出一定的检修范围,并设警示标志,与检修无关人员不准入内。压缩机检修时,严防异物进入或遗留在设备内。检修后应彻底清理。压缩机检修时,对运转部位、气封、油封应进行严格检查,氧压机油封不准有泄漏。保证各部间隙达到要求,不准超出公差。在压缩机主机进行检修时,对配套的温度计、压力表、轴位移、振动表等安全保护联锁装置,应同时进行检查或检修。压缩机检修时,应对润滑油系统进行严格的检修,检修后还应进行清扫和调试。气缸用油润滑的活塞式空压机,检修时必须将气缸内、吸排气阀及管道系统的积碳清理干净。氧压机与氧气接触部位检修时,工具、吊具、工作服等严禁沾染油脂。检修完毕后,与氧气接触部位应进行脱脂,用紫外线灯等方式检查确认合格后,方可安装或扣盖。在巡检氧压机运行状况时要做到:"一听,二摸,三看"。即听压缩机运转声音是否正常;摸压缩机润滑表面温度是否正常,水冷却温度是否正常;看冷却水流量是否正常,看各级压力以及温度是否正常。 4. 膨胀机 透平膨胀机转子检修后,必须对转子做动平衡试验。对风机制动的膨胀机,在检修中应对空气过滤网进行检查清洗,并调试制动蝶阀平衡锤。透平膨胀机入口前的快速切断阀、进口导叶及其执行机构、增压端的回流阀应随主机同时进行检修,保证其动作迅速、灵敏,防飞车联锁装置可靠。透平膨胀机的密封气调压阀、密封气管道系统应随主机同时进行检修调整,确保密封气系统可靠,防止润滑油进入透平端或增压端。活塞式膨胀机检修时,应检查或检修防飞车装置。增压透平膨胀机的增压侧的零部件应严格

续表

项目	具体内容
氧气及相关气体(氮气、氩气等)	脱脂,防止油脂带入管道及塔内。 5. 低温液体泵 低温液体泵检修前,应先对设备加热至常温。低温液体泵检修时,应对轴承温度、密封气压力、出口压力、汽化后气体温度等安全保护联锁装置同时检修调试。低温液体泵检修时,应清除已使用过的油脂,再按规定加入适量的新油脂。液体泵所选用的油脂应为专用的高、低温润滑脂。低温液体泵检修时应禁油。 6. 氮气、氩气和稀有气体系统 人员进入氮气、氩气及其他稀有气体容器检修前,应切断气源,堵好盲板,分析内部含氧量不低于 19.5%。氩净化系统检修后,应进行气密性试验;经吹扫和用氮气置换合格后,方可投入使用。氪、氙系统富氧部分检修应禁油脂,投用前应严格脱脂

考点 4 氢气设备的检修维修

项目	具体内容
氢气	氢气发生大量泄漏或积聚时,应采取以下措施:应及时切断气源,并迅速撤离泄漏污染区人员至上风处。对泄漏污染区进行通风,对已泄漏的氢气进行稀释,若不能及时切断,应采用蒸汽进行稀释,防止氢气积聚形成爆炸性气体混合物。若泄漏发生在室内,宜使用吸风系统或将泄漏的气瓶移至室外,以避免泄漏的氢气四处扩散。 氢气发生泄漏并着火时应采取以下措施:应及时切断气源;若不能立即切断气源,不得熄灭正在燃烧的气体,并用水强制冷却着火设备。此外,氢气系统应保持正压状态,防止氢气系统回火发生。采取措施,防止火灾扩大,如采用大量消防水雾喷射其他引燃物质和相邻设备;如有可能,可将燃烧设备从火场移至空旷处。氢火焰肉眼不易察觉,消防人员应佩戴自给式呼吸器,穿防静电服进入现场,注意防止外露皮肤烧伤。 消防安全措施:在保护范围内设置消火栓,配备水带和水枪,并应根据需要配备干粉、二氧化碳等轻便灭火器材或氮气、蒸汽灭火系统。 高浓度氢气会使人窒息,应及时将窒息人员移至良好通风处,进行人工呼吸,并迅速就医

案例分析

某年 10 月 18 日 14 时 20 分,某石油化工公司实业公司二氧化硫车间在检修中发生一起闪爆事故,造成 1 人重伤、1 人轻伤,重伤者经抢救无效于 11 月 3 日 0 时 18 分死亡,直接经济损失 9.8 万元,间接经济损失 30 万元。

事故经过:

该实业公司是隶属于锦州石油化工公司独立经营的综合性企业,位于锦州市古塔区重庆路 2 号。系某石油化工公司所属集体所有制企业。经营范围包括炼化检维修、化工生产、机械加工、工程施工等。二氧化硫车间原来为某石油化工公司化工一厂闲置装置和设备,实业公司按照石油化工公司领导的要求盘活固定资产。二氧化硫装置生产能力为3 000吨/年,采用硫磺纯氧燃烧、硫酸精制、全无油压缩液化工艺。

某年10月11日,实业公司组织有关部门召开专题例会,针对二氧化硫车间近期生产不稳定、罐存已满等情况讨论确定5项整改措施,并决定在装置停产时进行部分检修。10月13日,二氧化硫车间将检修项目、检修用料单、施工图纸上报到实业公司生产科,第二天生产科将检修任务移交实业公司工程部,当日工程部将检修任务安排给实业公司综合施工队。

10月17日9时,二氧化硫车间操作员刘某、王某对2#硫酸干燥塔处理后,从塔内向酸池排出浓硫酸(98%)约5.5 t,13时30分向塔内注水清洗了3遍。

10月18日9时,综合施工队作业组刘某等4人(焊工2人、起重工1人、作业组长1人)到达施工作业现场,在车间技术、设备负责人蔺某、安全员刘某签发的用火票、用电票到位后用水焊将1#、2#酸塔封头螺栓切割掉(因酸腐蚀螺栓无法拆下)。13时30分对1#、2#酸塔封头管线进行吊装拆卸,14时20分水焊工杨某斜背向塔顶部,在距塔顶部南面约3 m处,用水焊切割与2#酸塔顶相连的Φ80管线时,2#硫酸干燥塔发生闪爆,塔顶封头炸至地面,将站在酸塔顶旁边的临时工张某和附近作业距离塔顶3 m处的临时工刘某灼伤(杨、刘、张三人均与塔顶部在同一层平台)。

实业公司当即将两人送往解放军第205医院住院治疗,并向公司安全环保技术监督部报告。经医院诊断,刘某左小臂轻微灼伤。张某被灼伤面积为30%,因植皮手术后病情恶化,导致肺部感染、肾功能衰竭,于11月3日0时18分,经抢救无效死亡。

根据以上场景,回答下列问题:

1. 造成事故的原因是什么?

2. 从这次事故中吸取了什么样的教训?防范措施是什么。

参考答案及解析

1. (1)直接原因:拆除2#硫酸干燥塔封头时,塔内浓硫酸经冲水稀释形成的稀硫酸与塔壁碳钢(钝化层至视镜部分)反应生成的氢气,窜至正在切割的管线,遇明火回火发生闪爆。

(2)间接原因:作业组动火前没有对可燃气体进行取样分析;二氧化硫车间、生产科、工程部和综合施工队管理人员、技术人员业务素质低,化工生产经验不足,只注意了防毒、防腐蚀,没有认识到浓硫酸稀释后与碳钢塔壁反应会生成爆炸性气体氢气这一潜在的危险。

(3)管理原因:综合施工队作业组化工装置检修经验不足,没有识别工作过程中的风险点,也没有采取相应的保障措施,盲目动火施工,自我保护能力差;二氧化硫车间日常安全管理不到位,风险辨识不充分,控制措施不落实,安全生产职责界定不清晰、管理控制不到位;管理存在漏洞,对装置检修工作重视不够。机关科室相互联系沟通不够,造成指挥系统失调,检修现场无管理部门人员现场监督和指挥,在安全管理上漏管失控。

2. 事故教训：

(1)部分领导和员工的责任心较差。一些领导抓安全生产工作的责任心不强，没有把安全工作始终放在第一位，缺乏严、细、实的工作作风，基层领导不钻研业务，不了解安全生产动态，不研究事故发生规律，对待工作麻痹大意。同样，岗位操作人员也缺乏严细、认真的工作作风，凭经验和想当然操作，没有严格按照操作规程进行操作。

(2)员工安全素质低，尤其是外雇临时工缺乏必要的安全生产知识和安全意识。由于施工人员不足，加之近年来建设项目较多，外雇大量的临时工，这部分临时工大部分没有经过系统的专业培训，还存在着安全培训教育走过场问题。另外基层员工培训内容过于程式化，没有贴近实际，培训方式单一，缺乏现场实际讲授，无法从根本上保证培训效果，必然为生产施工留下人为的事故。

(3)违章行为依然存在。此次事故也是由于违章造成的，这说明在日常的生产和施工作业中，习惯性违章还大量存在。基层单位对开展反违章活动的重视不够，对生产和施工作业现场的违章行为司空见惯，没有从深层次上采取必要措施，查处三违和惩戒违章行为方面力度不够。

(4)风险识别及事故预想能力不强。事前没有进行风险识别和危险因素控制削减是事故发生的主要原因之一。基层单位在进行生产安排和施工作业时，没有结合生产实际进行必要的风险评价和事故预想。一是对这方面的工作重视不够，二是部分管理人员风险识别能力不强，业务素质和技术水平有差距。

(5)应急预案和应急体系不完善。目前，基层单位虽然按照要求编制了应急预案，成立了应急救援体系，但应急预案没有覆盖生产经营和施工作业的全过程。另外，应急预案缺乏演练，实用性不强。

防范措施：

(1)提高思想认识，增强做好安全工作的责任心。认真吸取事故教训，举一反三，认真查找生产中存在的问题并加以整改。首先要从思想认识入手，领导干部必须认识到抓好安全工作的重要性，增强工作责任心，处理好安全与生产、工程施工的关系，把安全工作放在各项工作的重中之重，集中精力，强化安全管理与监督，狠抓落实，确保安全生产各项措施落实到位。

(2)加强培训工作，提高员工安全素质和岗位操作的胜任力。加大管理人员和现场操作人员胜任岗位操作的能力培训，特别是加强外雇临时工的岗位技能培训和安全基础知识的教育，切实把提高员工的岗位技能和安全素质当作一件大事来抓。公司利用安全教育基地举办中层干部学习班，对基层单位的领导和安全管理人员进行安全知识的培训。基层单位也根据生产实际，有针对性开展员工岗位操作技能培训和安全知识教育，并对员工岗位胜任能力进行考核，考核不合格的坚决让其下岗接受再培训，考核合格后再允许重新上岗。

(3)进一步落实生产和施工单位的安全生产责任制。明确生产、施工工作中各级部门、各单位的安全职责，做到分工明确，加强现场监督检查，积极协调可能出现的问题。生产装置维检修，认真确定重点区域、重要设备，严格制定检修方案，实行安全措施确认制。主管科室要向施工单位技术交底,施工单位要组织作业人员培训,使之熟悉检修方案所要求的安全、技术、质量要求,并严格按照规定要求进行施工检修作业。

(4)加强风险控制和事故预想,控制作业过程的不安全因素。生产施工作业过程中,组织技术、设备、安全等相关工作人员对施工检修中存在的风险认真检查,对危害因素进行控制和削减,保证安全生产。各基层单位制定科学合理的操作方案,抓好生产施工作业的“人、物、环境”三要素管理,控制不安全因素,尤其是人的不安全行为,提高员工在生产过程、关键工序和重要施工环节的控制力,确保各项活动的安全。

(5)加强机关安全管理人员的安全意识和责任,努力实现安全生产。

第十章　铝冶炼安全技术

知识框架

- 铝冶炼安全技术
  - 氧化铝的安全知识
    - 氧化铝的基本规定
    - 设备设施的安全作业要求
    - 主要危险及安全措施
  - 铝电解的安全知识
    - 铝电解的基本规定
    - 设备设施的安全作业要求
    - 主要危险及安全措施
  - 铝用预焙阳极的安全知识
    - 铝用预焙阳极的基本规定
    - 设备设施的安全作业要求
    - 主要危险及安全措施

考点精讲

第一节　氧化铝的安全知识

考点 1　氧化铝的基本规定

项目	具体内容
氧化铝	氧化铝生产和铝的电解是铝生产的两个重要生产环节。具有广泛工业用途。 1. 一般安全要求 新建、改建及扩建项目的安全设施，应与主体工程同时设计、同时施工、同时投入生产和使用。安全设施的投资应纳入建设项目概算。隐蔽工程应由建设单位、监理单位和施工单位三方共同审查验收，经验收合格，方可进行隐蔽。 2. 厂址、厂区、厂房 厂址应全面考虑周围环境的整体规划，不应邻近居民区、风景旅游区、文物保护区、生活水源地和重要农业区；同时考虑废水、废渣、废气的排放、弃置及电网闪烁等公害所产生的影响并采取必要的防护措施

续表

项目	具体内容
氧化铝	厂址应具备良好的工程地质和水文地质条件,应避开断层、滑坡、泥石流、淤泥层、地下河道、塌陷、岩溶、膨胀土地区等不良地质地段及地下水位高且有侵蚀性的地区,并按地震烈度等级设防。 厂址不应布置在下列地区:具有开采价值的矿床上,爆破危险区和采矿陷落区、油库、发电站、重要的桥梁、交通枢纽、机场、电台、电视台及生活饮用水源地等防护区域之内;城市园林区、疗养区、风景区、重要文化古迹和考古区。 厂址标高应高出最高防洪水位(包括波浪侵袭及壅水位高)0.5 m以上,地处海岸边的应高于最高潮水位1 m以上。如无法达到,应该设置有效防护措施。厂区边缘与居住区之间,应设置卫生防护带或绿化带距离,在此距离内,不应设置居住用房屋。 操作位置高度超过1.5 m的作业区,应设固定式或移动式平台。固定式钢平台应符合《固定式钢梯及平台安全要求》(GB 4053)的规定,平台负荷应满足工艺设计要求。高于1.5 m的平台,宽于0.25 m的平台缝隙,深于1 m的敞口沟、坑、池,其周边应设置符合《固定式钢梯及平台安全要求》(GB 4053)规定的安全栏杆,不能设置栏杆的,其上口应高出地坪0.3 m以上。平台、走廊、梯子应防滑。机械设备的防护、保险、信号等装置应无缺陷;裸露的齿轮、轴及高度在2 m以下的链传动、传动带应有防护罩。 发生安全生产事故,应按事故处理“四不放过”的原则执行。接触腐蚀类物质、飞溅物料的岗位应佩戴面部护罩或护目镜。碱性物料一旦溅落皮肤上,应使用大量的清水进行不少于20 min的冲洗后送医院治疗。 厂区布置应考虑物料流向,保证物料顺畅运行。 厂房地坪应设置宽度不小于1.5 m人形安全走道,走道应有明显的标志线。 3. 清理检修作业 设备清理检修作业应严格实施停电挂牌。应关闭进出料、风、汽、水等管道、溜槽的阀门,加盲板,挂警示牌,由施工负责人进行安全确认后方可施工。进入槽罐内清理、检修,应采取充分的通风换气措施,测定槽罐内氧含量高于19.5%,在槽罐人孔处有专人监护。 允许进入窑、炉、槽、罐等容器内工作的气流温度为40 ℃以下,至少2人以上同时在场,内外相互监护。进入前应先观察有无松脱的结疤、耐火砖等。进入狭小密闭空间及二氧化碳管道时,进入前应对有毒有害气体浓度进行监测,一氧化碳气体含量在30 mg/m^{3}以下,氧含量执行《缺氧危险作业安全规程》(GB 8958),进入一次的时间小于20 min。 电焊机、焊钳、电源线以及各接头部位联结可靠,绝缘良好,外壳应采取漏电保护,电焊机一次线长度小于2 m,二次线长度小于30 m,特殊情况不超过50 m;二次回路线不应以厂房金属框架或生产管网代替;金属焊接作业应戴电焊手套、穿绝缘鞋、戴防护面具;在容器内电焊作业应设专人监护。 使用行灯电压不应大于36 V,进入潮湿密闭容器内作业不应大于12 V。 地面及作业平台上的坑、孔、沟、池应有盖板或围栏

续表

项目	具体内容
氧化铝	4. 行为规定 货运电梯和提升设备禁止载人。 高温、高压、高转速设备附近，不应存放工具、材料，人员不应长时间停留。 检查电机温度时，不应用手掌触摸；检查电器设备和启动按钮应保证手部干燥。使用手提电动工具应戴绝缘手套；电气检修试验等危险作业时应设监护人。 防火区内施工应办理动火审批手续，不应携带火种进入防火区域。在重点防火岗位检修维护设备时应使用防爆工具

考点 2　设备设施的安全作业要求

项目	具体内容
生料磨制	1. 石灰炉 应定期检查石灰炉炉体及卷扬、下料漏斗、布料器等，设备出现裂纹、破损、炉体焊缝干裂、明显变形、机械失灵、衬砖损坏或等应报修和报废。 不停风清理炉或处理结瘤，应两人共同进行。作业前应对作业现场进行一氧化碳气体、氧含量监测，一氧化碳气体含量在 30 mg/m³ 以下，氧含量执行《缺氧危险作业安全规程》(GB 8958)，符合安全标准后方可作业。 清理洗涤塔、二氧化碳管道等应有可靠措施，由专人负责，隔绝炉气，二氧化碳管道设明显断开点。停风后，开压缩机抽气 30 min，并对作业现场进行一氧化碳气体、氧含量监测，一氧化碳气体含量在 30 mg/m³ 以下，氧含量执行《缺氧危险作业安全规程》(GB 8958)，符合安全标准方可工作。进入洗涤塔、二氧化碳平管，应 2 人以上在现场，有人监护，进入一次的时间不超过 10 min。 炉顶处理卡料，炉内应减风到负压，2 人以上共同作业，相互监护。不应在积料上处理。 2. 皮带输送机 皮带输送机应设置紧急停车装置、程序联锁装置，手动或自动操作都应遵守程序联锁。 清理皮带输送机下料口时，皮带磁铁应停电。 皮带输送机应间隔距离设安全桥，不应横跨皮带或坐在皮带输送机上。 3. 化灰机 化灰机应保持密闭完好。作业人员不应站在化灰机上方振打化灰机，应佩戴好护目镜，预防被石灰灼伤，一旦溅入眼内，应立即用清水冲洗。 4. 破碎机 破碎机运转时，不应调整，清洗或检修。 破碎机运转时，作业人员不应从破碎腔上部朝机器内窥视。在料口后破碎腔内，作业人员应用专用工具挪运、移动物料。 检查弹簧拉杆时，应站在侧面，疏通出料口应站在安全位置，用力均匀，防止坠入出料口。 破碎机进料口、出料口被异物卡住，应关停破碎机处理，同时，停止裙式机运转

续表

项目	具体内容
生料磨制	5. 裙式机 更换保险销和改变电机转向时,应防止电机风翅伤人。 处理裙式机料口大块时,应停车处理,与操作人员联系确认,有专人指挥,方可工作。 6. 提升机 处理提升机故障,应严格执行设备检修停电挂牌制度,主动轮应采取机械固定,现场设专人监护方可进行作业。 清理提升机出口时,应停车处理。清理输送皮带下料口时,皮带磁铁应停电
料浆配置	1. 堆取料机 堆取料机应保持整机的强度、刚度和稳定性。堆取料机在规定的俯仰范围内所处的各种位置上,整机应处于稳定状态;悬臂在规定俯仰范围内不应有影响整机稳定性的振动。在堆取料机的输送线路上,特别是在取料、卸料的转运点上应保证物流顺畅。在取、卸料达到峰值能力时不应有物料溢出或堵塞现象。 正常工作条件下,输送机的倾角和承载件结构应防止输送物料打滑和意外掉落。 根据堆、取物料的不同特点,应在取料及物料转载等扬尘处采取防尘措施。 大车移动方向与皮带顺行时,应注意大车惯性。 2. 收尘器 作业人员不应擅自打开和拆卸脉冲阀及电子阀等电气设备,以免爆炸伤人。进入收尘器内检修或清理更换布袋前,先停风机和反吹风机,后卸风管。同时,对收尘器内一氧化碳气体、氧含量进行监测,符合安全标准后方可清理或更换收尘布袋。清理检修结束,开启收尘器前对设备进行详细检查,排空气动元件内的凝结水,确认反吹风压0.15~0.25 MPa之间。 3. 磨机 磨机及附属设施应定期检查,设备零部件应齐全,紧固可靠,无缺陷。各润滑部位油量充足,油泵管路畅通,管接法兰无泄漏,设备周围无障碍物。分级机溢流篦子无杂物。磨机装球时,应确认磨内无人,人员距料斗落点2 m以外。 清理筛板应带护目镜,清理磨门使用手锤,锤头牢固;清除锤击点黏附浆液,以防物料飞溅伤人。 4. 槽罐 槽罐类设备及附属设施应定期检查,若槽体出现焊缝开裂、腐蚀、破损、明显变形、机械失灵应报修或报废。应按规定检测承压槽罐、管道,检测不合格不应使用。 保持槽体液位,防止槽内物料溢出。槽罐顶部观察孔应安装防坠落篦子
熟料烧结	1. 熟料窑 点火时现场人员应站在窑头两侧,篦冷机、电收尘及喷枪平台不应有人。喷煤时窑头不应站人或通过,防止回火伤人。窑内温度高或有明火,试送煤系统设备应提前开启排

续表

项目	具体内容
熟料烧结	风机转窑,以防止放炮。带料停窑后,进窑内检查或处理问题时,沿物料的另一侧行走,以防止烫伤。排风机故障停止运转,应立即停止向窑内喷煤。 疏通下料口积料,应佩戴防护面罩,设专人监护,多人工作时设专人指挥。 窑内煤粉燃烧不充分,应停窑观察。通知电收尘岗位,查明原因。 2. 电收尘 整流室内工作,不应使用 1 m 以上的工具。 电收尘不应超载及超温运行。运行中不应转动升压开关或空载运行,防止过电压伤人,损害设备。 高压静电收存接触高压部分应先行放电。 检查或检修收尘室时,窑前应保持正常操作。 高压运行中,不应打开保护网门和整流室门。 3. 排风机 废气温度应小于 300 ℃,超过 300 ℃或引起振动时立即关小风门或停车,同时通知主控室。 手动开停车时应戴绝缘手套。 排风机启动时风门转速应设在最低,在(0)位启动
溶出	1. 溶出器 预热溶出器,应详细检查流程,确保料、气、水走向正确。送气前应放水,缓慢打开阀门,预热管道后方可提压。内、外管道应同时预热,防止膨胀系数不一致造成管道密封泄漏伤人。 溶出器不应超压运行,防止密封泄漏。不应使用外力击打带压管道。 溶出器堵塞不应高压冲击,应泄压后清理。 溶出器以及酸槽等动火作业前,应用水冲洗干净,卸开管道通风放气。 酸洗作业应按酸加入水的原则进行。 溶出器停用,清扫管内余料应缓慢,应降低稀释槽液位,防止物料溢出伤人。 2. 熔盐炉 应定期检查熔盐炉及相关设施,设备零部件应齐全,紧固可靠,无缺陷。 熔盐应分开放置,不应接触酸、碱等有机物。避免受热、受潮、阳光曝晒,应置于阴凉、干燥、通风处。发生火灾时应先用砂土灭火。 熔盐炉点火时,液化气点火时间不应超过 3 s,以防爆炸。 电伴热开车前和运行过程中,应保证其绝缘良好。 不应超压操作受压容器,操作清洗剂的人员应经过专业培训,非专业人员不应进入现场
脱硅	1. 脱硅机 脱硅机密封泄漏或管道破裂,应立即切断料源、气源等,待机内压力降至零,确定无泄露后方可进行处理。 直接加热式脱硅机进气压力低于机内压力时,应立即关闭蒸汽阀门,以防倒压

续表

项目	具体内容
脱硅	压力过高时,应用空罐泄压,防止超压。 脱硅机进料前,机内压力小于管道压力时方可进料。 2. 叶滤机 应定期检查叶滤机及其附属设施,若机体出现焊缝开裂、腐蚀、破损、明显变形、机械失灵、超过规定年限,应报修或报废。 打开叶滤机前,应确认机内已经卸压,物料已经清空,自动和手动阀门已关闭并锁定
分解	1. 分解槽 碳分槽、种分槽开启人孔、检查出料阀、拆卸三通时,应确认槽内无料,方可作业。 2. 热交换器 开停板式热交换器时,进液和出液应同时开关,严防因偏压密封泄漏喷料伤人。 3. 过滤机 应定期检查,维护过滤机。放料时,避免物料飞溅伤人
焙烧	1. 焙烧炉 除主控人员及维护人员外,任何人不应靠近燃烧器及控制柜。 焙烧炉系统启动前,应先启动预热燃烧器,预热过程中,不应开启电收尘。 2. 重油库 重油库区应选用防爆型的电气设施,电气线路应采用阻燃电缆或钢管配线,不应有架空线
煤粉磨制	1. 煤粉磨 磨机运转中,不应在防爆阀停留,除冷风门外各控制门和检查门不应打开。 煤粉容器管道上应设置泄压机,以降低爆炸时产生的破坏力。 磨机检修应停电挂牌,关闭热风门,打开冷风门,磨机内应保持 15 ~ 20 mm H_2O 负压,确认无误,方可进入磨内工作,应两人同时进行。清理筛板缝应佩戴护目镜,不应同时进行装球作业。 清理粗粉分离器杂物时,应保持分离器内有 15 ~ 20 mm H_2O 负压。 2. 煤粉仓 煤粉仓检修应将煤粉全部排空,自然通风 2 h 以上,监测仓内一氧化碳气体、氧含量安全范围内,一氧化碳气体含量在 30 mg/m^3 以下,氧含量执行《缺氧危险作业安全规程》(GB 8958)。扎好安全绳,方可进人,应 2 人以上同时入仓工作,并设专人仓外监护。 根据着火部位,处理着火,首先隔绝空气,使用阻燃气体灭火,火势较大时应及时通知消防部门灭火,灭火时要防止煤气中毒。 细粉分离器,扩散收尘器及所属管道,煤粉仓着火时,应立即关停排风机和煤粉输送机,并不应打开任何检查门

续表

项目	具体内容
蒸发	1. 蒸发器 检修蒸发器应按照《缺氧危险作业安全规程》(GB 8958)的规定测定氧含量,应停电挂牌、断料加盲板。蒸发器内温度 40 ℃以下时方可进入,采用照明应使用安全灯,电压不得大于 12 V。 2. 压缩机 储气罐支撑平稳,支撑与罐体的焊接处无裂纹。 安全阀、压力表齐全。灵敏可靠,定期校验。 清理压缩机拆除排气阀前,应放掉缸内余气,使用专用工具
计量控制	到石灰炉顶或二氧化碳系统作业,作业前应对工作区域进行气体监测。作业时有 2 人以上,并设专人现场监护,做好应急防范措施
矿场	应根据矿场地形及矿石粒径堆存矿石,可错层储存,每层高度不应高于 5 m,安息角应小于 36°,矿堆边缘设有高于 1 m 的安全护坡,矿堆顶面为平面。矿堆进出车道为单向循环车道,路面宽度大于 5 m,道路两边应设有高于 1 m 的安全护坡。矿堆装卸料分为错层作业,装上层料,将料卸在下层料堆,装下层料,将料卸在上层料堆,上层装料工作面积大于30 m^2。在矿场指挥倒车时,指挥人员应站在汽车驾驶员一侧 1.5 m 以外,汽车后轮距坡顶线应大于 1 m。矿场坡底不应有人员活动,矿石堆顶边沿 2 m 内不应站人
赤泥处理	湿法堆存的赤泥库应保持一定的干摊长度和安全超高,最小干摊长度和安全超高数值应由具备资质的工程勘察单位进行稳定性评价后确定,可比照《尾矿库安全技术规程》,按降低一个尾矿库等级来确定。 干法堆存的赤泥库,翻晒、摊平、碾压的机械车辆,应与赤泥库的临边保留一定安全距离
运输系统	动力系统主要为企业提供水、电、气、风、天然气等能源,各企业要参照相关国家或行业标准、设备使用说明书,结合本企业的实际情况,制定企业的动力规程,包括安全管理制度、操作规程、运行规程、检修规程、安全规程、事故应急预案等
动力系统	企业应执行《工业企业厂内铁路、道路运输安全规程》(GB 4387),并根据企业铁路、道路实际状况,制定本企业具体的厂内交通运输安全规程或管理制度

考点 3　主要危险及安全措施

项目	具体内容
氧化铝厂存在的主要危险及有害因素	1. 火灾、爆炸危害 目前国内氧化铝生产线焙烧炉使用的燃料主要有重油、发生炉煤气,部分车间建有高低压润滑油站、液压油站,因此焙烧炉及煤气管网、润滑油站及润滑油系统、液压油站及液压油系统等生产厂房及设备存在火灾、爆炸危险,其中尤以煤气最为危险

续表

<table>
<tr><th>项目</th><th>具体内容</th></tr>
<tr><td>氧化铝厂存在的主要危险及有害因素</td><td>2. 压力容器、压力管道爆炸危害
压力管道主要有压缩空气管、蒸汽管、天然气管道等。氧化铝生产过程中压力容器及管道发生事故主要是物理爆炸。氧化铝生产系统中,压力容器及管道处处可见,如压缩空气储气罐、溶出反应釜、溶出反应管道、闪蒸器等。尤其是溶出段的压煮装置和蒸发段的蒸发器等,均以高温、高压蒸汽为热媒介,容器处于高温、高压、高碱的运行状态,当后续管道料流不畅、操作失误、监控失灵、电力供应失常、蒸汽供应失常、高压泵工作失常,用作安全保护的安全阀、缓冲槽、溢流阀不能有效发挥作用或超过其有效的保护极限时,均可能导致容器压力过高,压力无法释放,继而引发容器爆炸。
3. 腐蚀危害
氧化铝生产过程中使用大量的强碱、强酸,有强烈的腐蚀性,能与各种物质发生反应。生产过程中如因设备、管道密封不严,操作不当,管理不善等,都可能发生泄漏。腐蚀性物品泄漏危害主要是导致人体接触部位和呼吸道的灼伤,而且还可能造成设备受损、建(构)筑物遭腐蚀破坏、人员中毒;酸雾还可能威胁电气设备的安全运行。
4. 灼伤危害
氧化铝行业存在两类灼伤,一类是化学灼伤,另一类为高温灼伤。
5. 中毒和窒息
煤气站、石灰炉、煤气焙烧炉等作业场所存在一氧化碳等有害气体,过量吸入这些有害气体,可使人中毒或窒息。
6. 电气伤害
由于氧化铝生产系统大部分电气设备处在腐蚀环境,电气伤害具有突发性大、危险性大的特点,容易造成恶性事故。电气事故危害除自身故障引起的触电、漏电、短路等事故危及人体安全外,在某些情况下还会引发其他重大事故,如火灾、爆炸等。
7. 机械伤害
氧化铝生产系统中存在大量处于运行状态的机械设备,各类电动机、水泵、风机、带式运输机、轨道式机械等转动机械,其外露传动部分和往复运动部分都有可能对人体造成机械伤害。机械伤害常常发生在生产、巡检、维修、事故处理工作中。
8. 高处坠落
凡在高度基准面 2 m 以上(含 2 m)的高处进行操作或巡检作业,均有高处坠落危险。氧化铝生产系统存在高处坠落的主要部位为安全通道、钢平台、钢直梯、钢斜梯、横跨过桥、防护栏杆及各类槽、塔等。若坠落到槽、塔内部等还会发生淹溺、化学灼伤事故。
9. 静电危害
氧化铝生产系统中存在输油管道、油泵、储油罐、煤气管道等设备。油类、煤气等物质在管道中流动或进入储罐易产生和积聚静电。静电具有高电压静电感应及尖端放电的特点,放电产生的静电火花若出现在火灾爆炸氛围环境中易导致火灾和爆炸。
10. 起重伤害
氧化铝生产系统部分车间设桥式起重机、电动葫芦等起重设备</td></tr>
</table>

续表

<table>
<tr><th>项目</th><th>具体内容</th></tr>
<tr><td>氧化铝厂存在的主要危险及有害因素</td><td>11. 车辆伤害
厂内机动车辆在作业区域穿行，超速驾驶、违章行车、车辆超载、行人违章等均有可能造成人身伤害事故。
12. 粉尘危害
氧化铝系统，粉尘主要产生于原料运输、破碎及储存等工艺过程中；热电厂的粉尘主要产生在燃料运输系统、制粉系统、锅炉底部和除尘器下的除灰、渣系统以及储灰场。
13. 辐射危害
生产中，为了保证设备装置的安全运行，根据工艺布置的特殊要求，在母液蒸发底流槽顶部、赤泥分离沉降槽、硅渣分离沉降槽、原料磨缓冲泵、赤泥洗涤沉降槽、母液蒸发等处装有放射线同位素密度计，氧化铝焙烧炉等处安装有核子秤，所以氧化铝生产系统中存在多处放射源。
14. 高温危害
氧化铝系统中存在大量高、中温设备和车间，在压煮器、石灰炉、烧成窑、脱硅蒸发器、锅炉、蒸汽管道、汽轮机、各类热交换设备和具有热源的热力设备及管道附近，温度更高，均可能对人体产生高温危害。
15. 噪声危害
氧化铝系统中，噪声危害主要来源于各设备在运转中的振动、摩擦、碰撞而产生的机械噪声和风管、气管中介质的扩容、节流、排汽及液体流动而产生的流体动力性噪声，以及电动机等电气设备所产生的电磁辐射噪声。
16. 振动危害
氧化铝系统设备基础产生机械性振动、电动机和高压配电装置产生电磁性振动、输送气体和液体的管道产生振动危害。
17. 自然灾害
自然灾害主要包括地震和雷击</td></tr>
<tr><td>防尘及防毒措施</td><td>1. 防尘
(1)防尘原则以控制尘源为主，辅以个体防护，加强管理，增强职工的防尘意识，提高防尘效果。
(2)采用气力输送物料时，受料仓应设仓顶袋式收尘器或相应的收尘设备。
(3)石灰仓顶部和饲料机等扬尘点应设置除尘设施。
(4)溶出磨应设置通风除尘设施。
(5)氧化铝包装应设密闭净化装置。
(6)加强局部机械通风。在产生粉尘的主要工作场所的呼吸带位置设置负压机械通风装置或尘源局部通风换气装置。
(7)加强个体防护。
2. 防毒
(1)定期检修设备，改进生产工艺，防止一氧化碳外溢</td></tr>
</table>

续表

项目	具体内容
防尘及防毒措施	(2)在较危险区域安装一氧化碳自动报警仪或红外线一氧化碳自动记录仪。 (3)煤气排送机和鼓风机应设联锁装置,当空气鼓风机启动,低压煤气管内压力达到规定值时,允许煤气排送机启动;当风机停车或低压煤气管道压力降至下限时,排送机自动停车。 (4)煤气站供电方式采用双电源,煤气站所用电气设备、开关、照明均采用防爆型。 (5)煤气站内应设有害气体超标报警装置,防止有害气体泄漏。 (6)防护站内配备足够的安全救护用具和测试仪器,如氧气呼吸器、苏生器、防毒面具、氧气瓶等。 (7)石灰炉检修人员应配备一氧化碳浓度报警仪,并制定检修规程,严格执行。 (8)进入危险区域必须佩戴防毒面具。 (9)防毒的基本原则是:优先采用先进的生产工艺、技术和无毒(害)或低毒(害)的原材料,消除或减少尘、毒职业性有害因素。对于工艺、技术和原材料达不到要求的,应根据生产工艺和粉尘、毒物特性,设计相应的防尘、防毒通风控制措施,使劳动者活动的工作场所有害物质浓度符合相关标准的要求。如预期劳动者接触浓度不符合要求的,应根据实际接触情况,采取有效的个人防护措施
防辐射及防高温措施	1. 防辐射 (1)设置放射源台账。 (2)放射源装置应经职业病防治部门检测,并由卫生行政部门颁发射线装置许可证。 (3)射线装置安装现场应设警示标志。 2. 防高温 (1)对于高温作业,首先应合理设计工艺流程,改进生产设备和操作方法,这是改善高温作业条件的根本措施。热源集中的岗位采取自然通风,通过合理设置窗户位置和面积排出室内余热。 (2)工作地点应尽量与热源拉开距离时,如无法拉开距离,应采用保温隔热屏蔽层或隔热室等隔热装置,有效降低工作地点的温度。 (3)加强车间自然通风。设置局部送风装置,室内换气每小时不少于5次,也可视实际情况,适当增加换气次数和时间。 (4)盛装、输送蒸汽、料浆等高温物料的容器设备和管道,必须有完整的保温层,不能设保温层的应设置遮蔽物。 (5)蒸汽管道设备、设施从马路(行车道路)或经常有人通过处的上方通过时,其高度应在5 m以上,在困难地段可采用4.5 m,以利于行车安全和行人避开较高的辐射热。 (6)按《高温作业分级》中对高温作业允许持续接触热时间限值的规定要求,工人的持续接触高温的时间应限制在规定范围内,并提供降温饮料或饮水及个体防护措施。工人上班期间应穿戴安全帽、防高温工作鞋和防热辐射眼镜、隔热服等。 (7)体质差及年龄在男50岁、女45岁以上人员,不宜安排在高温岗位上作业

续表

项目	具体内容
防灼伤及防腐措施	1. 防灼伤 (1)各种槽、罐(如沉降槽、缓冲槽等)的漏槽信号装置,应灵敏可靠。 (2)凡进入槽、罐、窑、炉等设备容器内检查、维修时,必须先关闭物料进出口,切断电源。待物料排空后,内部温度降至40 ℃以下,并确认已无有毒有害气体时,方可入内工作,且有专人监护。工作完毕,确认容器内无人后,方可启用。 (3)清理已堵管道或与被堵塞管道相通的容器、设备时,必须采取防止管道内流体突然喷出的安全措施。进行拆卸法兰时,应先切断物料源,排除管内积水或物料后,再拆法兰下部螺钉。 (4)蒸汽、料浆等高温物料的容器、管道和设备,必须有完整的保温层。不能设保温层的应设置遮蔽物。管道在使用前,必须排除冷凝水。 (5)严禁徒手触摸碱液、料浆、赤泥等有腐蚀性的液体及高温物料。不准在漏液的管道和容器下通过或停留。 (6)酸洗预热器等设备时,应有防酸措施,并加强通风,控制火源。 (7)使用胶管接通物料时,连接必须牢固可靠。更换阀门或泵的盘根时,必须在压力清除后进行。禁止用蒸汽或物料压力冲出旧盘根或阀杆。 (8)管道布置时,化工管道与蒸汽管道要保持足够的距离,并以不同颜色区别不同性质的管道。化工管道与蒸汽管道桥架不允许同时作为线缆桥架。 (9)在所有可能发生灼烫危害的工作场所,必须设置清水冲洗水龙头及硼酸水,两个冲洗水龙头之间的距离不超过12 m。 (10)各类碱液泵出口第一个法兰和易发生喷溅部位应设挡板。 (11)在各种生产作业中必须正确穿戴和使用劳动保护用品。 (12)制定严格的岗位安全操作规程,杜绝违章操作。 2. 防腐 (1)氧化铝系统必须依照《工业建筑防腐蚀设计标准》《建筑防腐蚀工程施工规范》的规定进行设计、施工、运行和管理。厂房、库房建筑应按防腐蚀要求进行设计。钢柱、钢梁及相关设备外壳和建筑物,均应涂刷防腐蚀涂料及进行防腐蚀处理。管道及相关设备和构筑物的材质应符合工程防腐蚀要求。 (2)碱蒸气腐蚀严重的叶滤机室、赤泥沉降过滤器室和赤泥洗涤、氧化铝真空过滤机室等处的电动单梁起重机,宜采用圆形铜电车线作滑触线或移动式软电缆。 (3)潮湿腐蚀场所的接地干线、接地极、接闪器及其引下线宜较正常环境加大一级规格选用并作防腐处理。 (4)为保证网络安全及终端反馈信息准确,自动控制系统的终端传感元件必须作防腐蚀处理。 (5)加强巡检,若发现“跑”“冒”“滴”“漏”应及时修复或更换部件

续表

项目	具体内容
防机械设备伤害及防电气	1. 防机械设备伤害 (1)泵、风机、电动机、压缩机等各种转动机械均应装有防护罩或其他防护设施,设置紧急联锁安全装置。 (2)车间设备设施的安全距离应按《机械安全避免人体各部位挤压的最小间距》的要求,留有相应宽度和高度的安全过道,防止夹伤、挤伤、碰伤和撞伤。 (3)在转动机械岗位的操作人员禁止戴手套和穿戴易被机械绞入的衣物等物品,留长发的女职工必须戴好工作帽。 (4)螺旋运输机上盖,应保持完整并固定牢靠,同时不得踏越。 (5)球磨机(包括格子磨、管磨、煤磨等)运行时,严禁靠近运转部位。 (6)锤式破碎机在运行中,禁止打开小门或盖板观察。开车前,盖板、飞轮螺钉应旋紧,飞轮上无杂物。 2. 防电气 (1)氧化铝系统配电线路一般采用带有塑料外护层的电缆,电缆敷设方式宜采用架空电缆桥架、电缆隧道、电缆沟等,厂区架空线路应采取防腐蚀措施。 (2)车间变电所不应靠近易冒槽的储槽,不应在各种溶液槽的楼板下设置。设置在潮湿腐蚀场所的配电室和控制室的地坪应高出车间地坪 200 mm。 (3)氧化铝厂潮湿腐蚀场所的电动机应尽量采用其他防腐蚀措施;保护、启动设备宜集中安装在与上述场所隔离的配电室内,车间安装的配电箱、控制箱应尽量采用防腐蚀型,组合开关采用密闭型。 (4)电气设备应设保护接地或接零。 (5)生产线应配备双电源系统,并设置突然停电紧急保护装置;用电设备都应具有漏电保护装置;供电设备和线路停电和送电时,应严格执行操作制度。 (6)设置防止误操作、误入带电间隔等造成触电事故的安全联锁保护装置。为防止电气设备、线路因过载、短路等故障,除常规设置过载、过电流、短路等电气保护装置外,宜装设漏电流超过预定值时,能发出声、光报警信号或自动切断电流的漏电保护器
事故应急措施	企业可根据企业安全生产的实际情况,参照相关规定进行各作业条件的风险评价,确定风险等级,依据《生产过程危险和有害因素分类与代码》(GB /T 13861)或《企业职工伤亡事故分类》(GB 6441)进行危险源辨识并参照相关规定制定危险源辨识、风险评价和风险控制调查表。 重大危险源按《危险化学品重大危险源辨识》(GB 18218)的要求进行辨识,氧化铝生产的主要危险有害因素有灼烫、车辆伤害、触电伤害、物体打击、起重伤害、中毒、火灾爆炸、容器爆炸、机械伤害、高温、粉尘、噪声等。 生产企业应按照《生产经营单位安全生产事故应急预案编制导则》的要求,结合企业具体情况,制定切实可行的各类事故应急预案,至少应包括:氧化铝安全生产总预案;赤泥堆场重大事故应急救援专项预案;锅炉系统重大事故应急救援专项预案;火灾事故应急

续表

项目	具体内容
事故应急措施	救援专项预案；重大设备事故应急救援专项预案；破坏性地震抢险救援、应急救援专项预案；厂内重大交通事故抢险救援专项预案；天然气泄漏、爆炸事故应急救援专项预案；煤气事故应急救援专项预案。需注意，以上预案由企业自行制定

第二节　铝电解的安全知识

考点1　铝电解的基本规定

项目	具体内容
铝电解的基本规定	铝电解生产主要由原料贮运、变供电、电解车间、烟气净化、浇注和残极处理等工序组成。 1. 一般安全要求 (1)铝电解企业新建、改建及扩建项目的安全设施应与主体工程同时设计、同时施工、同时投入生产和使用。 (2)设计应做到技术先进、经济合理、安全可靠，实现生产与安全的统一、经济效益与社会效益的统一。 (3)设计应优先选用安全条件好的工艺与设备，提高机械化与自动化水平，降低操作中的劳动强度，减少人身危害。 (4)对引进国外技术项目的设计或引进国外设备配套项目的设计，应该符合国家有关安全生产的法律法规。 (5)厂房设计应考虑良好的通风散热、防洪防雪、采光照明等外部环境条件。 2. 厂区、厂址、厂房 (1)厂区布置应考虑物料流向，保证物料顺畅运行，同时应缩短物流距离。车间与各辅助车间(设施)，应布置在生产流程的顺行线上。 (2)厂址应全面考虑周围环境，整体规划和选定生产区、生活区、水源地及“三废”排(堆)放点。厂址应具备良好的工程地质和水文地质条件，应避开断层、滑坡、泥石流、淤泥层、地下河道、塌陷、岩溶、膨胀土地区等不良地质地段及地下水位高且有侵蚀性的地区，并按地震烈度等级标准设防。厂址边缘与居民区之间，应设置卫生防护带或绿化距离。在此距离内，不应设置居民用房屋。 (3)厂房热源点周围的建(构)筑物、设备设施等应建立有效的隔热防护措施。电解厂房四周应设置防护栏杆，厂房合理布置人车分流通道、消防梯、检修梯及其他高空作业设施。 厂房地坪应设置宽度不小于1.5 m的人行安全通道，通道应有明显的标志线。主厂房及其他中、重级工作类型桥式起重机的厂房，应设置双侧贯通的起重机安全走道，轻级

续表

<table>
<tr><th>项目</th><th>具体内容</th></tr>
<tr><td>铝电解的基本规定</td><td>工作起重机厂房,应设单侧贯通的安全通道,通道宽度应不小于 0.8 m。
操作位置高度超过 1.5 m 的作业区,应设固定式或移动式平台,平台负荷应满足工艺设计要求高于 1.5 m 的平台,宽于 0.25 m 的平台缝隙,深于 1 m 的敞口沟、坑、池,其周边应设置符合《固定式钢梯及平台安全要求 第 3 部分:工业防护栏杆及钢平台》(GB 4053.3)规定的安全栏杆,不能设置栏杆的,其上口应高出地坪 0.3 m 以上。平台、走廊、梯子应防滑。
3. 设备
易燃易爆和粉尘散发量较大的场所,设备应选用防尘防爆型,在多导电粉尘、潮湿或高温区的场所,设备选型以及电缆敷设应考虑其特殊的环境条件,配电设备防护等级不低于 IP 54,高温区采用耐高温阻燃型电缆,架空电缆不能跨越高温区域,电气设备、开关、插座不应安装在可燃材料上。每层厂房应设立电源开关箱,使用自动空气开关。
铝电解、阳极、铸造吊运熔融金属应使用冶金起重机,经专业资质机构检验合格,取得安全使用证或安全标志后,方可投入使用,在使用过程中应定期检验。
4. 验收
铝电解企业初步设计中需包含安全专篇。安全专篇中应对消防、泄漏、交通、设备、生产、作业等活动中涉及人身、设备、设施、环境和安全等方面的因素进行分析评估,提出有效的控制措施及达到的控制目标。
建设单位应成立安全管理机构,定期组织相关专业人员对施工现场进行安全检查,并督促整改缺陷。施工单位对各自作业区域的安全承担责任。
建筑工程竣工经验收合格后,方可交付使用。未经验收或者验收不合格的,不应交付使用。对规模较大、较复杂的建设项目,竣工验收程序分为初步验收、专项验收、竣工验收和移交固定资产。规模较小的项目可适当简化。
5. 测量作业
测量时,注意防止工器具同时接触两槽。电解测量作业时发生效应或对地电压异常时,应停止作业,待效应熄灭或异常对地电压排除后,方可继续作业。定期对电解槽控机进行吸灰并检查其绝缘情况,防止控制失效。换极作业时不应站在阳极、壳面上,新阳极换极前应进行预热。发生阳极效应时,不允许进行测量、换极、出铝、抬母线作业。不应坐在槽罩、槽沿板及立柱母线短路口上休息。不应将金属工具靠立于电解立柱母线、槽控机、气控柜旁。
6. 维修保养
维护检修设备作业前,应关闭设备能源开关,确保在零能源状态下工作,现场设备中应悬挂安全警示牌;作业中,应至少一人监护;送电时,应告知相关人员。应避免带电作业,如确需带电作业,则应采取有效的安全措施。
定期检查各设备电气线路,确保无裸露和破损,预防触电事故。在邻近带电部分进行电器维修作业时,应保持可靠安全距离和设置安全措施。设备试车前,应检查电源接法,确保正确,各部分的手柄、行程开关、撞块等确保灵敏可靠,传动系统的安全防护装置应齐全,确认具备条件后,方可开车运转。气焊作业,乙炔瓶、氧气瓶存放间距应大于</td></tr>
</table>

续表

项目	具体内容
铝电解的基本规定	5 m。不应用钢丝绳直接捆绑、吊运氧气、乙炔气瓶，气瓶不应在夏季炎热阳光下暴晒乙炔瓶不应卧放使用。电气焊作业现场与易燃易爆及化学品距离应大于 10 m。氧气瓶、乙炔瓶与易燃易爆物品不应混放，不应在氧气瓶、乙炔瓶存放地 10 m 内吸烟。 7. 个人劳动防护 上岗后，作业人员劳动防护用品应穿戴齐全、规范，确保有效。进入电解厂房不应穿潮湿鞋、带铁钉鞋，应佩戴防护眼镜。金属焊接与切割、电工作业应穿绝缘鞋，高空作业时，不应穿硬底鞋。人员进入含尘、有害气体作业现场，应佩戴好防护眼镜及呼吸器或防护口罩。人员进入高噪声作业区域，应戴好防护耳塞。铸造、换极、出铝效应等接触高温熔体的作业人员，应穿阻燃工作服、佩戴隔热面罩，不允许穿化纤工作服。工作中劳保品着火时，应立即就地扑灭或脱下扑灭，不应用水浇身。距基准面 1.5 m 以上高处作业时，规范使用安全带或安全绳。劳动防护用品（尤其是绝缘护品）应保证干燥。 8. 行为规定 酒后不应上岗。厂房通道上不应坐卧休息或放置各种物料。非生产车辆不应进入厂房，汽油车辆不应驶入电解厂房。不应在吊车、电葫芦吊物下方穿行、逗留等。禁火区域不应吸烟或携带火种进入，在禁火区域作业，应办理动火作业审批手续，在重点防火区域进行检修、维护设备时，应使用防爆工具。 未经许可，不能随意启动他人负责的机器设备及安全装置。不应随便动用、跨越、毁坏各种安全防护设施和安全警示标志

考点 2　设备设施的安全作业要求

项目	具体内容
铝电解	1. 一般要求 在电解厂房内使用铁制工具时，应注意磁场影响，工具使用前应充分预热，用完后应放回指定位置。应建立熔融金属防爆炸的安全管理。原料应经过预热干燥后方可使用，潮湿物品不应投掷到电解槽内。工作中劳保品着火时，应立即就地扑灭或脱下扑灭，不应用水浇灭。定期检查电解槽、母线、地面、厂房、其他建筑物之间绝缘状况，确保无导电物体连接，避免发生安全事故。不应坐在槽罩、槽沿板及立柱母线短路口上。不应将金属工具靠立于立柱母线、槽控机、气控柜旁。 2. 测量作业 测量时注意防止工器具同时接触两槽。测量或从槽内取阴极钢棒温度、侧壁温度、炉底钢板温度的测量、测试中应做好安全防护措施，防止电解槽漏槽烫人等其他安全事故。作业中应注意周围环境的异常声响，防止高空坠物伤人。 3. 槽控机操作 操作槽控机按钮时，应轻按轻放，不应野蛮操作；操作完毕后，应将槽控机按钮恢复到

续表

项目	具体内容
铝电解	使用前的工作状态。开、关槽控机时,应按照正常的开、关机步骤执行。电解槽启动、更换阳极、边部加工时,应对槽控机进行合适的隔热遮挡防护,以免电解槽的高温辐射造成显示面板的损坏和其他元器件的老化失效。 4. 换极作业 在残极脱离电解质液面后或新极坐入电解质之前,作业人员应防止阳极脱落带出液体电解质。换极过程中使用工具时,应注意防止用力过猛,导致摔伤及碰伤等。新极装入后进行收边作业时,不应站在阳极、壳面上作业。处理热块时应佩戴防护眼镜或防护面罩。不应用潮湿的物料进行收边作业。新阳极应进行预热,不允许未经预热的阳极直接进入电解液中。 5. 抬母线作业 在吊运、放置母线提升机时,应有专人指挥天车作业确保母线提升框架水平放置在抬母线的电解槽上。抬母线前,应确认电解槽状态,电解槽处于效应等待期间不应进行抬母线作业。抬母线作业前,应确保母线提升机各机构正常有效。在抬母线前,用副钩单动按钮调整水平,直到提升母线作业前,严禁再动该按钮。抬完母线吊放框架时,应有专人指挥,在不明确其指示和信号时,严禁任意操作。抬母线作业结束后,提升机应摆放在指定位置。天车通行区域应保证无人进行其他作业。夹具张开时,不应用手触摸夹具。 6. 熄灭阳极效应作业 电解槽发生效应,先将电解槽出铝端炉门打开,操作打击头,打开结壳;人工扩开出铝口便于插入效应棒。阳极效应熄灭后,应及时调整槽电压。长效应后,应立即巡视、测量侧壁、阴极钢棒,炉底钢板情况,对异常部位及时处理。并测量全槽电流分布,检查阳极情况,对异常极及时调整,监控好电压。 7. 通电、启动、停槽作业 通电作业应认真测量短路口的绝缘情况,绝缘等级不能低于 2 MΩ。启动前紧固卡具,槽控箱专人负责,检查强制按钮,观察阴极窗口防止漏铝。停槽时,在吸出电解质,降阳极时应有专人负责,防止阳极与电解质脱离。通电操作不应事先松开短路口螺栓,防止断路爆炸事故发生。阳极升降确保畅通,升阳极速度应与灌注电解质速度相一致,防止飞溅伤人。停槽时,如果用大勺舀铝,舀铝液时应站稳,倒铝液时应慢而平稳,防止铝液飞溅伤人。停槽作业完成后,应确认短路口螺杆紧固,压降在工艺要求安全电压范围内,防止送电时发生恶性事故。 8. 出铝作业 出铝作业前应确认槽状态,电解槽处于效应等待期间不允许进行出铝作业。出铝时,作业人员应在距观察口侧面 15 cm 以外进行观察,防止烫伤事故。铝液盛装不能过满,应低于铝包口 20 cm 左右,以免运输时溅出。出完铝后,取下观察口上的盖板后再拔出风管,吊出铝包,待吸铝管内铝液流完,方可吊运。移动铝包时,吸出管口需距地面 30 cm以上,出铝工应与天车工配合,注意行人和车辆。出铝工扶包时,手应扶在手柄

续表

项目	具体内容
铝电解	上，脚不应伸到出铝包的正下方。出铝完毕摆放抬包时，操作者应站在减速器侧边，不能站在对面，按规定放在包架上，不应将吸铝管朝通道一侧。出铝工在出铝作业时若发现包体外侧异常发热，应立即停止使用。 9. 清包作业 抬包应冷却后方可进行清理。清包作业前应将抬包放平稳，扎紧风管，紧固风镐连接头，安装防脱装置。清包时，应把抬包吊耳放置在吸铝管一端，防止包架倾倒伤人。作业时应有专人监护。清理吸铝管时，应先检查吸铝管是否有裂纹，防止断裂伤人；清理时应扶稳包盘，与天车工相互配合，避免抬包在空中摇摆；应防止风镐、铁钎滑落伤人。 10. 地沟作业 地沟作业时身体不能背靠母线墩休息，身体不能同时接触母线墩和母线。工作服潮湿应风干后方可进行地沟清理作业。进入地沟作业前应通知当班作业长，作业时应有人监护，不应一人进入地沟。夜间进入地沟时应携带好照明设施。 11. 普通天车作业 按照《起重机械安全规程》和《起重吊运指挥信号》的规定执行。 12. 多功能天车作业 不挂阳极纵向或横向运行条件下，打壳机头应旋转到与天车移动方向一致的位置。吊阳极纵向或横向运动条件下，应把吊装的阳极旋转到与天车移动方向一致的位置，保持打壳机头斜向45°角。吊运出铝包在运行时，应确认吸管与天车移动方向一致，方可运行。 不应在行驶中的出铝车上起吊、下放出铝抬包。在两台天车吊运槽壳框架时，应听从地面人员统一指挥，两台天车应协调作业
净化	1. 一般要求 在进入布袋室前，应关闭出口阀门，打开人孔，放入新鲜空气，作业人员进入布袋室前，应将工作服口袋内物品清理干净，布袋室内严禁烟火，检查布袋时不应用利器敲打。 2. 贮运送料作业 检查槽上部料箱时应有2人以上进行作业，检查完毕应及时装好紧固螺杆，保证料箱的密封性，以免造成漏料。巡视溜槽时，不应攀爬防护栏杆；上、下溜槽钢架平台直爬梯时，应随手将盖子盖上；雨大，不应攀爬直爬梯，雨季打雷时，不应上溜槽钢架平台进行巡视，可在中间仓进行观察；巡视时，应注意格子板，防止踩空，溜槽上使用的工具应妥善放置。 3. 换布袋作业 换圆形大布袋要求：清理大布袋时，应提前通知运行班，在允许情况下，方可进行布袋清理。清理布袋时，不应吸烟，不应用利器敲打布袋，只能用压缩空气清理
铸造	1. 入铝作业 新砌的开口包使用前应经过8 h以上烘烤，烘烤温度不能低于300 ℃，彻底除去水分

续表

项目	具体内容
铸造	和潮气。手摇倒包时应把抬包扶正、扶稳，防止洒铝烫伤。自动倒包时，将抬包扶稳挂好后人应远离作业区 3 m 以外。 2. 混合炉操作 新砌筑或大修后的混合炉应经验收合格后方可使用。天然气炉炉内入铝时应留出余量，入料位距上炉沿不小于 10 cm。随时检查阀门、密封垫有无天然气泄漏现象，如有泄漏，及时停气、停炉处理。严禁在悬空的吊物下工作，控制好使用的工器具，防止飞溅、弹出、滑落、伤人
消防	厂区内应按《消防安全标志设置要求》(GB 15630)设置消防设施和消防通道。设置消防设施的地点，应有明显的标志牌，并符合相应的法律法规
厂内交通运输安全	各企业在严格执行《工业企业厂内铁路、道路运输安全规程》(GB 4387)的同时，可根据企业铁路、道路实际状况，制定更加具体有效的厂内交通运输安全规程或管理制度
动力系统	动力系统主要为铝电解企业提供水、电、气、风、天然气等能源，各企业应参照国家或行业相关标准、设备使用说明书，结合本企业的实际情况，制定企业的安全操作规程

考点3　主要危险及安全措施

项目	具体内容
铝电解厂存在的主要危险及有害因素	1. 物体打击 在检修过程中，如果存在违章操作、违章指挥、注意力不集中、监护不到位、无防护设施或防护设施失灵、未佩戴劳动保护用品、工具存缺陷等现象，可能会造成物体打击。 2. 车辆伤害 电解车间生产的铝液进入真空抬包后，需用汽车运至铸造车间；铸造车间生产的铝锭等产品，需要运至货场。在车辆运输过程中，如果车辆超速、车辆故障、货物固定不当、违章载人、路况不好、视线不好都可能造成车辆伤害。 3. 机械伤害 在铝电解生产过程中风机、泵、空压机等转动设备非常多，在检修车间还有钻床、磨床等机械加工设备，在操作过程中如果存在违章操作、违章指挥、注意力不集中、监护不到位、无防护设施或防护设施失灵、维护保养不当、未佩戴劳动保护用品等现象，都会造成机械伤害。 4. 起重伤害 起重伤害是指在进行起重作业过程中发生的重物坠落、夹挤、物体打击事故，可造成重大的人员伤亡或财产损失。使用过程中因超载、钢丝绳断裂、吊钩脱落、吊索断裂等引起的重物坠落。 在电解车间、铸造车间、检修车间有起重机械，主要进行更换阳极、吊运铝抬包、提升

续表

项目	具体内容
铝电解厂存在的主要危险及有害因素	阳极母线、打壳加覆盖料、吊运铝锭、吊运设备等作业。如果起重设备故障、捆吊不好、违章作业、操作失误、配合不当、安全装置失效、无关人员进入操作区域等，均会造成起重伤害。 5. 触电 电力供应对铝电解生产至关重要，生产全过程存在着大量的电力设备触电伤害。当电解槽出现阳极效应时，短时最高至 50 ~ 100 V；槽出现短路、断路故障时，电压会快速升高，人员若在此时从事槽上作业，会造成事故。 6. 灼烫 电解槽工作温度高达 955 ℃，混合炉的工作温度也大于 760 ℃。在打电解质硬壳、加氧化铝与冰晶石和捅电解质硬壳上的火眼时，都会迸溅电解质溶液；当自熔阳极的阳极糊堵塞外壳的孔眼时，会迸溅浆液；在更换阳极时，如果脚踩电解质硬壳上操作，会陷入赤热的电解液中；用真空抬包吸出铝液时，如果抬包吸管和内衬稍有冷潮，会爆炸喷铝；倒铝过程中，如果误碰炉眼塞杆，会导致铝液泄漏；铸锭放铝液扒渣时，如遇工具冷潮，也会迸溅铝液。发生以上情况时如果防护不到位都会发生灼烫事故。如果真空铝抬包破裂，高温铝液溢出则可能造成更严重的灼烫事故。 7. 火灾 铝电解生产过程中，主要的火灾危险来源于煤气。当出现设备故障时，可能发生煤气泄漏，泄漏的煤气与空气混合一旦达到燃烧极限，遇到引火源将会发生火灾事故。铝电解生产过程中还可能存在电缆、电动机、变压器、配电装置与照明设备等电气设备火灾。 8. 高处坠落 电解作业过程中进行抬母线作业、槽上部检修维护设备、检修烟道以及处理起重机轨道、滑线故障等作业时，应距离基准面高度在 2 m 以上，如果防护措施有缺陷，存在坠落的危险。 9. 容器爆炸 如果使用的压力容器未经有资质的机构设计、制造、安装、检验，将隐蔽各种安全隐患；如果不定期进行设备检修、不能坚持设备巡检和日常维修工作、不能保证设备的安全状况，将出现设备带病运行或大病状况下的危险运行；如果压力容器的安全附件，如压力表、温度计、安全阀未定期校验，可能在出现异常情况时无法正常发挥作用，从而导致设备超温、超压，以上情况都可能发生容器爆炸。 压力容器事故应急措施：压力容器发生超压、超温时要马上切断进气阀门；对于反应容器，停止进料；对于无毒非易燃介质，要打开放空管排汽；对于有毒易燃易爆介质要打开放空管，将介质通过接管排至安全地点。如果属超温引起的超压，除采取上述措施外，还要通过水喷淋冷却以降温。压力容器发生泄漏时，要马上切断进料阀门及泄漏处前端阀门。压力容器本体泄漏或第一道阀门泄漏时，要根据容器、介质不同使用专用堵漏技术和堵漏工具进行堵漏。易燃易爆介质泄漏时，要对周边明火进行控制，切断电源，严禁一切用电设备运行，并防止静电产生

续表

项目	具体内容
铝电解厂存在的主要危险及有害因素	10. 其他爆炸 铸造车间的煤气发生泄漏后，如果与空气混合形成爆炸性气体，达到爆炸范围并遇到引火源将会发生爆炸。变配电系统的变压器、电容器、电池如果绝缘不良、维护不到位，都可能发生爆炸。 11. 中毒和窒息 在铝电解生产过程中，电解槽会散发出大量有害烟尘，其主要污染物是气态氟化氢及粉尘，如果电解槽密闭性不好或抽风系统故障，就会导致氟化氢和粉尘在电解厂房内的浓度升高，严重危害操作人员的身体健康，并对周围环境造成破坏。在铸造过程中使用的煤气一旦发生泄漏，会导致操作人员中毒、窒息。铸造过程中需要间断使用氮气，氮气一旦发生泄漏，将会引起局部空间氮气含量升高、氧含量降低，容易导致操作人员窒息；如果短时间吸入高浓度氮气，将会导致操作人员瞬间昏厥，严重影响身体健康。在高压变电所采用六氟化硫作为消弧剂，如果高压开关被击穿，泄漏的六氟化硫会造成操作人员中毒、窒息。其他伤害主要包括粉尘、高温、噪声、雷击。 12. 铝电解生产过程中的危害 (1)漏槽事故。在铝电解生产过程中，漏槽事故是需要重点预防的生产事故。一旦发生漏槽事故，漏出的高温电解质和铝水可能冲坏阴极母线，烧毁槽下部设备，甚至造成系列停电，造成重大经济损失。泄漏的高温铝水在弧光的作用下，可能发生铝热反应，铝金属会猛烈燃烧，造成严重的后果。 (2)焙烧启动中阳极脱落。电解槽在焙烧启动期间，可能会由于电流偏流、阳极质量问题等原因而发生部分阳极脱落事故。个别阳极脱落会影响电解槽的焙烧启动，但还不至于影响整个焙烧过程。大面积的阳极脱落会严重影响电解槽的焙烧启动过程。 (3)熔融铝水溅烫事故。从真空包往敞口包倒铝水、真空包往混合炉倒铝水时，一旦铝水溅出或抬包翻倒，高温的铝水都可能导致烫伤事故。 (4)换极作业时发生烫伤和碰挤伤。换极作业中人身体比较接近吊运的极块，换出的极是热极，除容易发生烫伤外，还会发生碰挤伤。 (5)换极捞块时发生烫脚事故。换极捞块作业时壳面是打开的，所以要防止脚等身体部位滑入电解质发生烫伤事故。 (6)真空抬包传动机构绞手事故。真空抬包传动机构通常用蜗轮蜗杆减速机构。由于蜗轮蜗杆转速较慢，容易忽视防护措施，不设计防护罩，极易导致绞手事故
储存运输中的防尘电解槽漏槽事故的预防、防毒	(1)原材料在储存与运输过程中必须有可靠的防水、防雨雪、防散漏措施。 (2)粉状物料输送宜密闭，宜采用管道化、机械化、自动化操作。 (3)采用气力输送氧化铝时，受料仓应设仓顶袋式收尘器或相应的收尘设备。采用斗式运输机和带式运输机输送氧化铝时，应减小转运点和降低物料落差。物料落差大于1 m时，应采用倾斜溜槽。 (4)氧化铝储槽应设料位指示装置和上、下极限报警器。 (5)氟化盐应储存在防雨仓库内

续表

项目	具体内容
电解工艺中的防尘、防毒	1. 原材料的选择与要求 (1)氧化铝宜选用砂状氧化铝。受潮后的氧化铝必须经干燥后才能加入电解槽使用。阳极糊宜采用高温沥青作黏结剂,沥青含量不应高于26%(质量分数)。 (2)氟化盐应严格控制含水量。 (3)人造冰晶石的含水量不应高于0.4%(质量分数),氟化铝的含水量不应高于7.5%(质量分数),氟化钠的含水量不应高于1%(质量分数)。 2. 生产工艺与设备 (1)铝电解生产宜采用先进生产工艺,减少尘毒的产生量。 (2)铝电解工程建设项目应选用中心加工全密闭预焙槽。 (3)预焙槽的阳极块更换、出铝等作业和上插自焙槽的阳极棒转接、拨棒、出铝等作业宜采用多功能吊车操作;旁插自焙槽的阳极棒转接、拨棒、钉棒和电解槽加工宜采用机械化操作。 (4)旁插自焙槽阳极顶部应加防尘盖。 3. 生产操作 (1)非自动打壳下料的电解槽应尽量减少加工次数,缩短加工时间。 (2)电解槽加工时除加工面外,其余各面的密闭门不应打开,停止作业时应关闭密闭门。 (3)预焙槽启罩作业时必须将支烟管阀门调到设定点的最大值。作业完毕后立即关严槽罩板,并将支烟管阀门恢复到原设定位置。 (4)清除电解槽和设备上的积尘应采用吸尘机具,不允许采用压缩空气喷吹。 (5)电解质和铝液总高度应小于炉膛深度
电解槽电解质爆炸事故的预防	(1)各项接触电解质和铝液的工器具、物料等都要保证充分预热。特别是在梅雨季节等潮湿的气候条件下更要注意工器具、物料的充分预热。 (2)要坚决杜绝违章行为,不得将带水的东西直接加入电解槽。 (3)厂房休息室要设置收集生活垃圾的垃圾桶,防止职工将吃剩的食物残渣、牛奶袋、饮料瓶等垃圾投入电解槽。 (4)发现厂房顶部漏雨时,要及时维修,防止雨水流到电解槽上。如果雨水流进电解槽,不但可能引发电解质爆炸事故,而且会降低电解槽的绝缘性能,甚至可能引发短路、放炮等电气事故。 (5)制定事故应急处理程序,管理人员和作业人员都要熟悉紧急情况下的处理步骤和方法,一旦发生事故,能够迅速处理,保护自己,减少损失
电解槽漏槽事故的预防	(1)为防止漏槽,必须做好电解槽寿命周期的每一个环节的工作,要采用质量好的内衬材料,保证筑炉质量,严格按工艺技术要求焙烧启动,避免槽温过高,减小炉底隆起变形,降低阳极效应系数,稳定系列电流,减少底部和侧部内衬的腐蚀,来效应时应迅速熄

续表

项目	具体内容
电解槽漏槽事故的预防	灭,出铝换极等作业不要碰撞炉壁和炉底。 (2)为防止侧部漏槽,还要加强巡视观察,发现侧部钢壳温度偏高或者发红,应接上强力风管吹扫钢壳降温,同时积极采取措施扎固内衬,防止侧部钢壳被烧穿。 (3)一旦发现底部漏槽,应先系列停电,在未停电之前,下降阳极,电压不应超过 5 V,在阴极母线上盖上保护钢板,集中力量保护阴极母线不被冲坏。当确认为侧部漏槽时,要集中力量从槽内外两侧堵漏洞,只有在迫不得已的情况下方可系列停电
防铝液烫伤	不论是底部漏槽还是侧部漏槽,在堵漏的时候一定要保证人员的安全,要防止高温电解质和铝水引起其他次生事故。 (1)防止人员进入铝液溅落的区域。人员远离作业区就可以有效地预防此类事故。可以在倒铝液口附近用固定式围栏围出一定范围,倒铝液人员必须站在高处作业平台上方可作业,以防铝液溅出烫伤作业人员和周围地面人员。 (2)增大混合炉的进铝口。适当增大混合炉的进铝口,可以有效防止铝液倒在地上,既减少了浪费,又增加了安全性。 (3)定期检查维修控制器,保证其接触良好,控制可靠。 (4)加强技术培训,减少误操作。对天车司机和倒包人员进行作业培训,上标准岗,干标准活。 (5)作业人员要穿戴好面罩等劳保用品。 (6)倒铝液时一定要转正抬包出铝嘴口的方向,使其正对混合炉进铝口。 (7)从抬包车上起吊抬包时要确保吊钩挂好后缓慢平稳运行。 (8)要保证钢丝绳垂直起吊,严禁在运动的抬包车上起吊抬包。 (9)起吊抬包要做到"三准"(听准、看准、吊准)和"五稳"(开稳、吊稳、支稳、停稳、放稳)。 (10)制定事故应急处理程序,管理人员和作业人员都要熟悉紧急情况下的处理步骤和方法,一旦发生事故,能够迅速处理,保护自己,减少损失
事故应急措施	铝电解企业应按照《生产经营单位安全生产事故应急预案编制导则》的要求,结合企业的具体情况,制定切实可行的事故应急预案,至少应包括以下应急预案:火灾事故应急预案;重大设备事故应急预案;破坏性地震抢险救援应急预案;厂内重大交通事故抢险救援预案;天然气泄漏、爆炸、火灾事故应急预案;人员伤害紧急救治应急预案;电解槽漏炉事故应急预案;电解槽直流电停电事故应急预案;电解槽交流电停电事故应急预案;电解槽停风事故应急预案;电解槽停料事故应急预案;电解槽压槽事故应急预案;电解槽抬槽事故应急预案;电解槽阴极母线熔断应急预案;动力锅炉爆炸事故应急预案;铸造车间天然气泄漏应急预案;铝液漏铝爆炸事故救援预案;触电、电击伤害救援应急预案;整流柜爆炸、电解系列停电事故应急预案;整流机组变压器、动力变压器火灾事故应急预案。需注意,以上预案由企业自行制定

续表

项目	具体内容
事故应急措施	企业应在当地消防部门的密切配合和指导下组建专职或兼职消防组织，并定期进行避灾及事故抢救演练。 关于铝电解设备安装可以参考《轻金属冶炼机械设备安装工程施工规范》(GB 50882)相关条文。铝电解生产过程中需要高度重视防尘防毒，具体可以参考《铝电解生产防尘防毒技术规程》(GB/T 17397)

第三节 铝用预焙阳极的安全知识

考点 1 铝用预焙阳极的基本规定

项目	具体内容
铝用预焙阳极	铝用预焙阳极企业设计方案按相关规定的要求对消防、泄漏、交通、设备、生产、作业等活动中涉及人身、设备、设施、环境、安全等方面的因素进行分析评估，提出有效的控制措施及达到的控制目标。 厂房设置的安全出口不得少于 2 个，门应向外开放，工作期间不得上锁。疏散通道应有明显逃生标志，疏散通道的楼梯最小宽度不少于 1.1 m，确实达不到 1.1 m 的，须有第二条逃生通道。 若发生安全事故，企业应按照国家有关生产安全事故报告、调查处理条例和“四不放过”原则(事故原因未查清不放过；事故责任人未受到处理不放过；事故责任人和相关人员没有受到教育不放过；未采取防范措施不放过)进行报告和处理。 生产作业人员操作运转设备时，禁止佩戴围巾，女工应将长发盘在安全帽内。距基准面 2 m 以上高处作业时，应系好安全带。 禁火区域严禁吸烟或携带火种进入。在禁火区域作业应办理动火作业审批手续。在重点防火区域进行检修、维护设备时，操作人员应穿着防静电工作服，使用防爆工具

考点 2 设备设施的安全作业要求

项目	具体内容
通用设备	1. 多功能天车 多功能天车作业属于高空作业，易发生夹具散爪、掉块、钢丝绳断裂、布袋着火、吸料布料管卡住、高空坠落、料仓过满等事故。在执行普通天车安全作业规程的基础上还应遵守相关规定。 上岗前检查各限位确保灵活正常；各指令控制器确保处于零位；爬梯确保处于上限；照明、防护、传动装置及紧固螺栓确保正常；润滑情况确保良好；空压机、罗茨风机、卷扬

续表

<table>
<tr><th>项目</th><th>具体内容</th></tr>
<tr><td>通用设备</td><td>机、吸放料管确保正常运行;料仓及粉尘仓料位情况;确认出炉位置及有无妨碍操作的不安全因素等。开车前应确认各机构在上限位后方可动车按铃鸣警。
2. 带式输送机
带式输送机,又称胶带输送机。带式输送机作业易发生滑倒、摔伤,而且易卷入皮带造成机械伤人等事故。带式输送机靠近人行通道的一侧应安装急停拉绳开关和防皮带跑偏装置、机头和机尾加防护罩。
带式输送机运转中必须做到以下规定:不应脚踏、跨越输送机或防护盖;不应将头、手伸入防护盖内;不应将头、手和其他物体伸入皮带下和托辊、链条、齿轮之间;不应在人行道上跑、打、跳;不应在空中人行道上往下扔东西;不应走出人行道或栏杆以外的地方;不应将工器具及其他物件搁放在输送机或过道上。
3. 斗式提升机
斗式提升机作业易发生掉斗、断皮带、堵料、机械伤人等事故。斗式提升机运行中应关严观察孔,禁止将头或手伸到观察孔内。斗式提升机内严禁掉入铁器等杂物。
4. 辊道输送机
辊道输送机作业辊道运行中易发生掉炭块、砸伤事故。由于辊道周围空间距离小,易发生挤伤事故。辊道易发生断链条等事故。
接班时应对设备进行全面检查,确保辊道、链条及轴承的润滑良好;紧固螺栓无松动;限位开关和炭块夹子灵活好用;链条无断裂,空转试车无卡阻等。
5. 电动葫芦
电动葫芦作业易发生钢丝绳断裂、吊物砸伤等事故,易发生导绳器损坏、钢丝绳跑槽等故障。接班时应检查钢丝绳无松散、磨损及老化现象。确保钢丝绳在滑轮槽内及在卷筒上正确缠绕。滑轮槽边缘磨损程度占其2/3时应进行更换。检查吊钩的3个安全面(垂直面、水平面、吊颈面)确保符合要求,即无变形和裂纹、磨损程度不大于1/3后方可使用。电动葫芦钢丝绳至少保持2.5圈的安全圈,防止钢丝绳脱落。电动葫芦操作应做到:启车稳、运行稳、停车稳。运行中重物距离地面高度不少于1 m。
6. 通风除尘设备
通风除尘作业易发生坠落伤人、布袋破裂、螺旋卡住等事故。在通风除尘设备及管道上动火必须排空设备及管道内粉尘,办理动火证并采取预防措施后方可动火。
7. 破碎机
颚式破碎机易发生炭块溅出,炭块击伤人员等事故。反击式破碎机易发生卡阻、堵料等故障。工作中上、下工序做好联系,发现破碎机内堵料或有撞击声、皮带打滑、大块料及铁器进入等情况时,必须立即停车处理。
8. 振动筛
振动筛易发生筛网破裂、碰伤、摔伤和机械伤人等事故。设备将要启动前与相关工序联系好,全面做好安全准备后方可启动。振动筛启动运行正常后,方可投料生产。运行中注意检查料的粒度变化,防止筛网破裂串料,若发现异常应立即停料、停车处理</td></tr>
</table>

续表

项目	具体内容
煅烧	1. 原料输送作业 原料输送作业上下楼梯太陡，易发生高空坠落，易发生机械、电气伤害，格筛处使用大锤作业时易伤人。粉尘飞扬易造成粉尘伤害，视线不清易造成其他伤害。易发生机械损害、斗提机皮带拉断、皮带跑偏等事故。开机前，必须清除破碎机内各种杂物，检查各部件紧固程度，电线完好状态及润滑情况。 2. 调温作业 （1）罐式煅烧炉。罐内煅烧物料流向与火道内热气流运动方向相反的罐式煅烧炉叫逆流式罐式煅烧炉。罐式煅烧炉调温作业易发生炉体放炮、爆炸、火道口喷火、烧伤、烫伤、机械、电气伤害、高空坠落等事故。因停电、维修等原因造成停炉时，短时间内停炉采取保温措施：降低负压、减少空气进入量；时间较长时，采用人工加料以保证炉温不低于900 ℃。 （2）回转窑。煅烧回转窑分为两部分，分别是大窑（煅烧窑）和小窑（冷却窑）。其中，大窑包括窑头、筒体和窑尾三部分。回转窑调温作业易发生烧伤、烫伤、机械、电气伤害、高处坠落等事故。回转窑烘炉前，检查大窑内浇注料确保坚固、平滑、无裂纹和孔洞。点火前必须将内部清扫干净。检查天然气各部阀门确保密封，必须整体打压合格后才能涂上黄甘油。确保蒸气、压缩空气、水阀门灵活好用，天然气管道应有打压检验记录，确认后方准点火。送天然气前应使用一次风吹扫燃气管路及喷嘴。 经常巡视检查机械转动、电气控制、仪表检测、仪表指示和循环水冷却系统、各润滑点及轴承，电动机温度（温升不允许超过60 ℃），定期按润滑标准加注润滑油脂，发现问题及时处理。 进入回转窑内工作应遵守下列规定：必须切断电源；配电盘上挂检修牌；窑外设专人监护；窑内温度降到60 ℃以下。 （3）脱硫作业。脱硫作业易发生碱液烧伤、高空坠落、烟气烫伤、机械伤人等事故。脱硫除尘器启动运行时，应首先打开循环水泵和喷淋系统，待脱硫除尘器出水口有水流出后方可通入烟气；风机停止或烟气系统停运后即可关闭相关脱硫除尘器供水系统，停止脱硫剂给药。 3. 成型 （1）沥青库作业。沥青库作业易发生沥青烟气对人体呼吸系统造成的危害、沥青粉尘对人体皮肤的伤害、液体沥青及导热油烫伤等事故。沥青槽或罐消防防护措施应采用自动泡沫喷淋装置。经常进行沥青工作的现场，应设置足够的温水淋浴，水质应符合卫生要求。偶尔进行沥青工作的现场，可设简单洗澡用具。 （2）中碎作业。中碎作业易发生堵料、筛网漏料及机械伤人等事故。反击式（环锤式）破碎机调速应先慢后快。 （3）磨粉作业。球磨机磨粉作业易发生磨粉堵料、粉尘爆炸和机械伤人等事故。磨粉系统启动应按照分级机、鼓风机、主机和给料机的顺序逐次开机。停车时应先关闭给料机，使残留磨料继续研磨，约1 min后停主机，其后再停鼓风机，最后关闭分级机。

续表

项目	具体内容
煅烧	停机时按先停止电磁振动给料机，约 1 min 后停止主机，待料吹净后停止鼓风机，再停止分析机，最后关闭除尘器的顺序进行。 4. 配料混捏作业 将混捏好的碳素糊料用加压设备压制成具有一定形状和具有较高密度的半成品。混捏、导热油、沥青库等易燃易爆场所，应采用防爆灯具和开关，在潮湿或有灰尘的场所，应装防尘、防潮灯具和开关。电气设备应采用防爆、防尘型。 间断混捏锅的传动，应为密闭式，糊料出口安装抽风罩。裸露式齿轮传动的，必须加设铁质箱式保护罩。 5. 成型作业 成型作业易发生液压油泄漏、堵料、模具提不起、小车越位、糊料烫伤、机械伤人等事故成型时重锤下严禁站人。振动台启动和停机应在零振幅状态。振动给料机处于自动位且振幅设定符合要求，三工位转动式成型机振台转动时，作业人员应远离振台及炭块推出端。成型时重锤下严禁站人，在重锤下操作时应插好保险销。重锤提到上限位后，严禁人员到磨具内工作，应将重锤安全夹关闭。禁止把手、脚伸进磨具或重锤下。清理重锤粘料时，应注意脚底下防止滑倒，抓紧手持工具防止掉入模具内。运转时禁止检修。托盘运输炭块时密切监视托盘、提升机、推出装置确保到位，防止炭块歪、斜、掉下后砸坏设备和人员
焙烧	1. 堆垛作业 堆垛作业易发生炭块脱落、砸伤设备人员事故。炭块堆垛应整齐、平稳，最多不应超过 8 层，长度小于 600 mm 的不应超过 6 层。垛距、高度、层数应严格控制，做到齐、平、稳。 2. 编解组作业 编解组作业易发生炭块卡住、挤伤、设备链条断等事故。多功能天车夹块时应走专用通道；夹具下降、起落、夹运过程中，所有人员应避开夹具，在距夹具正下方 5 m 外位置避让。 3. 装出炉作业 装出炉作业易发生烫伤、摔伤、砸伤、人身等事故。修炉炉室、待装炉室等应有禁止跨越标识。修炉料箱应有安全防护栏，并由专人监护。吊运耐火材料时应仔细检查吊钩、钢丝绳、灰斗、砖箱，确保安全可靠，确认后方可吊运。 4. 焙烧调温作业 焙烧调温作业易发生烟道着火、排烟架着火、炉室天然气或煤气爆炸、热电偶烫伤，掉入炉室、高空作业设备砸伤等事故。炉室点火时应按操作规程先点火后给天然气或煤气。严禁先送气后点火，如果燃气点不着或发生灭火现象，应查明原因，排净炉内混合气体后方可再次点火

续表

项目	具体内容
焙烧	5. 焙烧净化作业 焙烧净化作业易发生烟道着火、电捕焦油器打火引起火灾爆炸等事故。电捕焦油器检修，首先要确保变压器停电，经过充分通风，极板和极丝放电、降温等安全措施后，确保电捕室内温度不超过 40 ℃，检测无烟气方可进内检修。若需照明必须使用安全电压。 6. 焙烧炉修炉作业 焙烧炉修炉易发生烫伤、摔伤、砸伤等事故。焙烧炉空炉室修炉前应设置安全标志。严禁作业人员在相邻 2 个炉室同时进行作业，在空炉室内进行修炉作业时，炉室上面应有专人监护。 7. 炭块清理作业 焙烧炭块清理作业易发生烫伤、摔伤、砸伤等事故。清理炭块前应检查炭块温度防止烫伤。炭块清理时相互之间应保持安全距离，防止相互碰伤。清理过程中天车夹块时应离开防止砸伤。使用小夹具夹炭块时严禁将手放到夹具内。打磨炭块清理铲时应戴好防护眼镜。禁止在炭块上取暖
辅助系统	1. 导热油系统 导热油作业易发生高空坠落、导热油泄漏烫伤、着火、爆炸等事故。导热油加热系统停炉，油温应冷却到 60 ℃以下才能停止循环泵。膨胀槽正常运行时油位应保持在 1/2 处以上，并关闭系统内所有排气阀。 2. 循环水系统 循环水作业易发生溺水、中毒、触电、机器伤人等事故。水泵严禁无水空转。软化器禁止超压、超量运行。 3. 空压站系统 空压站作业易发生爆炸、机器伤人等事故。开机前检查压缩机构、传动机构、管路密封、润滑系统油量、压力节器性能等情况，发现故障及时处理。 4. 余热发电系统 余热锅炉岗位易发生爆管、烫伤、蒸汽灼伤、高空坠落等事故。化学水处理岗位易发生药品灼伤、中毒、爆炸、烫伤等事故。汽机发电岗位易发生爆管、烫伤、蒸汽冲伤、高空坠落、着火、爆炸、触电等事故

考点 3　主要危险及安全措施

项目	具体内容
主要危险及安全措施	（1）铝用预焙阳极的生产的主要危险及有害因素有灼烫、车辆伤害、触电伤害、物体打击、起重伤害、中毒、火灾爆炸、容器爆炸、机械伤害、高温、粉尘、噪声。 （2）关于预焙阳极电解槽安装可以参考《轻金属冶炼机械设备安装工程施工

续表

项目	具体内容
主要危险及安全措施	规范》(GB 50882)相关条文。预焙阳极生产企业应按照《生产经营单位安全生产事故应急预案编制导则》要求，结合企业的具体情况，制定切实可行的各类事故应急预案，并定期按照预案，进行功能演练、模拟演练提高应急能力，生产企业综合预案应与所在上级单位应急救援预案进行衔接，应急预案至少应包括铝用预焙阳极安全生产总预案、火灾事故应急预案、破坏性地震抢险救援应急预案、天然气泄漏、爆炸、火灾事故应急预案、动力锅炉爆炸事故应急预案、触电、电击伤害救援应急预案、动力变压器火灾事故应急预案、焙烧炉停电紧急移炉应急预案、煤沥青泄漏应急预案、导热油泄漏火灾爆炸应急预案、煅烧炉突发停电应急预案、高空坠落事故应急预案、受限空间应急预案、原料库着火应急预案、回转窑停电停水应急预案、静电除尘着火应急预案、焙烧炉烟道着火应急预案

案例分析

F氧化铝厂采用拜耳法生产氧化铝，生产工艺为原料储运、石灰消化、原矿将制备、高压溶出、赤泥沉降洗涤、分解与种子过滤、蒸发及排盐、氢氧化铝焙烧与包装等。原料、中间产品、产品主要有铝土矿、石灰、液碱、燃煤、硫酸、柴油、硫酸铵、赤泥、氧化铝、灰渣、煤气、过热蒸汽、液氨、水等。该厂生产的主要工作由本厂负责，辅助性工作承包给G企业。F厂主办公楼有2部电梯、1套消防系统、26个灭火器。

F厂自备煤气站和热电站。煤气站生产氢氧化铝焙烧用煤气，煤气生产能力为65 000 N·m^3/h。热电站有3台130 t/h燃煤锅炉，1套12 MW汽轮发电机组，1套25 MW汽轮发电机组。热电站生产270 ℃的蒸汽，生产能力为220 t/h，蒸汽在管道中的压力为3.7 MPa。

F厂热力工程系统有主厂房、堆煤场、燃煤破碎筛分输送系统、油泵房、除盐水站、点火泵房、灰渣库、熔盐加热站、除灰系统、热力管网、氨法脱硫系统等单元。工艺间物料采用管道或机动车辆输送。

3月，F厂组织了安全检查，对发现的事故隐患分析表明，现场作业人员没有意识到的事故隐患占31%，查出的两个重大事故隐患Ⅰ、Ⅱ在1月检查时已经发现。重大事故隐患Ⅰ未整改的原因是F厂的甲车间认为是乙车间负责整改，乙车间认为应由甲车间负责整改。重大事故隐患Ⅱ未整改的原因是F厂认为应由G企业出整改资金，G企业认为应由F厂出整改资金。

根据以上场景，回答下列问题：

1. 指出F厂原料、中间产品、产品中的火灾爆炸物质并说明理由。

2. 指出上述场景中的特种设备。

3. 指出 F 厂热力工程系统中危险因素及其存在的单元。

4. 确定重大事故隐患Ⅰ、Ⅱ的整改责任单位并说明理由。

5. 针对安全检查发现的问题，提出整改措施。

参考答案及解析

1. F 厂原料、中间产品、产品中的火灾爆炸物质有：

(1)燃煤，属于易燃(自燃)物质。

(2)柴油，属于易燃液体。

(3)煤气，主要成分是一氧化碳，具有燃烧爆炸的特性，属于易燃气体。

(4)硫酸、硫酸铵，属于强氧化性物质。

2. 场景中的特种设备：电梯、锅炉、蒸汽管道和压力容器。

3. F 厂热力工程系统中存在的主要危险有害因素及存在的单元如下：

(1)主要危险有害因素：火灾。

存在单元：堆煤场、燃煤破碎筛分输送系统、油泵房、点火泵房、溶盐加热站等。

(2)主要危险有害因素：其他爆炸。

存在单元：除灰系统(粉尘爆炸)、热力管网(管道爆炸)。

(3)主要危险有害因素：坍塌。

存在单元：堆煤场。

(4)主要危险有害因素：高处坠落。

存在单元：主厂房等检修。

(5)主要危险有害因素：淹溺。

存在单元：除盐水站。

(6)主要危险有害因素：触电。

存在单元：各种电气设备。

(7)主要危险有害因素：机械伤害。

存在单元：各种机械。

(8)主要危险有害因素：窒息和中毒。

存在单元：供热力管网气体、液氨、煤气。

(9)主要危险有害因素：灼烫危害。

存在单元：熔盐加热站、热力管网等。

(10)主要危险有害因素：车辆伤害。

存在单元：机动车辆输送。

4. 重大事故隐患Ⅰ、Ⅱ的整改责任单位是 F 厂。

理由：(1)生产经营单位是本单位事故隐患排查、治理和防控的责任主体。

(2)生产经营单位是安全生产的责任主体,也是安全生产费用提取、使用和管理的主体,并保证事故隐患排查治理所需的资金,建立资金使用专项制度。

(3)生产经营单位主要负责人组织制定并实施本单位重大事故隐患治理方案。

(4)生产经营单位对承包方、承租方的隐患排查负有统一协调、管理的职责。

5. 针对安全检查发现的问题,应提出以下整改措施:

(1)加强员工教育培训,增强安全意识。

(2)建立健全安全生产责任制,并保证落实。

(3)建立健全隐患的排查、治理、复查、举报等隐患排查制度。

(4)加强安全生产投入,建立隐患排查专项资金使用制度。

(5)坚持相关方管理,签订安全生产管理协议,明确各方安全生产职责。

(6)对重大事故隐患要制定隐患整改方案,落实隐患整改措施,整改完毕后,应对整改情况进行评估。

第十一章　重金属及其他有色金属冶炼安全技术

知识框架

- 重金属及其他有色金属冶炼安全技术
  - 重金属冶炼安全技术
    - 重金属概述
    - 铅冶炼
    - 铜冶炼
  - 贵金属冶炼安全技术
    - 贵金属概述
    - 银冶炼安全生产规范
  - 稀有金属冶炼安全技术
    - 稀有金属概述
    - 稀有高熔点金属冶炼
    - 稀有轻金属冶炼
    - 稀土金属冶炼
    - 稀散和放射性金属冶金

考点精讲

第一节　重金属冶炼安全技术

考点1　重金属概述

项目	具体内容
重金属概述	有色金属主要分为轻金属、重金属、贵金属和稀有金属。其中,重金属主要有铜、铅、锌、镍、锑、钴、铋、镉、汞、锡等10余种。 现代铜冶炼主要是火法冶金。铜冶炼行业是国民经济中的基础性行业,特别是我国正处于工业化阶段,对铜的需求保持高速增长,铜冶炼行业在国民经济中的地位将不断提高。 铅是一种金属化学元素,其化学符号是Pb,原子序数为82,是原子量最大的非放射

续表

项目	具体内容
重金属概述	性元素。金属铅是柔软和延展性强的弱金属，有毒。金属铅具有良好的延展性、抗腐蚀性，易与其他金属制成性能优良的合金。金属铅、铅合金和其化合物广泛应用于蓄电池、电缆护套、机械制造业、船舶制造、轻工、氧化铅、射线防护等行业。目前，铅的生产方法主要是火法，湿法炼铅尚未实现工业化。 本节重点讲解铅和铜的冶炼安全技术

考点 2　铅冶炼

项目	具体内容
铅冶炼的安全规范	1. 一般安全要求 有铅烟、铅尘发生源的车间应与其他车间隔离，该车间应设置在厂区全年最小频率风向的上风侧。 铅作业场所的铅烟时间加权平均容许质量浓度应不超过 0.03 mg/m³，铅尘时间加权平均容许质量浓度应不超过 0.05 mg/m³，废气应进行净化处理。 铅作业场所操作人员每天连续接触噪声 8 h，噪声声级应不超过 85 dB(A)。 铅作业生产应优先采用先进的工艺和设备，提高生产过程密闭化、机械化和自动化水平。铅作业车间地面应便于清洗和铅尘回收。所有原料和半成品的存放应有确定的地点并且设置收集铅粉尘的容器。熔铅锅和浇注口旁应设置存放浮渣的容器。 铅作业场所允许湿扫的生产设备，应采取湿扫、湿抹的方式，含铅废水应集中处理、达标排放，或者净化后循环使用。 铅作业场所应设置有效的通风装置，并且设置事故通风设施。 2. 铅冶炼的储存和运输中的安全要求 (1)储存。 铅、铅合金、铅化合物、铅混存物等严禁露天堆放，应存放在专用的库房。 库房应是阴凉、干燥、通风、避光的防火建筑，并远离居民区和水源。 不同种类的铅物质应分开存放，远离热源、电源、火源。 库房内应保持整洁、干净，堆垛应符合安全、方便的原则，堆放牢固、整齐、美观。 电解铅残渣(阳极泥、碎渣)暂时堆放时，应使用专用容器盛装，集中堆放，不应堆放在露天、未硬化地面或有水流失的地方，避免造成污染。 粉状铅应使用专用容器进行包装储存。 包装破损时，应更换包装后方可入库，包装应在专用场所进行。撒在地上的铅粉应用吸尘器或水清除干净，收集时铅粉应统一处理。 盛装过粉状铅的容器应密闭，并存放在确定的地点。含铅物质的包装物、容器重复使用前，应当进行检查。 长时间储存未经包装的铅时，宜加盖苫布

续表

<table>
<tr><th>项目</th><th>具体内容</th></tr>
<tr><td>铅冶炼的安全规范</td><td>各种含铅的物料、含铅泥渣等属于危险固体废物，其堆放应符合《常用危险化学品贮存通则》(GB 15603)的相关要求。
(2)运输。
运输前粉状铅必须用专用容器包装，包装材料应不易破损，锭状铅应使用钢带打捆。
运输过程中应采取防止淋湿的措施，铅和含铅物质不应泄漏和飞扬。
人力搬运装有粉状铅、铅混存物的容器时，应在容器上装设把手或车轮。
铅粉泄漏时，应立即进行清扫。
3. 个人防护和职业卫生
铅作业人员应具有正确使用个人防护用具的技能，上岗时必须穿戴好个人防护用品。
个人防护用品应按要求进行维护、保养，由企业集中清洗并及时更换，待清洗的个人防护用品应置于密闭容器储存，并设警示标志。
铅作业场所应设置红色区域警示线，应在显著位置设置安全标志及说明有害物质危害性预防措施和应急处理措施的标志牌。
作业场所应按照相关规范设置更衣室、浴室、洗手池等设施，休息室、浴室、公用衣柜等公共设施应经常打扫、冲洗。
作业场所地面、墙壁和设备等应每天清扫或冲洗，从事清扫作业人员应穿工作服、戴防尘口罩等。收集的铅粉尘应放置在专用容器内，不应与其他垃圾等堆放在一起。
作业场所严禁吸烟、烤煮食物、进食饮水等；下班后必须洗澡、漱口、更换工作服后方可离开；严禁穿工作服进食堂、出厂</td></tr>
<tr><td>焙烧工艺</td><td>铅冶炼主要采用火法，将硫化铅精矿焙烧成烧结块，在鼓风炉中进行还原熔炼得到粗铅，再经火法、电解精炼产出电解铅，此法即烧结——还原熔炼法，是现代生产铅的主要方法。在焙烧过程中，安全生产管理技术要求较严，概括为：
(1)把“三关”：炉料粒度、水分、混合制粒关；配料岗位操作关；烧结机操作关。
(2)“七不准”：不准物料过干、过湿；不准粒度过粗、过细；不准违反配料单进行配料；不准烧结机料面穿孔、跑空车；不准烧生料；不准炉箅堵塞和带块；不准任意停车。
(3)抓“十个环节”：制备好返料，干燥和破碎好精矿，合理均匀地搭配好杂料、渣尘，准确配料，炉料润湿，混合制粒，烧结机上均匀布料，控制点火炉和烧结温度，控制炉料层和烧结机小车速度，调整风量和堵塞漏风。
(4)原料仓应保证物料正常流动，严防塌料和粉尘外溢。
(5)封闭结构的原料场，其桥式抓斗吊车司机室，应安装空气调节和净化装置。
(6)物料的转运点或落差处应设置密封溜槽，凡有扬尘的转运点，均应设局部通风净化装置。
(7)破碎机、振动筛、给料机等设备应设置密闭罩，并配有局部通风净化装置。带式输送机转运点及卸料口均进行密闭，并设通风净化装置</td></tr>
</table>

续表

项目	具体内容
焙烧工艺	(8)圆筒冷却、返粉转运、精矿干燥、破碎与混料等工序采用湿式收尘,其排出的污水送至浓密机沉淀,上清液循环使用,底流送至冷却圆筒作返粉冷却用。 (9)烧结块、杂料、集炭等的给料机和计量装置及料罐给料处、焦炭、原煤筛分转运处应设置排风罩并净化。 (10)鼓风烧结机和点火炉应设密闭装置,机尾应采用局部排风罩,可根据工艺要求,将净化后的气体返回至烧结作为鼓风用,或达标后排放。 (11)鼓风烧结机尾部的齿辊破碎机及链板输送机转运处,应设置密闭罩并通风净化
铅鼓风炉熔炼工艺	(1)鼓风炉进料应采用自动控制装置。 (2)鼓风炉加料口应安装排烟罩并净化。加料口应保持严密,防止烟尘外溢。 (3)鼓风炉放渣口及至前床的铅渣溜槽、前床排渣口、活动溜槽及渣包、放铅口、铸锭等放散烟气的部位,均应靠近设置排烟罩或活动排烟罩,并进行净化。 (4)渣包的倾渣点应设置排风罩。 (5)密闭鼓风炉冷凝器铅泵池上方,熔剂槽、分离槽、储锌槽等工作门上方及冷却槽出料口等放散烟尘的部位,应设置通风净化装置。 (6)浮渣破碎点应设置密闭罩并通风净化。 (7)鼓风炉和烟化炉水淬池冲渣入口处上方应设置通风净化装置。 (8)烟化炉作业场所宜设排风装置。烟化炉加料口可采用侧吸罩。 (9)粉煤制备的破碎、筛分和输送应进行尘源密闭并通风净化。 (10)扬尘的物料场,应设有固定或移动喷水或喷雾装置。 (11)凡用于吊运熔融铅、高温渣的桥式吊车司机室,均应采用空气调节与净化装置
电解精炼铅工艺	(1)电解厂房应设整体全面通风换气装置。 (2)电解残渣(阳极泥、碎渣)暂时堆存时,应设专门容器或堆放,不得放在露天或有水流失的地方,避免造成污染。 (3)制造硅氟酸及硅氟酸铅的设备应加盖密封,作业间设排风净化装置。 (4)粉状物料不论散装或袋装,均不得存放在露天,应储存在料库或料仓中。 (5)冶炼车间作业场所及允许湿扫的生产设备的清扫,均应采取湿扫、湿抹的方式。含铅废水应集中处理、达标排放或净化后循环使用。 (6)制造阴极的阴极锅、电铅锅及铸锭设备均应设置排风净化装置
铅冶炼中的危害	1. 铅中毒和窒息 铅及其化合物在生产中以蒸汽、烟及烟尘的形式存在,主要由呼吸道进入人体,在呼吸道内的吸收远较消化道完全和迅速,经常不断地进入和蓄积于人体内,会引起操作人员的铅中毒

续表

项目	具体内容
铅冶炼中的危害	铅中毒能引起神经系统功能的紊乱，造血机能的减退。国家规定允许铅尘浓度为0.05 mg/m^3，铅烟灰0.03 mg/m^3。生产系统使用氮气、氩气等惰性气体，并根据需要配备有储罐，制氧厂还设置有液氮、液氩储槽，当储槽和管道发生大量泄漏时，有可能发生窒息事故。 2. 砷中毒 由于铅矿石中含有一定量的砷化物。在鼓风炉还原熔炼时，还能生成砷冰铜。在放出砷冰铜时，有大量砷蒸汽及三氧化二砷向操作现场散发，引起操作人员砷中毒，能引起毛细血管、新陈代谢、神经系统等方面的病变。 3. 一氧化碳中毒 由于鼓风炉内还原气氛很强，一氧化碳有时自炉顶和炉腹向外散发；在处理风口故障时，自风口溢出；鼓风炉在熔炼过程中，难免产生炉结，在处理炉结时，要增加焦炭的加入量，同时降低料面，停止鼓风，更创造了产生一氧化碳的条件。处理炉结，都靠人工在炉口进行，劳动强度大，增加呼吸量，所以稍有不慎，都会发生一氧化碳中毒。 4. 粉煤爆炸 鼓风炉炉渣的处理，使用烟化法，在处理过程中，需要向熔渣层喷入大量的粉煤，在煤的干燥、粉碎、贮存、管道运输和使用时，都可能潜伏爆炸的危险。 5. 氟化氢及四氟化硅的危害 铅电解精炼时，所用的电解液是硅氟酸和硅氟酸铅的水溶液。硅氟酸是用氟氢酸加石英石粉制成的，氟氢酸是用萤石加硫酸而制成，硅氟酸铅是用硅氟酸加铅而制成。在制备上述产物时，有氟化氢、四氟化硅溢出，造成对呼吸道黏膜、牙齿和皮肤的伤害，严重者可得氟骨症。操作者的皮肤直接接触氟氢酸，不仅会损伤皮肤肌肉，严重者可损坏骨骼。 6. 火灾、爆炸 直接炼铅系统使用了较多的易燃易爆物质，如冶金炉热源（含点火烘炉）采用的天然气、柴油、煤及煤粉、焦粉等，大部分冶金炉采用喷吹富氧空气进行冶炼，并配套建设有制氧站，设置有液氧储罐，此外，大量设备使用润滑油、液压油，变压器使用变压器油，汽轮机使用汽轮机油，这些可燃、易燃易爆物品遇到激发能源有可能发生火灾、爆炸事故。 各生产车间中电气设备运行时，电气设备老化、过负荷运行、短路等，可能导致电气火灾事故
预防铅、砷中毒的措施	（1）提高机械化、自动化程度，减轻劳动强度，对劳动条件差、铅烟尘污染严重的岗位，除加强密闭、通风排毒外，可在劳动组织上予以调整，由3班改为4班，缩短工作时间，减少接触铅的机会。 （2）对新建、改建和扩建的企业，坚持做到安全防毒设施与主体工程同时设计、同时施工、同时投入使用，保证投产后生产岗位环境符合国家卫生标准

续表

项目	具体内容
预防铅、砷中毒的措施	(3)严格遵守安全规程和卫生制度,工人上岗前穿戴好防护用品,操作时及时启动抽风排气装置,定期检查维修防尘防毒设施,用湿法清扫生产现场地面,定期监测空气中的铅尘浓度以及经常评价分析防毒设施的效果,找出问题,不断改进。 (4)加强个体防护,要选择和佩戴滤尘效率高、阻力小的防尘口罩。铅作业人员的工作服、口罩等,必须集中在厂内洗涤,有铅尘的工作服不得带出厂外,防止二次污染,尤其防止职工家属铅中毒。穿工作服不得进入食堂。 (5)饭前、饮水时应先漱口、洗脸、洗手,不得在作业场所吸烟和进食,更不得利用热的铅渣、铅冰铜及铅锭烤煮食物。 (6)对从事铅作业人员要定期进行体检,并对从事冶炼作业的职工,实行 6 h 工作制和定期进行疗养。 (7)严格禁止铅鼓风炉低料柱作业,降低铅鼓风炉炉顶温度,减少铅蒸汽的生成
防一氧化碳中毒	加强生产厂房通风,定期进行一氧化碳浓度检测,同时加强检修,防止泄漏
防煤粉爆炸	(1)在粉煤系统的管道上,应设防爆阀,在分煤仓、分离器、旋风器等设备上,应分别设置防爆门。所用防爆片应用厚度不大于 0.5 mm 的薄铁板,并应在其上划有十字刻痕,安装时有刻痕面应朝外。 (2)输送粉煤的管道,除通往燃烧器的一段外,不得有水平区段,更不得呈袋囊形。 (3)粉煤制备系统的机械设备,应有保持良好的联锁装置,电气设备应采用防爆型。 (4)所有输送粉煤的管道和制备粉煤的设备,均应有良好的接地,并定期检测其接地电阻。 (5)定期清扫设备系统外部、管道外表及厂房内地面、墙壁上的粉煤,以防自燃和二次爆炸。 (6)制备粉煤的场所,严禁吸烟和动火。如检修需动火,必须清扫彻底,经有关部门检查合格批准,持有动火证动火。在仓内清扫和修理时,应安排人员监护。如仓内残留的粉煤自燃,清扫人员应立即退出,将仓密闭,用蒸汽或二氧化碳灭火,确认无火源和有害气体后,才能进入仓内。 (7)采用热风时,若煤种挥发分较高,热风温度不得超过 160 ℃
防氟化氢及四氧化硅危害	(1)进行上述作业时,均应在密闭的容器内进行。 (2)各个贮罐,必须加盖并进行水封。 (3)加强铅电解厂房内的自然通风,冬季送入的新鲜空气,需经预热。 (4)发放防酸的工作服和长筒靴及防酸手套,严防皮肤直接接触。 (5)夏季作业时,发给操作工人护肤膏,以免造成皮疹

续表

项目	具体内容
防范炉窑点火爆炸事故	防范炉窑点火爆炸事故的主要措施： (1)制定炉窑点火规程，实行作业票制度，并严格按照流程执行，点火时，现场专人监护，并设置警戒，防止无关人员误入。 (2)点火前检查燃料阀门严密可控，确保未发生内漏。 (3)点火前炉膛、烟道彻底通风换气，并检查管道、烟道，确保其通畅。 (4)检查点火程序控制器完好，严格执行“先点火，后通油(气)”的点火程序。 (5)点火失败后再次点火前，重新按照点火规程或流程执行，炉膛内进行彻底吹扫。 (6)点火机构装设自动灭火保护装置或设置火焰观察孔(窗)。 (7)合理控制通风量和油(气)给入量，适当加大通风量，确保充分燃烧。 (8)封闭的炉窑设置泄爆装置。 (9)对作业人员加强教育，使其熟悉点火作业各项操作及应对措施。 (10)点火时设置警戒，防止无关人员误入。 (11)定期对制定的应急预案进行演练，发现问题及时改进

考点3 铜冶炼

项目	具体内容
铜冶炼的危险因素	(1)备料粉尘。备料工序在原、辅材料和燃料的储存、输送和配料过程，会在储矿仓、配料仓下料口、带式输送机转运处受料点产生粉尘。一般在这些产尘点设置集风罩将粉尘收集起来。 (2)制酸烟气。熔炼炉产生的烟气主要污染物是烟尘和二氧化硫。熔炼炉出来的高温烟气，一般采用余热锅炉等降温预除尘，烟气中的高温熔体及大颗粒粉尘可在余热锅炉中除去一部分，降温后的烟气直接进入电除尘器除尘，以达到制酸净化工段的要求。烟气温度1 230 ℃，二氧化硫浓度12%～15%(体积分数)，经余热锅炉回收余热及冷却后进入电收尘器收尘，收尘后符合制酸要求进制酸系统。吹炼烟气主要污染物是烟尘和二氧化硫。烟气二氧化硫含量6%(体积分数)左右，出口温度800 ℃左右，烟气经沉降室、电收尘器收尘后送制酸。 自收尘工段来的烟气进入制酸系统，制酸工艺一般为双转双吸。烟气进入制酸系统净化工段后，依次经高效洗涤器、气体冷却塔、一级电除雾器、二级电除雾器，除去尘等杂质。净化后烟气经干燥及两次换热、转化、吸收，最后得到硫酸。硫酸尾气中主要污染物为二氧化硫和硫酸雾。二氧化硫排放质量浓度为800 mg/m^3，硫酸雾排放质量浓度为40 mg/m^3。 贫化烟气。贫化烟气来自阳极炉贫化，贫化烟气的主要成分是烟尘和二氧化硫。阳极炉烟气经过旋风收尘管道或者布袋收尘后如果达标可直接排放，否则就应采取碱液吸收废气中的二氧化硫

续表

项目	具体内容
铜冶炼的危险因素	(3)环保烟气。熔炼车间熔炼炉、沉降电炉、连续吹炼炉的各炉门口、铜锍出口、出渣口等处设密闭吸风罩,以收集逸散的含尘烟气。各吸风点组成环保排烟系统,环保烟气主要成分为烟尘和二氧化硫。收集的烟气直接排放,可达到《工业炉窑大气污染物排放标准》(GB 9078)二级标准(烟尘 100 mg/m^3,二氧化硫 850 mg/m^3)的要求。 (4)无组织排放。无组织排放来自物料输送过程,物料输送过程中设置了粉尘收集罩,无组织排放按收尘罩可以收集排放粉尘量的90%来估算无组织粉尘的排放量。 (5)熔融铜液和冰铜遇水容易发生爆炸,接触人体造成烫伤、烧伤。 (6)熔炼车间的起重设备吊运的都是高温熔体,起重设备本身稍有故障或吊运过程中操作稍有疏忽,易造成伤害事故。 (7)所有高温熔炼炉都有水冷装置。水冷系统发生故障或工作人员违章作业,极易发生爆炸事故。 (8)高温熔炼炉溶池部分,容易受侵蚀而发生泄漏现象,冰铜和铜液漏出后遇水潮湿易发生剧烈爆炸,造成厂房、设备受损和人身伤亡。 (9)转炉生产过程中,易发生喷溅甚至炉喷事故。最严重的恶性事故为炉喷,即炉内所产生的二氧化硫气体因体积急剧增大,夹带冰铜或铜液自炉口喷出,炽热的熔体大面积喷发降落,往往带来十分严重的后果,设备被毁,人员伤亡。 (10)在火法精炼的还原阶段,如用重油作还原剂,重油中有水,很容易引起爆炸以及还原性炉气在烟道内爆燃,这时体积瞬间膨胀,有很大压力作用到精炼炉,致使炉内火焰外喷,烧伤附近作业人员。严重时还有崩塌炉盖的危险。 (11)在还原作业时,炉内为正压还原气体,容易外喷,如窜入烧油的供风管道,极易造成爆炸。有的工厂,以液化石油气作为还原剂,如流量控制不当或管道泄漏,石油液化气气化不好,也容易造成爆炸和火灾。 (12)因为阳极板中含有相当量的杂质,如铁、砷、锑、镍等,在电解过程中这些杂质进入电解液,使电解液成分偏离选定的范围,所以必须每天抽出一定数量的电解液进行净化处理,并用等量的新液进行补充。在净化过程中,进行脱铜除砷时,有剧毒气体砷化氢产生,操作者吸入后,24 h 内出现乏力、发冷、头痛、眩晕、呕吐等症状,两三天后,出现黄疸、血尿,严重者呼吸困难、血压下降
铜冶炼的安全措施	1. 铜冶炼安全生产的主要特点 (1)工艺流程较长,设备多。 (2)过程腐蚀性强,设备使用寿命短。 (3)“三废”排放数量大,污染治理任务重。 (4)铜冶炼是一个以氧化、还原为主的化学反应过程,设备直接或间接受到高温或酸碱侵蚀影响,为延长设备使用寿命,应采取如下措施:①选用优质、耐高温、耐腐蚀的设备。②贯彻大、中、小修和日常巡回检查制度。③采取防腐措施。④提高操作工人素质,做好设备的维护保养等工作

续表

项目	具体内容
铜冶炼的安全措施	2. 铜冶炼的污染治理 铜冶炼的原料主要是硫化铜精矿，硫在生产过程中形成二氧化硫进入烟气，回收烟气中的二氧化硫制取硫酸是污染治理的重要方法之一。各冶炼炉应安装收尘及二氧化硫烟气收焦处理系统调整引风机转速。对废渣的综合利用有多种渠道，可用于生产铸石、水泥、渣硅等建筑材料，也可用作矿坑填充料。废水除含有重金属离子外，还含有砷、氟等有害杂质，常用中和沉淀法或硫化沉淀法将其中的重金属离子转化为难溶的重金属化合物，废水经过净化后，回收重复利用，同时将沉淀物或浓缩液返回生产系统或单独处理，回收其中有价值的金属。对含尘烟气，要完善收尘设施，严格管理，提高收尘效率
铜冶炼中事故预防	(1)熔炼车间吊运高温熔体的起重机的各种安全装置必须齐全有效，钢丝绳和吊钩必须每班检查，钢丝绳要定期窜绳和浸油。在吊运高温熔体时，副钩必须回收，不得钩于包子尾部吊环上。到达倾倒位置时，副钩才可挂上，以免吊车司机误操作或出机械故障引起包子倾转，熔体流出，造成事故。 (2)吊运重包时，必须先行紧钩，经检查确认吊钩与包梁、包梁与包耳位置正常后，才可起吊。氧气瓶、乙炔气瓶及易燃易爆物品不得在生产车间上空吊运。电解车间，能接触到硫酸铜电解液的吊绳和吊链等遇硫酸铜溶液会发生腐蚀，应加强检查，到报废期及时更换。 (3)所有接触高温熔体的工具、铸模和盛装高温熔体的包子等，必须保持干燥，并先预热，以免引起爆炸。 (4)为防止爆炸，所有炼炉的水冷装置或汽化水套等必须定期检修，清除锈垢，并进行水压试验。所有阀门，除专职人员外，其他人员不得操作。汽化装置要定期排污，用水要经软化处理。突然停水时，应及时关闭冷却水入口阀门，并使所产生的蒸汽及时排出；来水后，应缓慢通入冷却水。如严重缺水烧干，严禁立即通入冷却水。 (5)带有水、冰、雪的物料，绝对不能向存有熔体的炉内投入。严禁爆炸品入炉。 (6)高温炼炉周围应保持干燥，并应设置安全坑。安全坑应保持干燥，并不得有可燃物。一旦炉体烧漏，外流溶体有容纳之地，可避免事故扩大。转炉的渣场不得有积水，倒渣时避免冰铜进入炉渣。 (7)设有前床的鼓风炉，应控制好冰铜面，严防冰铜随渣流出，遇水发生爆炸。 (8)密闭鼓风炉，应严格控制炉气中单体硫析出，以免在排烟系统中单体硫急剧燃烧或爆炸，损坏设备和伤人。 (9)防止转炉炉喷的办法是坚持正规操作。尤其当粗铜发生过吹，需用冰铜进行还原时，冰铜的倾入，必须由熟练的吊车司机，在该炉炉长的指挥下，十分谨慎缓慢地进行。发现炉内沸腾剧烈时立即中止，等待沸腾减弱时再缓慢倾入。 (10)预防还原性气体进入烟道引起爆燃，应在烟道系统上设置多处防爆孔，使爆燃时瞬间产生的压力及时泄出，减弱其作用，防止喷火及损坏炉顶。预防还原性气体窜入烧

续表

项目	具体内容
铜冶炼中事故预防	油送风管引起爆燃，在进行还原前应将烧火系统切断，并用黏土严密封闭精炼炉的烧火孔，使炉内还原性气体不致漏入烧火系统中。使用液化石油气作还原剂时，各管道不得漏气，胶管和阀门不得损坏，紧急截止阀动作应有效。停止使用时，应先关闭液化石油气阀门，然后用空气将管道内残存液化石油气冲洗干净，再关闭空气阀。 (11)电解液净化脱铜除砷、锑时，必须在密闭和有良好排风条件的单独脱铜室内进行。现场应按班挂二氧化汞纸条，班后收回保存 3 天。操作人员入内作业时，应戴好砷化氢专用的防毒面具。脱铜室设置于楼上者，尤应注意楼面板是否有缝。以免往楼下泄漏，因砷化氧相对密度为 3.484，比空气重。一旦发现操作者中毒症状，应及时送医院治疗。 (12)电解车间槽面和浓酸储存处应设置冲洗装置。合理安排作业劳动时间

第二节　贵金属冶炼安全技术

考点 1　贵金属概述

项目	具体内容
贵金属概述	贵金属主要指金、银和铂族金属（钌、铑、钯、锇、铱、铂）等 8 种金属元素。这些金属大多数拥有美丽的色泽，具有较强的化学稳定性，一般条件下不易与其他化学物质发生化学反应。本节重点讲解银冶炼安全生产规范

考点 2　银冶炼安全生产规范

项目	具体内容
阳极泥转运、储存管理	阳极泥跨地区转运时应执行国家环境保护总局令第 5 号《危险废物转移联单管理办法》采取安全环保防范措施。阳极泥堆存库至少应采取防震、防雨、防潮、防腐蚀、防渗漏等安全措施
脱铜作业	本岗位主要风险：灼烫、机械伤害、中毒、窒息、容器爆炸、起重伤害。 进行吊运物料时，作业人员应与吊运物料保持安全距离，密切注意物料运行情况，严禁在歪拉斜吊、超载、物料不稳等情况下进行吊运作业。 向反应槽内加物料时，须严格执行先加阳极泥料浆后加酸的作业方式。 向反应槽内加酸时应缓慢均匀加入，同时遵循单槽逐一加酸的模式。 加酸操作时人不得正对反应釜观察口，同时须封闭反应釜观察口，并开启反应釜尾气抽风装置。 严禁对正在运行的设备进行润滑、加油、擦拭、维护等作业

续表

项目	具体内容
脱铜作业	作业人员要定时对脱铜反应槽、输送料管道、脱铜后液储存槽、硫酸储槽进行现场巡查，严禁酸性废水外溢及贵金属物料损失。 使用加压脱铜设备的厂家还应遵守以下条款：人员必须持“压力容器操作证”方可上岗操作。操作人员应熟悉设备及容器技术特性、结构、工艺流程、工艺参数、可能发生的事故和应采取的防范措施、处理方法；设备运行启动前应巡视、检查设备有无异常，机封压力、安全附件等是否满足工艺要求，管道接头、阀门有无泄漏，确认安全后才能开启加压釜投入运行；工作过程中应严格按照岗位工艺和设备操作规程，紧密观察检测仪表或装置、安全附件，严禁加压釜在超温、超压、超负荷运行。 进行脱铜液压滤前，须对压滤设备、相关设施进行安全确认后，才能开始压滤操作。压滤过程中，人不得离开压滤现场，应随时监控压滤状况，当压滤机出现炸板、跑混等现象时应采取相应措施或停机处理。 作业过程如有物料或溶液飞溅至身体或眼睛上，应立即用大量清水冲洗15 分钟以上，严重时就医处理。
脱硒作业	1. 氯酸钠湿法脱硒 本岗位主要风险：灼烫、中毒、窒息、起重伤害、其他伤害。 进行打料操作前，须确认脱硒反应釜完好无损、密闭性良好，氯气吸收装置可有效运行。 往脱硒反应釜添加物料时应遵循先加阳极泥物料，再单槽缓慢均匀加硫酸，最后缓慢加入氯酸钠的顺序。 添加氯酸钠时，作业人员须站在加料口的侧边缓慢、均匀加入，以免冒槽或放炮、或使大量氯气外溢造成人身伤害。 脱硒作业过程中应开脱硒反应釜尾气吸收启风机、氯气吸收循环泵，防止蒸汽和氯气外溢造成环境污染。 配制氯酸钠水溶液时，严禁与浓酸、火源接触。氯酸钠配制结束后，作业人员必须及时清洗工作服、工作鞋及相关工具，避免造成灼伤。 取样判断作业终点时，作业人员应站在脱硒反应釜观察口一侧用取样勺取样判断，严禁正对脱硒反应釜观察口。 2. 回转窑焙烧蒸硒 本岗位主要风险：火灾、车辆伤害、灼烫、高处坠落、其他爆炸、其他伤害。 回转窑开窑前，应对窑系统做全面检查，清理回转窑周围易燃易爆物品，确认系统具备开窑调试条件后才能进行开窑点火作业。 升温喷油或天然气时，应先送风，保持炉内有明火，无明火严禁将油或天然气送入窑内，以防发生爆炸。点火作业时还应确保天然气安全联锁控制系统运行正常，意外情况下应采取相应应急措施。 回转窑升温时必须严格按照升温曲线进行操作，升温过程中应注意窑体膨胀情况，随时采取相应应急措施

续表

项目	具体内容
脱硒作业	进行出塔作业时，作业人员应带好防护面屏。打开塔底阀门时，作业人员不应靠得太近。同时，缓慢打开阀门，以防高温酸液外溅伤人，酸液溅到身体或眼睛时应用大量清水冲洗15分钟以上，必要时就医处理。 进行停窑作业时应严格按照停窑降温曲线进行降温，严禁降温过快。 进行泡料作业时，作业人员应带好防酸面罩，严禁人员站在槽盖上作业，以防槽盖腐蚀坠落至槽内，泡料前应先检查槽内物料量，以防外溢，泡料时应缓慢加入物料和酸。放酸过程要缓慢，以防外溅伤人。 回转窑作业时应启动收尘系统，防止烟尘、烟气不达标排放
分银作业	本岗位主要风险：灼烫、中毒、窒息、其他伤害。 在往分银槽内加入分金渣前，应确认分银槽无损坏，密闭性完好。同时，确认分银槽尾气吸收装置运行正常。 添加分银试剂时，作业人员须站在分银槽加料口的侧边缓慢、均匀加入。 严禁作业人员正对反应槽观察口进行辅料添加、作业观察等动作。 在分银作业过程中，应确保现场液氨检测报警器和安全联锁拉制系统运行正常。 使用液氨的单位还应建立本单位的液氨泄漏应急处置预案，使用前应对作业人员进行专门培训，使其严格遵守操作规程。 作业人员身体若接触到液氨，应立即脱去被污染衣服，对接触部位用大量清水冲洗15分钟以上，冲洗皮肤和头发时要注意保护眼睛，严重者就医处置
银还原作业	本岗位主要风险：灼烫、中毒、窒息、其他伤害。 在向银还原槽内打料前，需确认银还原无损坏，密闭性完好。同时，确认分银槽尾气吸收装置运行正常。 添加还原试剂时，作业人员须站在银还原槽加料口的侧边缓慢、均匀加入。 严禁作业人员正对还原槽观察口进行辅料添加、作业观察等动作。 在银还原作业过程中，应确保现场甲醛检测报警器和安全联锁控制系统运行正常。 使用甲醛的单位还应建立本单位的甲醛泄漏应急处置预案，使用前应对作业人员进行专门培训，使其严格遵守操作规程。 作业人员若接触到甲醛时，对接触部位用大量清水冲洗15分钟以上，严重者就医处置
还原熔炼和氧化精炼作业	本岗位主要风险：灼烫、火灾、物体打击、起重伤害、机械伤害、触电、中毒、窒息、高处坠落、其他爆炸、其他伤害。 生产现场严禁摆放易燃易爆物品，油库或燃气站周围严禁一切火源，且应按照相关要求配备消防设施及应急物资。 保持作业现场和生产工具干燥，禁止将带有明水的生产工具与高温熔体直接接触。 使用天然气和煤气进行作业时，应按照相应的操作规程进行作业，且编制相应的应急

续表

项目	具体内容
还原熔炼和氧化精炼作业	预案，同时，生产现场还应安装相应的检测报警装置。 在还原熔炼和氧化精炼作业过程中，应确保天然气或煤气的安全联锁控制系统运行正常。 烘炉操作时应按照各类型炉窑的升温曲线进行烘炉操作。 炉子点火前，应对炉子的供风、供油或气、冷却循环系统、电器机械系统、收尘系统是否能够满足正常使用条件进行安全确认。 点火升温喷油或燃气时，应先送风，待炉内有明火时，才能将燃气或油的流量调大，保持大火燃烧，无明火严禁将油或天然气送入窑内，以防发生爆炸。停火时，应先闭油/天然气，后闭风。调整燃烧器的风、油、天然气量时，操作人员必须站在炉口一侧，严禁站立于炉口前。 应根据岗位工艺操作要求，控制入炉物料水分和加入量。 点燃喷枪及伸入炉内时，不能面对喷嘴、看火窗、炉口，防止回火喷出烟气伤人。如火焰熄灭应立即关闭燃料阀，炉膛、喷枪内用氨气或压缩风吹扫置换后方可重新点火。 炉体转动时，炉体转速和倾转角度控制应遵守相应操作规程，同时确保联锁控制系统运行正常。炉前不得站人，必须位于炉口一侧，防止熔体飞溅伤人。 在进行炉体转动时，作业人员不得站在炉口正前方，须位于炉口侧方安全距离内。 在还原熔炼和氧化精炼作业期间，应确保炉子的收尘和烟气净化系统运行正常。 在还原熔炼和氧化精炼作业期间，作业人员应定期对炉体、炉子控制系统、应急处置系统进行巡检
银阳极板浇铸作业	本岗位主要风险：火灾、触电、机械伤害、灼烫、物体打击、其他伤害。 进行银阳极板浇铸作业前，应确保炉子炉口和中间转运包浇口完好，并对中间转运包、中频保温炉和浇铸模具进行预热。 中间转运包转运过程中应控制好运行速度防止银熔体飞溅。 浇铸过程中，应控制好模具温度、银水温度、浇铸速度，防止银水飞溅或泄漏。 在转运或浇铸过程中出现设备故障时，应停机排除故障后方可进行操作。 检查浇铸机和清理模具下面的碎银时，应切断电源停止设备，并有专人看管电源开关或在电源开关上设置禁止合闸的标识牌，做好安全监护措施之后，才能进行上述操作。 对银阳极板进行分拣和现场清洁时，应防止烫伤和手被划破。 工作现场工具摆放整齐，消防设施配备齐全。 浇铸阳极板前，确保溜槽、中间包、浇包、铜模干燥
银阳极板整形作业	本岗位主要风险：物体打击、灼烫、其他伤害。 在银阳极板整形作业前，须先确认银阳极板是否降至规定温度以下。 在进行银阳极板整形作业时，应注意防止扭伤、砸伤、划伤等。 银阳极在吊运过程中，作业人员应站在吊运的安全距离内。 银阳极板在钻孔时阳极板底面要放平，钻孔过程中要两人配合注意力集中，避免钻孔过程中出现反转、划伤人等情况。 堆码银阳极板时，应码放平整、整齐，堆码高度不宜高于 1.5 m

续表

项目	具体内容
银电解作业	本岗位主要风险：灼烫、中毒、窒息、起重伤害、物体打击、触电、火灾、其他伤害。 银电解厂房应具备良好的通风条件，厂房内配备洗眼器等应急装置。 启动银电解整流柜前应仔细检查整流柜电流、电压是否正常，循环冷却水是否顺畅无堵塞、无泄漏，确认一切正常后才能启动送电。 电解液配制应在耐硝酸腐蚀的配液槽内进行，且配液系统应有相对应的抽风、排烟系统。电解液储存于耐硝酸腐蚀的不锈钢槽内。电解液配液须按照以下顺序进行配置：先加银粉，再加水，最后加酸，严禁顺序颠倒。 银电解系统内所有的输送管道均应选用耐腐蚀材料。 在装槽、出槽、更换残极作业前，须停止挡槽机，停止硅整流向电解槽供电。在操作过程中应避免溶液飞溅、物料泼洒。 使用吊车辅助出入槽时，操作人员应与吊运物保持安全距离。 送电前应仔细整理槽面，检查硅整流、挡槽机等，确保送电安全。 生产过程应对各电解槽、循环槽内电解液的流量、液位等进行检查，避免电解液冒槽。 进行银粉干燥时，应与烘箱保持安全距离防止烫伤。 在银粉装箱转运过程中，应防止侧滑、倾倒等不安全情况发生。 在残极清洗、内外袋清洗的过程中应防止地面湿滑造成摔伤。 阳极板装袋时应集中精力，注意现场环境，防止码放的阳极板倾倒伤人。 在生产过程中加强设备的巡检，避免设备事故的发生。 电解液净化采用银沉淀法时，在用吊车吊运物料时应保持安全距离，避免吊运物脱落、倾倒造成安全事故；电解液净化采用加热分解法时，则需要注意防止冒釜，或者水蒸干引起火灾、爆炸等事故发生。 按照工艺和职业健康相关要求将电解液温度控制在30°至50°，避免氮氧化物挥发
银锭浇铸作业	本岗位主要风险：火灾、触电、机械伤害、灼烫、物体打击、其他伤害。 严格按照中频炉操作技术规程，进行启动、运行、停止中频炉操作。 检查电动葫芦的钢丝绳是否完好，走轮运行是否正常，开关按钮是否灵敏，检查配套浇铸工具是否正常，操作做到专人负责。 新坩埚使用前应预烘，再检查是否完好，有缺陷的不准使用。对已使用的坩埚及时检查坩埚状态，坩埚内壁冲刷严重或生产使用过程中坩埚外壁发红严重，应立即停止使用或更换新坩埚。 乙炔瓶、液化气瓶应离火源10 m以上。 银锭浇铸现场地面上不得有积水。 可控硅中频电源机房内设备运行时，严禁非操作人员随意进出。 熔化过程中加银粉时，须做好绝缘措施。使用手柄为干木棒工具，佩戴绝缘手套。 出炉时切断中频炉感应加热系统电源，水循环冷却系统须保持正常运行，禁止关闭水循环冷却系统

续表

项目	具体内容
银锭浇铸作业	浇铸作业时应穿戴隔热服、高温隔热手套、腿套和防护面屏等劳保用品。 熔化过程中，如发现坩埚破损，立即断电、停止加银粉，待烙体冷却后调换坩埚。熔化过程中若出现意外停电，还需立即启用备用冷却水循环系统对中频感应炉进行保护。 起吊坩埚前，应对起吊用钢丝绳、坩埚夹具进行仔细检查，确保其处于安全状态。起吊过程中要做到慢、轻、稳、实，坩埚夹具扣紧，吊运过程中平稳缓慢行走。 浇铸时，浇口一定要对准浇铸中心，浇铸时做到平、稳、准，以防高温熔体飞溅伤人。 银锭在切头或锯头时须将银锭压紧，防止银锭翘起伤人，切头或锯头过程中严禁作业人员将手伸到切头刀行程范围。 在搬运银锭时，应防止砸伤、扭伤等
产品包装、运输、储存作业	本岗位主要风险：物体打击、车辆伤害、其他伤害。 银锭在转运过程中应与设备设施、作业人员保留安全距离。 银锭应码放整齐，码放高度不宜超过 1.5 m，同时对银锭进行码垛时应防止其倾倒、侧翻、滑落等伤人。 银锭在称重、打码、包装、转运时应执行相应设备的操作规程，防止使用的设备对人体造成伤害

第三节　稀有金属冶炼安全技术

考点 1　稀有金属概述

项目	具体内容
稀有金属概述	稀有金属通常指赋存状态分散、性质特殊、不易被经济提取和发现较晚的一些有色金属。虽然稀有金属赋存状态分散，但就地壳丰度而言，稀有金属并不都很稀有。一些稀有金属的地壳丰度远大于常用有色金属，如钛、锆、钒、铌的地壳丰度大于铜、铅、锌、钴、锡；钨和钼的地壳丰度大于锑；铷的地壳丰度是铅的 6 倍，且高于铜和锌，但铷分散在卤水中，提取困难，世界年产量和用量不足 2 t，不及铜产量的百万分之一，仍是典型的稀有元素。 稀有金属的概念不是绝对的，它随社会生产力和科学技术发展水平的提高而变化，例如，锑、镍、钴以前被视为稀有金属，现已属常用有色金属

考点 2　稀有高熔点金属冶炼

项目	具体内容
稀有高熔点金属	稀有高熔点金属包括元素周期表第Ⅳ副族的钛、锆和铪，第 Ⅴ 副族的钒、铌和钽，第Ⅵ副族的钨和钼以及第Ⅶ副族的铼 9 个元素。这些元素都有很高的熔点，它们在原子结构

续表

项目	具体内容
稀有高熔点金属	上有共同的特点,在由相邻元素过渡到该元素时,仅发生内层(d层)电子结构的变化,故而它们具有一系列共同的性质,如熔点高,硬度大,耐腐蚀性能好,高温强度大,在空气中较高温度下稳定。高熔点金属都是具有多种价态的变价元素,负电性高,它们都是重要的合金元素,其合金也具有高熔点、耐腐蚀性质
钨冶炼	黑钨精矿和白钨精矿是提取钨的主要工业原料。此外也使用钨中矿、钨细泥和含钨废杂料等非标准含钨原料。钨提取冶金过程主要包括钨精矿分解、钨溶液净化、纯钨化合物(仲钨酸铵、三氧化钨)制取、钨粉制取、致密钨制取和高纯致密钨制取等六个步骤。 1. 钨精矿分解 钨精矿分解方法按所用化学试剂分为碱分解和酸分解两类,现代钨工业中黑钨精矿主要使用苛性钠分解法,白钨精矿主要使用盐酸分解法和碳酸钠压煮分解法,低品位的白钨原料也常用碳酸钠压煮分解法。由于钨精矿在钨生产成本中占很大的比例,提高钨精矿或钨原料的分解率和钨回收率具有重大的经济意义。工业上的钨精矿分解率通常能达98% ~99%。 2. 钨溶液净化 净化是从分解浸出所得的粗钨酸钠溶液中去除杂质元素制取纯钨酸溶液的过程。纯钨酸钠溶液为制取纯钨化合物(仲钨酸铵、三氧化钨等)的主要原料液。工业上净化方法主要有沉淀法,溶剂萃取法和离子交换法。 3. 纯钨化合物制取 冶金上重要的纯钨化合物主要有仲钨酸铵(APT)、偏钨酸铵(AMT)、三氧化钨和蓝钨。它们是制取其他钨化合物和钨制品的原料。 4. 金属钨粉制取 生产钨粉的主要原料为仲钨酸铵、三氧化钨和蓝钨。制取方法主要有碳还原法、氢还原法、金属热离解法、熔盐电解法和物理制粉法,工业生产多用氢还原法。 5. 致密钨制取 致密钨主要指钨条和钨锭。前者用粉末冶金法生产,后者用熔炼法制取
钼冶炼	辉钼矿精矿是提取钼的主要原料。也有使用钼酸铅矿、钼中矿、钼细泥。钼提取冶金过程包括钼精矿分解、钼溶液净化、钼化合物制取、钼粉制取、钼精炼等步骤。主要冶金产品为钼酸铵、钼酸钠、氧化钼、钼粉、钼条等。 1. 钼精矿分解 钼矿有硫化矿和氧化矿两类,分解方法分火法和湿法两类,火法处理硫化矿,主要为辉钼精矿氧化焙烧。辉钼矿分解主要是将钼的硫化物转化成氧化物或粗钼酸盐溶液。钼精矿分解主要采用多膛炉氧化焙烧、流态化焙烧或氧压煮等方法。 2. 钼溶液净化 钼精矿焙烧、浸出所得钼酸钠溶液或钼酸铵溶液尚含有铜、镁、铁、镍、锌、钨、锑等金属

续表

项目	具体内容
钨冶炼	杂质和硅、砷、磷、硫等非金属杂质，需要净化除去，方可用作制取纯钼化合的原料工业上净化方法有传统化学净化法（硫化物沉淀法、铵镁盐沉淀法、酸沉淀法等）、钼溶剂萃取法、离子交换法等。当前传统化学净化法有试剂耗量大等缺点，有被溶剂萃取和离子交换取代的趋势。此外，还研究开发了膜分离净化法，该法既能除去钼溶液中的杂质，又能提高钼浓度，是一种很有前途的方法，由于钼和钨性质相近，钼溶液净化中钨的去除（<0.001 g/L）是重要课题。 3. 钼化合物制取 冶金中重要的化合物有三氧化钼、二氧化钼、钼酸铵等，它们是制取金属钼和其他钼化合物的原料。 4. 钼粉制取 金属钼粉主要用作合金添加剂、钼制品及喷镀原料。钼和钨性质相近。前面介绍的钨粉制取方法（氢还原、碳还原、金属热还原等）均适用于钼。比较好的钼粉制取方法有三氧化钼氢还原、二氧化钼氢还原、钼卤化物氢还原雾化法、等离子法。三氧化钼氢还原是最老的方法。目前工业生产应用最普遍的是二氧化钼氢还原。卤化物氢还原和等离子法在制取超高纯和超细钼方面具有优势，雾化法因设备、技术和成本等方面原因尚未获工业生产应用。 5. 致密钼制取 致密钼（钼条、钼锭等）为制作钼材、电极、耐高温结构件和炼钢用原料。主要采用粉末冶金法和熔炼法制取
钛冶炼	钛及钛合金具有质轻、比强度高、高温下抗蠕变性能好、耐腐蚀等优良性能，广泛用于飞机发动机部件、飞机蒙皮、机架，火箭、导弹和宇宙飞船的压力容器、燃料箱、人造卫星外壳等。钛广泛用于冶金工业、化学工业、造纸、化纤、石油化学等工业的设备制造上。 钛冶金包括金属钛生产和钛白生产两大工艺路线。制取金属钛的原料主要是金红石（含 $TiO_2>95\%$），其次是高钛渣或人造金红石。钛矿产量的90%以上用于生产钛白，只有5%用于生产金属钛。钛提取冶金过程包括富钛料制取、四氯化钛制取、金属钛和钛白生产。 1. 富钛料制取 富钛料指钛渣和人造金红石，它们是制取四氯化钛生产金属钛和钛白的重要工业原料。由钛铁矿制取富钛料的方法多种，已实现工业生产的有电炉法、酸浸法、锈蚀法和半工业试验用的选择氯化法。 2. 四氯化钛制取 四氯化钛是生产金属钛及其化合物的重要中间体，是生产金钛和钛白的原料，亦可用作发烟剂，也是制 $TiCl_3$（制取聚丙烯的催化剂）的原料。生产四氯化钛的主要原料有天然金红石、人造金红石、钛渣和石油焦。生产上一般先制取粗四氯化钛，再精制获得纯四氯化钛，粗 $TiCl_4$ 一般呈淡黄色或红褐色，纯 $TiCl_4$ 为无色透明，密度 1.726 g/cm^3，熔点 -24 ℃，沸点 137 ℃。$TiCl_4$ 不易燃，但挥发性大，与水接触发生激烈反应

续表

项目	具体内容
钛冶炼	3. 金属钛生产和精制 生产金属钛的原料用 $TiCl_4$，是因为 $TiCl_4$ 比 TiO_2 更易被还原。$TiCl_4$ 在常温下为液体，较易提纯，便于运输，易于实现大规模生产。由于钛熔点高，还原制取的金属一般呈海绵体，欲获致密金属，尚需进一步精制提纯。粉末冶金需用钛粉生产形状复杂的钛制品，因此钛粉制备也属精制范围。 4. 钛白粉生产 钛白为二氧化钛（TiO_2），它化学性质稳定，并具有优良的光学和颜料性能，广泛用于涂料、造纸和塑料等工业部门。90% 钛资源用于生产钛白。TiO_2 有三种结晶形态，即板钛矿型、锐钛矿和金红石型。其中板钛型只存在自然界矿石中，人工制取的仅为锐钛型和金红石型。其生产工艺主要分为硫酸法和氯化法两种。硫酸法工艺生产厂家面临着环保监管日趋严格、废物资源化、低排放或零排放、绿色环保等外部压力，生产成本进一步加大。氯化法钛白粉相比于硫酸法具有工艺流程短、自动化程度高、环境污染小、产品质量好的优势

考点 3　稀有轻金属冶炼

项目	具体内容
稀有轻金属	稀有轻金属是指密度小于 2 g/cm^3 的元素周期表中第Ⅰ、Ⅱ主族的锂、铷、铯、铍 4 个元素，稀有轻金属的摩尔分子体积都很大，金属键较弱，因而具有密度小、熔点低、硬度小和化合价单一等共同特征，在所有金属（包括有色金属和黑色金属）中，锂是最轻的金属（密度约为水的一半），铍是最脆的金属。金属锂、铷、铯均为柔软性金属，软到可以用小刀切割。化学活性强是稀有轻金属化学性质上的共同特征。其中铯是所有金属中最活泼和正电性最强的金属。稀有轻金属原子的外层电子轨道有 1～2 个电子，但内层电子轨道呈饱和状态，故都只有一种价态，氧化物和氯化物很稳定，较难还原。 稀有轻金属在地壳中的含量大都比较高，其中以铷的地壳丰度值最大，为 $78 \times 10^{-4}\%$，是铜、铅、锌丰度的几十到几百倍，锂的地壳丰度超过铅和锌，铯和铍的丰度大于锑。但它们在地壳中呈赋存状态分散，矿石品位低，如锂精矿一般仅含 Li_2O 为 4%～8%，铍精矿含铍仅 10%～12%，铯仅能产出少量精矿，铷更没有独立矿物，而是分散在各类卤水和锂矿物中，提取困难，其世界产量尚不足铜产量的百万分之一。 稀有轻金属冶金上一般分两阶段，首先以精矿为原料采用湿法工艺制取纯化合物，工艺上广泛采用溶剂萃取分离技术，金属制取主要采用熔盐电解法和金属热还原法
锂冶炼	提取锂的主要原料为锂辉石、锂云母、锂透长石和盐湖卤水，锂冶金过程包括锂的提取、金属锂制取和锂的精制三阶段。根据不同原料，锂的提取分为从矿石和从盐湖卤水提取两种方法

续表

项目	具体内容
锂冶炼	1. 锂的提取 (1)锂矿石提锂。矿石提锂有石灰烧结法、硫酸法、氯化焙烧法和碱压煮法。石灰烧结法适用于锂辉石和锂云母,不耗用贵重化学试剂,但锂收率低,能耗大;硫酸法成本低,能耗小,锂收率高,但仅适用于锂辉石。氯化焙烧法流程短、金属回收率高,碱压煮法生产效率高,但设备较复杂。 (2)卤水提锂。卤水一般先用日晒式蒸发器蒸发浓缩制盐($NaCl$)和回收钾等副产物,待锂浓度达到一定程度后再用碳酸钠沉淀碳酸锂。中国四川自贡卤水处理方法如下。 首先将地下卤水和天然气借自喷、机械吸卤等方式引至地面,井卤蒸发制盐,提取钾、溴素、碘素、钡盐等,获得含 $LiCl$ 为 2~4 g/L 的尾液,该尾液加入碳酸钠使钙、镁、锶、钡以碳酸沉淀的形式析出,再加氢氧化钠除去残留镁,然后蒸发浓缩使析出氯化钠和氯化钾,最后加入碳酸钠沉淀碳酸锂,经洗涤、气流干燥得产品碳酸锂,从尾液计算,锂回收率 70%~80%,产品纯度 99%。 2. 金属锂生产 金属锂生产主要采用熔盐电解法。中国有 6 家生产金属锂的工厂,年生产能力数十吨。该法采用 $LiCl-KCl$ 共晶混合物作电解质,主要是利用氯化锂和氯化钾共熔混合物熔点低(352 ℃)的特点,这种电解质不易挥发,可在 450 ℃较低的温度下电解。 生产上通常采用无隔板、阴极为不锈钢、阳极为石墨的电解槽。所得金属锂纯度 98.5%~99%,电流效率大于 85%。 3. 金属锂的精炼 粗锂需经精炼除去金属和非金属杂质。对金属锂纯度的要求随用途而定,精制方法也不一样。要求纯度在 99.9% 以内的金属锂,主要通过改进的熔盐电解法制取。更高纯度的金属锂(99.99%)需采用过滤法、真空蒸馏法、高真空分馏法制得。对气体杂质要求高的高纯锂,则用吸气法制取

考点 4　稀土金属冶炼

项目	具体内容
稀土金属	稀土金属是指元素周期表中第四、五、六周期ⅢB 族中的钪、钇和镧系(即与镧相似)的 15 个元素总共 17 个元素的总称。一般用 RE 或 R 表示稀土。根据镧系元素的一些性质周期性的变化,一般将其分为轻稀土(从镧至铕 7 个元素,又称铈组元素)和重稀土(钆之后的元素和钪、钇,又称钇组稀土)两组,但钪的化学性质同其他稀土元素的差别较大,一般稀土矿物中不含钪。此外,最少的钷最初是从铀裂变产物中获得的。 氟碳铈矿是目前世界上生产稀土最主要的原料,其次为独居石和磷钇矿,稀土精矿含有稀土元素氧化物一般为 60%~65%。提取冶金一般包括精矿分解、稀土元素分离提纯和金属制取和提纯四个阶段

续表

项目	具体内容
稀土精矿分解	稀土精矿分解是用酸、碱、氯气等分解剂破坏矿物结构使稀土元素转变为可溶性化学物并与主要伴生杂质进行初步分离的过程，分解所得产物经化学净化除杂质后制成混合稀土化合物，用作制取单一稀土化合物和金属的原料，或直接用于制取稀土催化剂、稀土抛光粉、稀土农业益植剂等。稀土精矿分解方法可概括为硫酸分解法、碱分解法和高温氯化法分解三种。中国特有的离子吸附型稀土矿可选性差，一般直接采用渗滤浸取工艺。各种稀土矿的物理化学性质存在较大差别，要根据矿石的性质和品位、综合利用有用元素、易于分离单一稀土和产品方案等因素来确定分解方法
稀土元素分离提纯	稀土元素的化学性质极为相近，分离十分困难，分离提纯获得单一稀土产品的工艺相当复杂，使用的方法和手段多种多样，分离步骤很是繁杂，为获得高纯产品，往往需要合理地综合运用多种方法。目前稀土元素分离和提纯主要有化学分离、离子交换色层分离和溶剂萃取分离三类。化学分离法是20世纪50年代以前的生产方法，因分离效果差（难以彻底分离），已逐渐被溶剂萃取法和离子交换法所取代，后两种方法中，溶剂萃取因提取与分离效率高、生产能力大、设备简单、低成本，已成工业生产中主要采用的方法，但化学分离有时仍在分离提纯某些阶段（特别是初始阶段）中使用。 1. 化学法分离提纯 化学法是利用稀土元素间化学性质上的微小差异，用简单的沉淀、溶解、氧化、还原等传统化学方法分离和提纯稀土元素的过程。主要有分步结晶法、分步沉淀法、选择性氧化法和选择性还原法等。 2. 溶剂萃取法分离提纯稀土元素 溶剂萃取法是指利用化合物在两种互不相溶（或微溶）的溶剂中溶解度或分配系数的不同，使化合物从一种溶剂内转移到另外一种溶剂中。溶剂萃取技术已成为当前稀土元素分离和提纯的主要手段，用它能从多种稀土组分的原料中分离提纯每一种稀土元素。稀土元素的溶剂萃取工艺过程包括萃取体系选择、萃取分解工艺条件确定、萃取方式和萃取设备的选择等。通常先用溶剂萃取法将镧系稀土元素分成四组：La、Ce、Pr、Nd组，Sm、Eu、Gd组，Tb、Dy、Ho、Er组和Tm、Yb、Lu组，再从各组中分离和提取单一稀土元素或多元素富集物。虽然钇不属镧系元素，但其化学性质与镧系元素非常相似，在自然界共存，钇离子半径在铒和铥之间，在分组分离过程中能得到钇的富集物。 3. 萃取分离工艺 萃取工艺包括萃取分组分离和单一稀土化合物的提取。 4. 色层分离法提纯、分离稀土 稀土元素色层分离是利用离子交换树脂能选择性地吸附和解析水溶液中一些稀土组分的特性进行分离提纯稀土元素的过程。有离子交换树脂色层分离和萃取色层分离两种方法。20世纪50年代，前一方法是当时唯一能将所有稀土元素分离成高纯单一稀土的生产手段。目前两种方法仍是分离和提纯制取高纯单一稀土，特别是中、重稀土钆、铽、镝、铒、钬等的有效方法

续表

项目	具体内容
依据	位要积极借鉴相关事故教训，及时修订和完善规章制度，防范同类事故的重复发生。 (3)以国际、国内先进的安全管理方法为依据。 随着安全科学技术的迅猛发展，安全生产风险防范和控制的理论、方法不断完善。尤其是安全系统工程理论研究的不断深化，为生产经营单位的安全管理提供了丰富的工具，如职业安全健康管理体系、风险评估、安全性评价体系的建立等，都为生产经营单位安全规章制度的建设提供了宝贵的参考资料
原则	1. 主要负责人负责的原则 安全规章制度建设，涉及生产经营单位的各个环节和所有人员，只有生产经营单位主要负责人亲自组织，才能有效调动生产经营单位的所有资源，才能协调各个方面的关系。 2. “安全第一、预防为主、综合治理”的原则 “安全第一、预防为主、综合治理”是我国的安全生产方针，是我国经济社会发展现阶段安全生产客观规律的具体要求。安全第一，就是要求必须把安全生产放在各项工作的首位，正确处理好安全生产与工程进度、经济效益的关系。预防为主，就是要求生产经营单位的安全生产管理工作，要以危险、有害因素的辨识、评价和控制为基础，建立安全生产规章制度。通过制度的实施达到规范人员行为，消除物的不安全状态，实现安全生产的目标。综合治理，就是要求在管理上综合采取组织措施、技术措施，落实生产经营单位的各级主要负责人、专业技术人员、管理人员、从业人员等各级人员，以及党政工团有关管理部门的责任，各负其责，齐抓共管。 3. 系统性原则 风险来自生产、经营过程之中，只要生产、经营活动在进行，风险就客观存在。因而，要按照安全系统工程的原理，建立涵盖全员、全过程、全方位的安全规章制度。即涵盖生产经营单位每个环节、每个岗位、每个人；涵盖生产经营单位的规划设计、建设安装、生产调试、生产运行、技术改造的全过程；涵盖生产经营全过程的事故预防、应急处置、调查处理等全方位的安全规章制度。 4. 规范化和标准化原则 生产经营单位安全规章制度的建设应实现规范化和标准化管理，以确保安全规章制度建设的严密、完整、有序。建立安全规章制度起草、审核、发布、教育培训、修订的严密的组织管理程序，安全规章制度编制要做到目的明确，流程清晰，标准明确，具有可操作性，按照系统性原则的要求，建立完整的安全规章制度体系

考点3　安全规章制度的编制和管理

项目	具体内容
制定、修订的工作计划	生产经营单位应每年编制安全规章制度制定、修订的工作计划，确保生产经营单位安全规章制度建设和管理的有序进行

续表

项目	具体内容
制定、修订的工作计划	计划的主要内容包括： (1)规章制度的名称。 (2)编制目的。 (3)主要内容。 (4)责任部门。 (5)进度安排等
制定的流程	安全生产规章制度制定的流程包括： (1)起草。 安全规章制度在起草前,应首先收集国家有关安全生产法律法规、国家行业标准、生产经营单位所在地地方政府的有关法规、标准等,作为制度起草的依据,同时结合生产经营单位安全生产的实际情况,进行起草。 (2)会签。 责任部门起草的规章制度草案,应在送交相关领导签发前征求有关部门的意见,意见不一致时,一般由生产经营单位主要负责人或分管安全的负责人主持会议,取得一致意见。 (3)审核。 安全规章制度在签发前,应进行审核。一是由生产经营单位负责法律事务的部门,对规章制度与相关法律法规的符合性及与生产经营单位现行规章制度一致性进行审查;二是提交生产经营单位的职工代表大会或安全生产委员会会议进行讨论,对各方面工作的协调性、各方利益的统筹性进行审查。 (4)签发。 技术规程规范、安全操作规程等一般技术性安全规章制度由生产经营单位分管安全生产的负责人签发,涉及全局性的综合管理类安全规章制度应由生产经营单位主要负责人签发。 签发后要进行编号,注明生效时间,以“自发布之日起执行”或“现予发布,自某年某月某日起施行”。 (5)发布。 生产经营单位的安全规章制度,应采用固定的发布方式,如通过红头文件形式、在生产经营单位内部办公网络发布等。发布的范围应覆盖与制度相关的部门及人员。 (6)培训和考试。 新颁布的安全规章制度应组织相关人员进行培训,对安全操作规程类制度,还应组织进行考试。 (7)修订。 生产经营单位应每年对安全规章制度进行一次修订,并公布现行有效的安全规章制度清单。对安全操作规程类安全规章制度,除每年进行一次修订外,3 至 5 年应组织进行一次全面修订,并重新印刷

续表

项目	具体内容
稀土元素分离提纯	离子交换树脂色层分离法用粒状或纤维状阳离子交换树脂固定床(交换柱)吸附溶液中分离的稀土离子,用络合剂溶液在一定条件下淋洗(解吸)吸附的稀土,并在交换柱上通过多次反复的离子交换过程而形成色层带,然后络合剂与稀土和其他元素生成配合物的稳定常数大小的次序而逐次被淋洗下来,达到分离提纯的目的。 萃取色层分离法是以载有萃取剂的粒状离子交换树脂或硅球作固定床,用不同浓度的无机酸对吸附在固定床上进行逐个梯度淋洗而达到分离或提纯稀土元素的过程。萃取色层分离的化学过程与溶剂萃取中的串级萃取法的萃取和反萃取过程相同,其工艺类似于离子交换树脂色层分离法
稀土金属的制取	制取稀土金属的原料有氧化物、氟化物、氯化物、溴化物和碘化物,它们都应是高纯度和无水的。还原方法主要有金属热还原法和熔盐电解法。金属热还原法为间断性操作,生产过程,设备比较复杂;熔融盐电解法为连续性生产过程,产量大,设备简单,成本低,但存在设备腐蚀问题。实践表明,制取重稀土金属钆、铽、镝、钬、铒、镥、钇以钙热还原氟化物法较好,制取金属钐、铕、镱、铥以稀土氧化物镧铈热还原较好,熔盐电解制取轻稀土金属较好。 1. 金属热还原法 金属热还原是用金属 A(或其合金)作还原剂在高温下将另一种金属 B 的化合物还原以制取金属 B(或其合金)的一种方法。用作还原剂的金属主要为钙、锂、镧和铈。其中钙、锂可还原稀土卤化物,镧和铈则能将稀土氧化物还原成金属。 2. 熔盐电解法 该法是制取混合稀土金属、单一轻稀土金属镧、铈、镨、钕的主要方法,也用于制取稀土合金。有氯化物熔盐电解和氟化物熔盐电解两种方法,工业上主要采用前一种方法
稀土金属的提纯	还原制取的粗稀土金属纯度一般为90%~99.5%,需要经过提纯进一步除去其中的杂质,才能获得99.9%~99.99%的高纯稀土金属。常用提纯方法有真空蒸馏、区域熔炼、固态电解、电解精炼等。单用任何一种方法都不能把杂质除干净,为获得高纯产品,需要综合运用真空蒸馏法、区域熔炼、固态电解法、悬浮区熔－固态电解联合法、真空熔炼法、熔盐电解精炼法

考点5　稀散和放射性金属冶金

项目	具体内容
稀散金属冶金	稀散金属是镓、铟、铊、锗、硒、碲、铼七种元素的总称。这类金属因在地壳中非常分散,在自然界中极少有单一矿床,绝大部分伴生在其他有用矿物(有色金属矿、铁矿、煤矿等)中,一般只能从其他金属冶炼的副产物或废物中提取出来而得名。稀散金属具有极为重要的用途,是当代高科技新材料的重要组成部分

续表

项目	具体内容
稀散金属冶金	稀散金属冶金工艺的特点:一些金属和非金属矿物的冶炼或加工过程也就是稀散金属的富集过程。稀散金属往往富集在重有色金属冶炼中的烟尘、渣料或废液中,具有综合回收性质;稀散金属一般没有通用定型的生产流程,这是因为稀散金属原料种类多、含量小、波动大和化学性质复杂,其提取方法需要服从主体金属的冶金原则,随主体金属冶金方法和条件的变化而变化;稀散金属冶炼工艺流程长,方法复杂,工序多;稀散金属富集物成分复杂,杂质多,而产品多要求极高纯度(一般4 N,有的要求8~10 N或更高),所以杂质元素分离和提纯工艺占有重要地位
放射性金属冶金	放射性金属是指能放射出具有一定能量的射线(α、β、γ射线)的金属,有天然放射性元素和人造放射性元素两类。天然放射性金属有钋(Po)、钫(Fr)、镭(Ra)、锕(Ac)、钍(Th)、镤(Pa)和铀(U)。人造放射性金属有锝(Tc)、钷(Pm)、砹(At)、镎(Np)、钚(Pu)、镅(Am)、锔(Cm)、锫(Bk)、锎(Cf)、锿(Es)、镄(Fm)、钔(Md)、锘(No)、铹(Lr)以及原子序数104~109号的锕系后元素,共20种,人造放射性金属都是利用核反应方式制取的元素。以下简述铀和钍的提取冶金: (1)铀的提取冶金包括铀精矿和富集物浸出、铀的富集和分离。高纯铀化合物(UO_2、UF_4、UF_6、U_3O_8等)的制取,同位素分离和金属铀制取等阶段。铀的提取冶金具有两个特点:①铀矿石的品位很低,一般含($^{238}U+^{235}U$)0.1% ~0.2%,而其中^{235}U仅为0.000 7%~0.001 4%,为获得核纯铀,必须经过多次富集和提纯;②核纯铀需再经同位素分离,制成不同丰度的^{235}U。 (2)工业上钍的提取主要以独居石精矿为原料,经过酸法或碱法分解、转化,再经分离、富集获得钍浓缩物,然后用溶解萃取或选择性沉淀等提纯方法,获得ThO_2等纯化合物,再用金属热还原法或熔盐电解将钍化合物还原成金属钍,粗钍再经碘化物热离解等方法提纯成高纯金属钍,最后用熔铸或粉末冶金方法将粉状、粒状或海绵状金属钍制成致密状金属钍锭。钍锭再通过轧制、拉拔、模锻、切屑等方法加工成材

案例分析

A铜业公司是某大型企业的控股子公司。A铜业公司新建采用艾萨熔炼技术生产铜及硫酸的项目。项目于1月开工建设,9月10日投产运行。项目主要工艺设备有艾萨熔炼炉、电炉、余热锅炉等。艾萨熔炼炉产生的高温烟气进入余热锅炉,经热交换后产生蒸汽,热交换后的烟气经除尘净化系统处理后排出。余热锅炉设计额定蒸汽压力2.5 MPa、额定蒸发量35 t/h、额定蒸汽温度350 ℃。

2019年11月24日20时,当班调度甲听到一声巨响,随即在监控系统屏幕上看到余热锅炉有大量蒸汽喷出。甲按照应急救援预案要求立即拉响警报,通知紧急停炉和现场人员撤离，报告公司总经理乙。乙接报后，立即向上级有关部门报告，同时赶往现场指挥救援。21 时，经人员清点，仍有 5 名职工下落不明，乙派 2 名工人进入现场查看情况，因现场蒸汽太大，2 名工人被烫伤。于是紧急外调防护服，救援人员穿上防护服进入余热锅炉房，发现 4 名职工死亡、1 人重伤。事后查明，事故发生时余热锅炉的运行压力 2.3 MPa、蒸汽温度310 ℃，从熔炼炉到余热锅炉的冷却屏波纹金属软管爆裂，大量高温饱和蒸汽喷出，导致现场人员伤亡。此次事故的直接经济损失为 420 万元。

根据以上场景，回答下列问题（1 ~3 题为单选题，4 ~7 题为多选题）：

1. 根据《生产安全事故报告和调查处理条例》，该起事故属于（　　）。

A. 一般事故　　B. 较大事故
C. 重大事故　　D. 特大事故
E. 特别重大事故

2. 根据《企业职工伤亡事故分类》（GB 6441），该起事故的类别是（　　）。

A. 物体打击　　B. 灼伤
C. 锅炉爆炸　　D. 容器爆炸
E. 火灾

3. 该起事故的直接原因可能是（　　）。

A. 熔炼炉烟气温度过高　　B. 熔炼炉高温烟气压力过高
C. 波纹金属软管质量不合格　　D. 现场职工未佩戴劳动防护用品
E. 锅炉房设计不合理

4. 根据规定，该起事故调查组的组成单位应包括（　　）。

A. 所在地市级（设区的市）质量技术监督部门
B. 所在地市级（设区的市）安全生产监督管理部门
C. 所在地市级（设区的市）人民检察院
D. 所在地市级（设区的市）人力资源和社会保障部门
E. A 铜业公司安全生产管理部门

5. 该起事故调查中，针对技术缺陷方面的分析应包括（　　）。

A. 余热锅炉的操作规程
B. 冷却屏波纹金属软管的质量
C. 余热锅炉的工程设计
D. 冷却屏波纹金属软管的爆炸当量
E. A 铜业公司的安全生产责任制

6. 从该起事故应急过程看，A 铜业公司事故应急预案中应补充完善的内容包括（　　）。

A. 调度员应急响应程序　　B. 事故报告程序
C. 应急装备配备要求　　D. 应急处置程序
E. 人员清点程序

续表

项目	具体内容
规章	安全生产行政规章分为： (1)部门规章。 (2)地方政府规章
标准	法定安全生产标准分为： (1)国家标准。安全生产国家标准是指国家标准化行政主管部门依照《标准化法》制定的在全国范围内适用的安全生产技术规范。 (2)行业标准。安全生产行业标准是指国务院有关部门和直属机构依照《标准化法》制定的在安全生产领域内适用的安全生产技术规范。 行业安全生产标准对同一安全生产事项的技术要求，可以高于国家安全生产标准但不得与其相抵触

第二节　企业安全生产规章制度

考点1　安全生产规章制度建设的目的和意义

项目	具体内容
安全生产规章制度建设的目的和意义	安全生产规章制度建设的目的和意义： 安全规章制度是生产经营单位贯彻国家有关安全生产法律法规、国家和行业标准，贯彻国家安全生产方针政策的行动指南，是生产经营单位有效防范生产、经营过程安全生产风险，保障从业人员安全和健康，加强安全生产管理的重要措施。具体表现在： (1)建立、健全安全规章制度是生产经营单位的法定责任。 (2)建立、健全安全生产规章制度是生产经营单位落实主体责任的具体体现。 (3)建立、健全安全规章制度是生产经营单位安全生产的重要保障。 (4)建立、健全安全规章制度是生产经营单位保护从业人员安全与健康的重要手段

考点2　安全规章制度建设的依据和原则

项目	具体内容
依据	(1)以安全生产法律法规、国家和行业标准、地方政府的法规、标准为依据。 生产经营单位安全规章制度首先必须符合国家法律法规，国家和行业标准，以及生产经营单位所在地地方政府的相关法规、标准的要求。生产经营单位安全规章制度是一系列法律法规在生产经营单位生产、经营过程具体贯彻落实的体现。 (2)以生产、经营过程的危险有害因素辨识和事故教训为依据。 安全规章制度的建设，其核心就是危险有害因素的辨识和控制。通过危险有害因素的辨识，有效提高规章制度建设的目的性和针对性，保障生产安全。同时，生产经营单

撤离，报告公司总经理乙。乙接报后，立即向上级有关部门报告，同时赶往现场指挥救援。21时，经人员清点，仍有5名职工下落不明，乙派2名工人进入现场查看情况，因现场蒸汽太大，2名工人被烫伤。于是紧急外调防护服，救援人员穿上防护服进入余热锅炉房，发现4名职工死亡、1人重伤。事后查明，事故发生时余热锅炉的运行压力2.3 MPa、蒸汽温度310 ℃，从熔炼炉到余热锅炉的冷却屏波纹金属软管爆裂，大量高温饱和蒸汽喷出，导致现场人员伤亡。此次事故的直接经济损失为420万元。

根据以上场景，回答下列问题（1～3题为单选题，4～7题为多选题）：

1. 根据《生产安全事故报告和调查处理条例》，该起事故属于（　　）。

A. 一般事故　　B. 较大事故

C. 重大事故　　D. 特大事故

E. 特别重大事故

2. 根据《企业职工伤亡事故分类》（GB 6441），该起事故的类别是（　　）。

A. 物体打击　　B. 灼伤

C. 锅炉爆炸　　D. 容器爆炸

E. 火灾

3. 该起事故的直接原因可能是（　　）。

A. 熔炼炉烟气温度过高　　B. 熔炼炉高温烟气压力过高

C. 波纹金属软管质量不合格　　D. 现场职工未佩戴劳动防护用品

E. 锅炉房设计不合理

4. 根据规定，该起事故调查组的组成单位应包括（　　）。

A. 所在地市级（设区的市）质量技术监督部门

B. 所在地市级（设区的市）安全生产监督管理部门

C. 所在地市级（设区的市）人民检察院

D. 所在地市级（设区的市）人力资源和社会保障部门

E. A铜业公司安全生产管理部门

5. 该起事故调查中，针对技术缺陷方面的分析应包括（　　）。

A. 余热锅炉的操作规程

B. 冷却屏波纹金属软管的质量

C. 余热锅炉的工程设计

D. 冷却屏波纹金属软管的爆炸当量

E. A铜业公司的安全生产责任制

6. 从该起事故应急过程看，A铜业公司事故应急预案中应补充完善的内容包括（　　）。

A. 调度员应急响应程序　　B. 事故报告程序

C. 应急装备配备要求　　D. 应急处置程序

E. 人员清点程序

参考答案及解析

1. B 【解析】较大事故，是指造成3人以上10人以下死亡，或者10人以上50人以下重伤，或者1 000万元以上5 000万元以下直接经济损失的事故。

2. B 【解析】灼烫：指强酸、强碱溅到身体上引起的灼伤，或因火焰引起的烧伤，高温物体引起的烫伤，放射线引起的皮肤损伤等事故；不包括电烧伤及火灾事故引起的烧伤。本案例中，是由蒸汽引起的烫伤，所以该事故属于灼伤。

3. C 【解析】事故的直接原因有：(1)机械、物质或环境的不安全状态；(2)人的不安全行为。本案例中由于是从熔炼炉到余热锅炉的冷却屏波纹金属软管爆裂引起的事故，所以选项C正确。

4. ABC 【解析】依据《生产安全事故报告和调查处理条例》的规定，根据事故的具体情况，事故调查组由有关人民政府、安全生产监督管理部门、负有安全生产监督管理职责的有关部门、监察机关、公安机关以及工会派人组成，并应当邀请人民检察院派人参加。

5. BC 【解析】从熔炼炉到余热锅炉的冷屏波纹金属软管爆裂，说明其质量问题，大量高温饱和蒸汽喷出，导致现场人员伤亡，说明其设计不合理，没有避免人员伤害，故选项BC正确。

6. CD 【解析】依据本案例，A铜业公司的防护服是紧急外调的，所以该公司的应急装备配备应完善。应急处置程序也应完善。

第二部分

安全生产案例分析

第一章　安全生产管理制度与职责

知识框架

- 安全生产管理制度与职责
  - 国家安全生产法律、法规、规章、标准和政策
  - 企业安全生产规章制度
    - 安全生产规章制度建设的目的和意义
    - 安全规章制度建设的依据和原则
    - 安全规章制度的编制和管理
  - 安全生产责任制
  - 安全生产管理机构设置和人员配备
    - 安全生产管理机构设置和人员配备相关内容
    - 生产经营单位安全生产管理机构以及安全生产管理人员应履行的职责

考点精讲

第一节　国家安全生产法律、法规、规章、标准和政策

考点　国家安全生产法律、法规、规章、标准和政策

项目	具体内容
法律	(1)国家现行的有关安全生产的专门法律有： 《安全生产法》《消防法》《道路交通安全法》《海上交通安全法》《矿山安全法》等。 (2)与安全生产相关的法律主要有： 《劳动法》《职业病防治法》《工会法》《矿产资源法》《铁路法》《公路法》《民用航空法》《港口法》《建筑法》《煤炭法》《电力法》等
法规	安全生产法规分为： (1)行政法规。 (2)地方性法规

续表

项目	具体内容
规章	安全生产行政规章分为： (1)部门规章。 (2)地方政府规章
标准	法定安全生产标准分为： (1)国家标准。安全生产国家标准是指国家标准化行政主管部门依照《标准化法》制定的在全国范围内适用的安全生产技术规范。 (2)行业标准。安全生产行业标准是指国务院有关部门和直属机构依照《标准化法》制定的在安全生产领域内适用的安全生产技术规范。 行业安全生产标准对同一安全生产事项的技术要求，可以高于国家安全生产标准但不得与其相抵触

第二节　企业安全生产规章制度

考点1　安全生产规章制度建设的目的和意义

项目	具体内容
安全生产规章制度建设的目的和意义	安全生产规章制度建设的目的和意义： 安全规章制度是生产经营单位贯彻国家有关安全生产法律法规、国家和行业标准，贯彻国家安全生产方针政策的行动指南，是生产经营单位有效防范生产、经营过程安全生产风险，保障从业人员安全和健康，加强安全生产管理的重要措施。具体表现在： (1)建立、健全安全规章制度是生产经营单位的法定责任。 (2)建立、健全安全生产规章制度是生产经营单位落实主体责任的具体体现。 (3)建立、健全安全规章制度是生产经营单位安全生产的重要保障。 (4)建立、健全安全规章制度是生产经营单位保护从业人员安全与健康的重要手段

考点2　安全规章制度建设的依据和原则

项目	具体内容
依据	(1)以安全生产法律法规、国家和行业标准、地方政府的法规、标准为依据。 生产经营单位安全规章制度首先必须符合国家法律法规，国家和行业标准，以及生产经营单位所在地地方政府的相关法规、标准的要求。生产经营单位安全规章制度是一系列法律法规在生产经营单位生产、经营过程具体贯彻落实的体现。 (2)以生产、经营过程的危险有害因素辨识和事故教训为依据。 安全规章制度的建设，其核心就是危险有害因素的辨识和控制。通过危险有害因素的辨识，有效提高规章制度建设的目的性和针对性，保障生产安全。同时，生产经营单

第三节 安全生产责任制

考点 安全生产责任制

项目	具体内容
定义	安全生产责任制是经长期的安全生产、劳动保护管理实践证明的成功制度与措施
对企业实行安全生产责任制的要求	(1)企业单位的各级领导人员在管理生产的同时,必须负责管理安全工作,认真贯彻执行国家有关劳动保护的法令和制度,在计划、布置、检查、总结、评比生产的时候,同时计划、布置、检查、总结、评比安全工作。 (2)企业单位中的生产、技术、设计、供销、运输、财务等各有关专职机构,都应该在各自业务范围内,对实现安全生产的要求负责。 (3)企业单位都应该根据实际情况加强劳动保护工作机构或专职人员的工作。劳动保护工作机构或专职人员的职责是:协助领导组织推动生产中的安全工作,贯彻执行劳动保护的法令、制度;汇总和审查安全技术措施计划,并且督促有关部门切实按期执行;组织和协助有关部门制订或修订安全生产制度和安全技术操作规程,对这些制度、规程的贯彻执行进行监督检查;经常进行现场检查,协助解决问题,遇有特别紧急的不安全情况时,有权指令先行停止生产,并且立即报告领导上研究处理;总结和推广安全生产的先进经验,对职工进行安全生产的宣传教育;指导生产小组安全员工作;督促有关部门按规定及时分发和合理使用个人防护用品、保健食品和清凉饮料;参加审查新建、改建、大修工程的设计计划,并且参加工程验收和试运转工作;参加伤亡事故的调查和处理,进行伤亡事故的统计、分析和报告,协助有关部门提出防止事故的措施,并且督促他们按期实现;组织有关部门研究执行防止职业中毒和职业病的措施;督促有关部门做好劳逸结合和女工保护工作。 (4)企业单位各生产小组都应该设有不脱产的安全员。小组安全员在生产小组长的领导和劳动保护干部的指导下,首先应当在安全生产方面以身作则,起模范带头作用,并协助小组长做好下列工作:经常对本组工人进行安全生产教育;督促他们遵守安全操作规程和各种安全生产制度;正确地使用个人防护用品;检查和维护本组的安全设备,发现生产中有不安全情况的时候,及时报告;参加事故的分析和研究,协助领导上实现防止事故的措施。 (5)企业单位的职工应该自觉地遵守安全生产规章制度,不进行违章作业,并且要随时制止他人违章作业,积极参加安全生产的各种活动,主动提出改进安全工作的意见,爱护和正确使用机器设备、工具及个人防护用品

第四节　安全生产管理机构设置和人员配备

考点 1　安全生产管理机构设置和人员配备相关内容

项目	具体内容
概念	(1)安全生产管理机构:是指对安全生产工作进行的管理和控制的部门。 (2)专职安全管理人员:是指经有关部门安全生产考核合格,并取得安全生产考核合格证书,在企业从事安全生产管理工作的专职人员
设置安全生产管理机构或配备专职安全管理人员的企业	(1)矿山、金属冶炼、建筑施工、运输单位和危险物品的生产、经营、储存、装卸单位,应当设置安全生产管理机构或配备专职安全生产管理人员。 (2)前款以外的其他生产经营单位,从业人员超过 100 人的,应当设置安全生产管理机构或者配置专职安全生产管理人员;从业人员在 100 人以下的,应当配备专职或者兼职的安全生产管理人员

考点 2　生产经营单位安全生产管理机构以及安全生产管理人员应履行的职责

项目	具体内容
职责	生产经营单位安全生产管理机构以及安全生产管理人员应履行下列职责: (1)组织或者参与拟订本单位安全生产规章制度、操作规程和生产安全事故应急救援预案。 (2)组织或者参与本单位安全生产教育和培训,如实记录安全生产教育和培训情况。 (3)组织开展危险源辨识和评估,督促落实本单位重大危险源的安全管理措施。 (4)组织或者参与本单位应急救援演练。 (5)检查本单位的安全生产状况,及时排查生产安全事故隐患,提出改进安全生产管理的建议。 (6)制止和纠正违章指挥、强令冒险作业、违反操作规程的行为。 (7)督促落实本单位安全生产整改措施

第二章　危险因素辨识、隐患排查与安全评价

知识框架

- 危险因素辨识、隐患排查与安全评价
  - 危险、有害因素辨识
    - 人的因素
    - 物的因素
    - 环境因素
    - 管理因素
  - 危险化学品重大危险源管理
    - 危险化学品重大危险源管理相关内容
    - 危险化学品重大危险源安全管理
  - 安全生产检查
    - 安全生产检查工作重点
    - 安全生产检查的类型
    - 安全生产检查的内容
    - 安全生产检查的方法
    - 安全生产检查的工作程序
  - 事故隐患排查
    - 安全生产事故隐患定义及分类
    - 对企业事故隐患排查的要求
    - 监督管理
  - 安全评价
    - 安全评价的内容
    - 安全评价方法分类
    - 常用的安全评价方法
  - 安全技术措施
    - 安全技术措施的分类及编制原则
    - 安全技术措施的编制方法

考点精讲

第一节　危险、有害因素辨识

考点1　人的因素

项目	具体内容
心理、生理性危险和有害因素	心理、生理性危险和有害因素主要包括：(1)负荷超限。(2)健康状况异常。(3)从事禁忌作业。(4)心理异常。(5)辨识功能缺陷。(6)其他心理、生理性危险和有害因素
行为性危险和有害因素	行为性危险和有害因素主要包括： (1)指挥错误。(2)操作错误。(3)监护失误。(4)其他行为性危险和有害因素

考点2　物的因素

项目	具体内容
物理性危险和有害因素	物理性危险和有害因素主要包括：(1)设备、设施、工具、附件缺陷。(2)防护缺陷。(3)电伤害。(4)噪声。(5)振动危害。(6)电离辐射。(7)非电离辐射。(8)运动物危害。(9)明火。(10)高温物体。(11)低温物体。(12)信号缺陷。(13)标志标识缺陷。(14)有害光照。(15)信息系统缺陷。(6)其他物理性危险和危害因素
化学性危险和有害因素	化学性危险和有害因素主要包括：(1)理化危险。(2)健康危险。(3)其他化学性危险和有害因素
生物性危险和有害因素	生物性危险和有害因素主要包括： (1)致病微生物。(2)传染病媒介物。(3)致害动物。(4)致害植物。(5)其他生物性危险和有害因素

考点3　环境因素

项目	具体内容
室内作业场所环境不良	室内作业环境不良因素主要包括：(1)室内地面滑。(2)室内作业场所狭窄。(3)室内作业场所杂乱。(4)室内地面不平。(5)室内梯架缺陷。(6)地面、墙和天花板上的开口缺陷。(7)房屋地基下沉。(8)室内安全通道缺陷。(9)房屋安全出口缺陷。(10)采光照明不良。(11)作业场所空气不良。(12)室内温度、湿度、气压不适。(13)室内给排水不良。(14)室内涌水。(15)其他室内作业场所环境不良

续表

项目	具体内容
室外作业环境不良	室外作业环境不良因素主要包括:(1)恶劣气候与环境。(2)作业场所和交通设施湿滑。(3)作业场所狭窄。(4)作业场所杂乱。(5)作业场所不平。(6)交通环境不良。(7)脚手架、阶梯和活动梯架缺陷。(8)地面及地面开口缺陷。(9)建(构)筑物和其他结构缺陷。(10)门和周围设施缺陷。(11)作业场地基础下沉。(12)作业场地安全通道缺陷。(13)作业场地安全出口缺陷。(14)作业场地光照不良。(15)作业场地空气不良。(16)作业场地温度、湿度、气压不适。(17)作业场地涌水。(18)排水系统故障。(19)其他室外作业场所环境不良
地下(含水下)作业环境不良	地下(含水下)作业环境不良因素主要包括:(1)隧道/矿井顶板或巷帮缺陷。(2)隧道/矿井作业面缺陷。(3)隧道/矿井底板缺陷。(4)地下作业面空气不良。(5)地下火。(6)冲击地压。(7)地下水。(8)水下作业供氧不当。(9)其他地下(含水下)作业环境不良
其他作业环境不良	其他作业环境不良因素主要包括:(1)强迫体位。(2)综合性作业环境不良。(3)以上未包括的其他作业环境不良

考点4 管理因素

项目	具体内容
管理因素	管理因素主要包括: (1)职业安全卫生组织机构和人员配备不健全。 (2)职业安全卫生责任制不完善或未落实。 (3)职业安全卫生管理规章制度不完善或未落实。 (4)职业安全卫生投入不足。 (5)应急管理缺陷。 (6)其他管理因素缺陷

第二节 危险化学品重大危险源管理

考点1 危险化学品重大危险源管理相关内容

项目	具体内容
责任主体	危险化学品单位是本单位重大危险源安全管理的责任主体,其主要负责人对本单位的重大危险源安全管理工作负责,并保证重大危险源安全生产所必需的安全投入

续表

项目	具体内容
实行原则	重大危险源的安全监督管理实行属地监管与分级管理相结合的原则。 县级以上地方人民政府安全生产监督管理部门按照有关法律、法规、标准和本规定，对本辖区内的重大危险源实施安全监督管理
重大危险源安全监管的信息化建设	国家鼓励危险化学品单位采用有利于提高重大危险源安全保障水平的先进适用的工艺、技术、设备以及自动控制系统，推进安全生产监督管理部门重大危险源安全监管的信息化建设

考点2　危险化学品重大危险源安全管理

项目	具体内容
对危险化学品单位的要求	(1)危险化学品单位应当建立完善重大危险源安全管理规章制度和安全操作规程，并采取有效措施保证其得到执行。 (2)危险化学品单位应当根据构成重大危险源的危险化学品种类、数量、生产、使用工艺(方式)或者相关设备、设施等实际情况，按照下列要求建立健全安全监测监控体系，完善控制措施：①重大危险源配备温度、压力、液位、流量、组份等信息的不间断采集和监测系统以及可燃气体和有毒有害气体泄漏检测报警装置，并具备信息远传、连续记录、事故预警、信息存储等功能；一级或者二级重大危险源，具备紧急停车功能。记录的电子数据的保存时间不少于30天；②重大危险源的化工生产装置装备满足安全生产要求的自动化控制系统；一级或者二级重大危险源，装备紧急停车系统；③对重大危险源中的毒性气体、剧毒液体和易燃气体等重点设施，设置紧急切断装置；毒性气体的设施，设置泄漏物紧急处置装置。涉及毒性气体、液化气体、剧毒液体的一级或者二级重大危险源，配备独立的安全仪表系统(SIS)；④重大危险源中储存剧毒物质的场所或者设施，设置视频监控系统；⑤安全监测监控系统符合国家标准或者行业标准的规定。 (3)危险化学品单位应当按照国家有关规定，定期对重大危险源的安全设施和安全监测监控系统进行检测、检验，并进行经常性维护、保养，保证重大危险源的安全设施和安全监测监控系统有效、可靠运行。维护、保养、检测应当作好记录，并由有关人员签字。 (4)危险化学品单位应当明确重大危险源中关键装置、重点部位的责任人或者责任机构，并对重大危险源的安全生产状况进行定期检查，及时采取措施消除事故隐患。事故隐患难以立即排除的，应当及时制定治理方案，落实整改措施、责任、资金、时限和预案。 (5)危险化学品单位应当对重大危险源的管理和操作岗位人员进行安全操作技能培训，使其了解重大危险源的危险特性，熟悉重大危险源安全管理规章制度和安全操作规程，掌握本岗位的安全操作技能和应急措施。 (6)危险化学品单位应当在重大危险源所在场所设置明显的安全警示标志，写明紧急情况下的应急处置办法。 (7)危险化学品单位应当将重大危险源可能发生的事故后果和应急措施等信息，以适当方式告知可能受影响的单位、区域及人员

续表

项目	具体内容
对危险化学品单位的要求	(8)危险化学品单位应当依法制定重大危险源事故应急预案，建立应急救援组织或者配备应急救援人员，配备必要的防护装备及应急救援器材、设备、物资，并保障其完好和方便使用；配合地方人民政府安全生产监督管理部门制定所在地区涉及本单位的危险化学品事故应急预案。 (9)危险化学品单位应当制定重大危险源事故应急预案演练计划，并按照下列要求进行事故应急预案演练：①对重大危险源专项应急预案，每年至少进行一次；②对重大危险源现场处置方案，每半年至少进行一次。 应急预案演练结束后，危险化学品单位应当对应急预案演练效果进行评估，撰写应急预案演练评估报告，分析存在的问题，对应急预案提出修订意见，并及时修订完善。 (10)危险化学品单位应当对辨识确认的重大危险源及时、逐项进行登记建档。 重大危险源档案应当包括下列文件、资料：①辨识、分级记录；②重大危险源基本特征表；③涉及的所有化学品安全技术说明书；④区域位置图、平面布置图、工艺流程图和主要设备一览表；⑤重大危险源安全管理规章制度及安全操作规程；⑥安全监测监控系统、措施说明、检测、检验结果；⑦重大危险源事故应急预案、评审意见、演练计划和评估报告；⑧安全评估报告或者安全评价报告；⑨重大危险源关键装置、重点部位的责任人、责任机构名称；⑩重大危险源场所安全警示标志的设置情况；⑪其他文件、资料。 (11)危险化学品单位在完成重大危险源安全评估报告或者安全评价报告后15日内，应当填写重大危险源备案申请表，连同重大危险源档案材料，报送所在地县级人民政府安全生产监督管理部门备案。 县级人民政府安全生产监督管理部门应当每季度将辖区内的一级、二级重大危险源备案材料报送至设区的市级人民政府安全生产监督管理部门。设区的市级人民政府安全生产监督管理部门应当每半年将辖区内的一级重大危险源备案材料报送至省级人民政府安全生产监督管理部门。 (12)危险化学品单位新建、改建和扩建危险化学品建设项目，应当在建设项目竣工验收前完成重大危险源的辨识、安全评估和分级、登记建档工作，并向所在地县级人民政府安全生产监督管理部门备案

第三节　安全生产检查

考点1　安全生产检查工作重点

项目	具体内容
工作重点	(1)安全生产检查是生产经营单位安全生产管理的重要内容。 (2)工作重点：①辨识安全生产管理工作存在的漏洞和死角；②检查生产现场安全防护设施、作业环境是否存在不安全状态；③现场作业人员的行为是否符合安全规范；④设

续表

项目	具体内容
工作重点	备、系统运行状况是否符合现场规程的要求等。 (3)通过安全检查,不断堵塞管理漏洞,改善劳动作业环境,规范作业人员的行为,保证设备系统的安全、可靠运行,实现安全生产的目的

考点2　安全生产检查的类型

项目	具体内容
定期安全生产检查	定期安全生产检查一般是通过有计划、有组织、有目的的形式来实现,一般由生产经营单位统一组织实施。检查周期的确定,应根据生产经营单位的规模、性质以及地区气候、地理环境等确定。定期安全检查一般具有组织规模大、检查范围广、有深度,能及时发现并解决问题等特点。定期安全检查一般和重大危险源评估、现状安全评价等工作结合开展
经常性安全生产检查	(1)经常性安全生产检查是由生产经营单位的安全生产管理部门、车间、班组或岗位组织进行的日常检查。一般来讲,包括交接班检查、班中检查、特殊检查等几种形式。 (2)交接班检查是指在交接班前,岗位人员对岗位作业环境、管辖的设备及系统安全运行状况进行检查,交班人员要向接班人员说清楚,接班人员根据自己检查的情况和交班人员的交代,做好工作中可能发生问题及应急处置措施的预想。 班中检查包括岗位作业人员在工作过程中的安全检查,以及生产经营单位领导、安全生产管理部门和车间班组的领导或安全监督人员对作业情况的巡视或抽查等。 (3)特殊检查是针对设备、系统存在的异常情况,所采取的加强监视运行的措施。一般来讲,措施由工程技术人员制定,岗位作业人员执行。 交接班检查和班中岗位的自行检查,一般应制定检查路线、检查项目、检查标准,并设置专用的检查记录本。 (4)岗位经常性检查发现的问题记录在记录本上,并及时通过信息系统和电话逐级上报。 (5)一般来讲,对危及人身和设备安全的情况,岗位作业人员应根据操作规程、应急处置措施的规定,及时采取紧急处置措施,不需请示,处置后则立即汇报。有些生产经营单位如化工单位等习惯做法是,岗位作业人员发现危及人身、设备安全的情况,只需紧急报告,而不要求就地处置
季节性及节假日前后安全生产检查	(1)由生产经营单位统一组织,检查内容和范围则根据季节变化,按事故发生的规律对易发的潜在危险,突出重点进行检查。如冬季防冻保温、防火、防煤气中毒,夏季防暑降温、防汛、防雷电等检查。 (2)由于节假日(特别是重大节日,如元旦、春节、劳动节、国庆节)前后容易发生事故。因而应在节假日前后进行有针对性的安全检查

续表

项目	具体内容
专业(项)安全生产检查	(1)专业(项)安全生产检查是对某个专业(项)问题或在施工(生产)中存在的普遍性安全问题进行的单项定性或定量检查。 (2)如对危险性较大的在用设备、设施,作业场所环境条件的管理性或监督性定量检测检验则属专业(项)安全检查。专业(项)检查具有较强的针对性和专业要求,用于检查难度较大的项目
综合性安全生产检查	综合性安全生产检查一般是由上级主管部门或地方政府负有安全生产监督管理职责的部门,组织对生产单位进行的安全检查
职工代表不定期对安全生产的巡查	根据《工会法》及《安全生产法》的有关规定,生产经营单位的工会应定期或不定期组织职工代表进行安全检查。重点查国家安全生产方针、法规的贯彻执行情况,各级人员安全生产责任制和规章制度的落实情况,从业人员安全生产权利的保障情况,生产现场的安全状况等

考点 3　安全生产检查的内容

项目	具体内容
内容	安全生产检查的内容包括:软件系统和硬件系统。 (1)软件系统主要是查思想、查意识、查制度、查管理、查事故处理、查隐患、查整改。 (2)硬件系统主要是查生产设备、查辅助设施、查安全设施、查作业环境
原则	安全生产检查具体内容应本着突出重点的原则进行确定。 (1)对于危险性大、易发事故、事故危害大的生产系统、部位、装置、设备等应加强检查。一般应重点检查:①易造成重大损失的易燃易爆危险物品、剧毒品、锅炉、压力容器、起重设备、运输设备、冶炼设备、电气设备、冲压机械、高处作业和本企业易发生工伤、火灾、爆炸等事故的设备、工种、场所及其作业人员;②易造成职业中毒或职业病的尘毒产生点及其岗位作业人员;③直接管理的重要危险点和有害点的部门及其负责人。 (2)对非矿山企业,目前国家有关规定要求强制性检查的项目有:①锅炉、压力容器、压力管道、高压医用氧舱、起重机、电梯、自动扶梯、施工升降机、简易升降机、防爆电器、厂内机动车辆、客运索道、游艺机及游乐设施等;②作业场所的粉尘、噪声、振动、辐射、高温低温和有毒物质的浓度等。 (3)对矿山企业,目前国家有关规定要求强制性检查的项目有:①矿井风量、风质、风速及井下温度、湿度、噪声;②瓦斯、粉尘;③矿山放射性物质及其他有毒有害物质;④露天矿山边坡;⑤尾矿坝;⑥提升、运输、装载、通风、排水、瓦斯抽放、压缩空气和起重设备;⑦各种防爆电器、电器安全保护装置;⑧矿灯;⑨钢丝绳等;⑩瓦斯、粉尘及其他有毒有害物质检测仪器、仪表以及自救器;⑪救护设备;⑫安全帽;⑬防尘口罩或面罩;⑭防护服、防护鞋;⑮防噪声耳塞、耳罩

考点4　安全生产检查的方法

项目	具体内容
常规检查	(1)常规检查是常见的一种检查方法。 (2)通常是由安全管理人员作为检查工作的主体,到作业场所现场,通过感观或辅助一定的简单工具、仪表等,对作业人员的行为、作业场所的环境条件、生产设备设施等进行的定性检查。 (3)安全检查人员通过这一手段,及时发现现场存在的安全隐患并采取措施予以消除,纠正施工人员的不安全行为。 (4)常规检查主要依靠安全检查人员的经验和能力,检查的结果直接受安全检查人员个人素质的影响
安全检查表法	(1)为使安全检查工作更加规范,将个人的行为对检查结果的影响减少到最小,常采用安全检查表法。 (2)安全检查表一般由工作小组讨论制定。 (3)安全检查表一般包括检查项目、检查内容、检查标准、检查结果及评价、检查发现问题等内容。 (4)编制安全检查表应依据国家有关法律法规,生产经营单位现行有效的有关标准、规程、管理制度,有关事故教训,生产经营单位安全管理文化、理念,反事故技术措施和安全措施计划,季节性、地理、气候特点等
仪器检查及数据分析法	(1)有些生产经营单位的设备、系统运行数据具有在线监视和记录的系统设计,对设备、系统的运行状况可通过对数据的变化趋势进行分析得出结论。 (2)对没有在线数据检测系统的机器、设备、系统,只能通过仪器检查法来进行定量化的检验与测量

考点5　安全生产检查的工作程序

项目	具体内容
安全检查准备	(1)确定检查对象、目的、任务。 (2)查阅、掌握有关法规、标准、规程的要求。 (3)了解检查对象的工艺流程、生产情况、可能出现危险和危害的情况。 (4)制定检查计划,安排检查内容、方法、步骤。 (5)编写安全检查表或检查提纲。 (6)准备必要的检测工具、仪器、书写表格或记录本。 (7)挑选和训练检查人员并进行必要的分工等
实施安全检查	实施安全检查就是通过访谈、查阅文件和记录、现场观察、仪器测量的方式获取信息。 (1)访谈。通过与有关人员谈话来检查安全意识和规章制度执行情况等。 (2)查阅文件和记录。检查设计文件、作业规程、安全措施、责任制度、操作规程等是

续表

项目	具体内容
实施安全检查	否齐全，是否有效；查阅相应记录，判断上述文件是否被执行。 （3）现场观察。对作业现场的生产设备、安全防护设施、作业环境、人员操作等进行观察。寻找不安全因素、事故隐患、事故征兆等。 （4）仪器测量。利用一定的检测检验仪器设备，对在用的设施、设备、器材状况及作业环境条件等进行测量，以发现隐患
综合分析	经现场检查和数据分析后，检查人员应对检查情况进行综合分析，提出检查的结论和意见。一般来讲，生产经营单位自行组织的各类安全检查，应有安全管理部门会同有关部门对检查结果进行综合分析；上级主管部门或地方政府负有安全生产监督管理职责的部门组织的安全检查，统一研究得出检查意见或结论
结果反馈	现场检查和综合分析完成后，应将检查的结论和意见反馈至被检查对象。结果反馈形式可以是现场反馈，也可以是书面反馈
提出整改要求	检查结束后，针对检查发现的问题，应根据问题性质的不同，提出相应的整改措施和要求
整改落实	对安全检查发现的问题和隐患，生产经营单位应制定整改计划，建立安全生产问题隐患台账，定期跟踪隐患的整改落实情况，确保隐患按要求整改完成，形成隐患整改的闭环管理
信息反馈及持续改进	生产经营单位自行组织的安全检查，在整改措施计划完成后，安全管理部门应组织有关人员进行验收。对于上级主管部门或地方政府负有安全生产监督管理职责的部门组织的安全检查，在整改措施完成后，应及时上报整改完成情况，申请复查或验收。 对安全检查中经常发现的问题或反复发现的问题，生产经营单位应从规章制度的健全和完善、从业人员的安全教育培训、设备系统的更新改造、加强现场检查和监督等环节入手，做到持续改进，不断提高安全生产管理水平，防范生产安全事故的发生

第四节　事故隐患排查

考点 1　安全生产事故隐患定义及分类

项目	具体内容
定义	安全生产事故隐患是指生产经营单位违反安全生产法律、法规、规章、标准、规程和安全生产管理制度的规定，或者因其他因素在生产经营活动中存在可能导致事故发生的物的危险状态、人的不安全行为和管理上的缺陷

续表

项目	具体内容
分类	事故隐患分为一般事故隐患和重大事故隐患。 (1)一般事故隐患,是指危害和整改难度较小,发现后能够立即整改排除的隐患。 (2)重大事故隐患,是指危害和整改难度较大,应当全部或者局部停产停业,并经过一定时间整改治理方能排除的隐患,或者因外部因素影响致使生产经营单位自身难以排除的隐患

考点2　对企业事故隐患排查的要求

项目	具体内容
要求	(1)生产经营单位应当依照法律、法规、规章、标准和规程的要求从事生产经营活动。严禁非法从事生产经营活动。 (2)生产经营单位是事故隐患排查、治理和防控的责任主体。 (3)生产经营单位应当建立健全事故隐患排查治理和建档监控等制度,逐级建立并落实从主要负责人到每个从业人员的隐患排查治理和监控责任制 (4)生产经营单位应当保证事故隐患排查治理所需的资金,建立资金使用专项制度。 (5)生产经营单位应当定期组织安全生产管理人员、工程技术人员和其他相关人员排查本单位的事故隐患。对排查出的事故隐患,应当按照事故隐患的等级进行登记,建立事故隐患信息档案,并按照职责分工实施监控治理。 (6)生产经营单位应当建立事故隐患报告和举报奖励制度,鼓励、发动职工发现和排除事故隐患,鼓励社会公众举报。对发现、排除和举报事故隐患的有功人员,应当给予物质奖励和表彰。 (7)生产经营单位将生产经营项目、场所、设备发包、出租的,应当与承包、承租单位签订安全生产管理协议,并在协议中明确各方对事故隐患排查、治理和防控的管理职责。生产经营单位对承包、承租单位的事故隐患排查治理负有统一协调和监督管理的职责。 (8)安全监管监察部门和有关部门的监督检查人员依法履行事故隐患监督检查职责时,生产经营单位应当积极配合,不得拒绝和阻挠。 (9)生产经营单位应当每季、每年对本单位事故隐患排查治理情况进行统计分析,并分别于下一季度15日前和下一年1月31日前向安全监管监察部门和有关部门报送书面统计分析表。统计分析表应当由生产经营单位主要负责人签字。 对于重大事故隐患,生产经营单位除依照上述要求报送外,还应当及时向安全监管监察部门和有关部门报告。重大事故隐患报告内容应当包括:①隐患的现状及其产生原因;②隐患的危害程度和整改难易程度分析;③隐患的治理方案。 (10)对于一般事故隐患,由生产经营单位(车间、分厂、区队等)负责人或者有关人员立即组织整改。 对于重大事故隐患,由生产经营单位主要负责人组织制定并实施事故隐患治理方案。重大事故隐患治理方案应当包括以下内容:①治理的目标和任务;②采取的方法和措

续表

项目	具体内容
要求	施；③经费和物资的落实；④负责治理的机构和人员；⑤治理的时限和要求；⑥安全措施和应急预案。 (11)生产经营单位在事故隐患治理过程中，应当采取相应的安全防范措施，防止事故发生。事故隐患排除前或者排除过程中无法保证安全的，应当从危险区域内撤出作业人员。并疏散可能危及的其他人员，设置警戒标志，暂时停产停业或者停止使用；对暂时难以停产或者停止使用的相关生产储存装置、设施、设备，应当加强维护和保养，防止事故发生。 (12)生产经营单位应当加强对自然灾害的预防。对于因自然灾害可能导致事故灾难的隐患，应当按照有关法律、法规、标准和《安全生产事故隐患排查治理暂行规定》的要求排查治理，采取可靠的预防措施，制定应急预案。在接到有关自然灾害预报时，应当及时向下属单位发出预警通知；发生自然灾害可能危及生产经营单位和人员安全的情况时，应当采取撤离人员、停止作业、加强监测等安全措施，并及时向当地人民政府及其有关部门报告。 (13)地方人民政府或者安全监管监察部门及有关部门挂牌督办并责令全部或者局部停产停业治理的重大事故隐患，治理工作结束后，有条件的生产经营单位应当组织本单位的技术人员和专家对重大事故隐患的治理情况进行评估；其他生产经营单位应当委托具备相应资质的安全评价机构对重大事故隐患的治理情况进行评估。 经治理后符合安全生产条件的，生产经营单位应当向安全监管监察部门和有关部门提出恢复生产的书面申请，经安全监管监察部门和有关部门审查同意后，方可恢复生产经营。申请报告应包括治理方案的内容、项目和安全评价机构出具的评价报告等

考点3 监督管理

项目	具体内容
监督管理	(1)各级安全监管监察部门按照职责对所辖区域内生产经营单位排查治理事故隐患工作依法实施综合监督管理；各级人民政府有关部门在各自职责范围内对生产经营单位排查治理事故隐患工作依法实施监督管理。任何单位和个人发现事故隐患，均有权向安全监管监察部门和有关部门报告。安全监管监察部门接到事故隐患报告后，应当按照职责分工立即组织核实并予以查处；发现所报告事故隐患应当由其他有关部门处理的，应当立即移送有关部门并记录备查。 (2)安全监管监察部门应当指导、监督生产经营单位按照有关法律、法规、规章、标准和规程的要求，建立健全事故隐患排查治理等各项制度，定期组织对生产经营单位事故隐患排查治理情况开展监督检查。对检查过程中发现的重大事故隐患，应当下达整改指令书，并建立信息管理台账。必要时，报告同级人民政府并对重大事故隐患实行挂牌督办。 (3)安全监管监察部门应当配合有关部门做好对生产经营单位事故隐患排查治理情况开展的监督检查，依法查处事故隐患排查治理的非法和违法行为及其责任者。

续表

项目	具体内容
监督管理	(4)安全监管监察部门发现属于其他有关部门职责范围内的重大事故隐患的,应该及时将有关资料移送有管辖权的有关部门,并记录备案。 (5)已经取得安全生产许可证的生产经营单位,在其被挂牌督办的重大事故隐患治理结束前,安全监管监察部门应当加强监督检查。必要时,可以提请原许可证颁发机关依法暂扣其安全生产许可证。 (6)对挂牌督办并采取全部或者局部停产停业治理的重大事故隐患,国家监察委员会收到生产经营单位恢复生产的申请报告后,应当在 10 日内进行现场审查。审查合格的,对事故隐患进行核销,同意恢复生产经营;审查不合格的,依法责令改正或者下达停产整改指令。对整改无望或者生产经营单位拒不执行整改指令的,依法实施行政处罚;不具备安全生产条件的,依法提请县级以上人民政府按照国务院规定的权限予以关闭

第五节　安全评价

考点 1　安全评价的内容

项目	具体内容
安全评价	安全评价是指以实现安全为目的,应用安全系统工程原理和方法,辨识与分析工程、系统、生产经营活动中的危险和有害因素,预测发生事故或造成职业危害的可能性及其严重程度,提出科学、合理、可行的安全对策措施建议,作出评价结论的活动
安全预评价	安全预评价是指在项目建设前,根据建设项目可行性研究报告的内容,分析和预测该建设项目可能存在的危险和有害因素的种类和程度,提出合理、可行的安全对策措施和建议,用以指导建设项目的初步设计。 安全预评价内容: (1)前期准备工作:①明确评价对象和评价范围;②组建评价组;③收集法律、法规;④分析基础资料等。 (2)辨识和分析评价对象存在的各种危险和有害因素。 (3)评价单元划分,以自然条件、基本工艺条件、危险和有害因素分布及状况、便于实施评价为原则进行。 (4)定性、定量评价,对危险和有害因素导致事故发生的可能性及其严重程度进行评价。 (5)提出安全技术对策措施,提出安全管理对策措施及其他安全对策措施。 (6)评价结论,给出评价对象的符合性结论,给出危险和有害因素引发各类事故的可能性及其严重程度的预测性结论,明确评价对象建成或实施后能否安全运行的结论

续表

项目	具体内容
安全验收评价	(1)在建设项目竣工后正式生产运行前或工业园区建设完成后,通过检查建设项目安全设施与主体工程同时设计、同时施工、同时投入生产和使用的情况或工业园区内的安全设施、设备、装置投入生产和使用的情况。 (2)安全验收评价程序:①前期准备;②辨识与分析危险和有害因素;③划分评价单元;④定性、定量评价;⑤提出安全对策措施建议;⑥作出安全评价结论;⑦编制安全评价报告。 (3)安全验收评价包括:①危险、有害因素的辨识与分析;②符合性评价和危险危害程度的评价;③安全对策措施建议;④安全验收评价结论等内容
安全现状评价	(1)针对生产经营活动、工业园区的事故风险、安全管理等情况,辨识与分析其存在的危险和有害因素,审查确定其与安全生产法律、法规、规章、标准、规范要求的符合性,预测发生事故或造成职业危害的可能性及其严重程度,提出科学、合理、可行的安全对策措施建议,作出安全现状评价结论的活动。 (2)安全现状评价既适用于对一个生产经营单位或一个工业园区的评价,也适用于某一特定的生产方式、生产工艺、生产装置或作业场所的评价

考点2 安全评价方法分类

项目	具体内容
按照评价结果的量化程度分类	1. 定性安全评价方法 属于定性安全评价方法的有安全检查表、专家现场询问观察法、因素图分析法、事故引发和发展分析、作业条件危险性评价法、故障类型和影响分析、危险可操作性研究等。 2. 定量安全评价方法 (1)概率风险评价法。 故障类型及影响分析、事故树分析、逻辑树分析、概率理论分析、马尔可夫模型分析、模糊矩阵法、统计图表分析法等都可以由基本致因因素的事故发生概率计算整个评价系统的事故发生概率。 (2)伤害(或破坏)范围评价法。 液体泄漏模型、气体泄漏模型、气体绝热扩散模型、池火火焰与辐射强度评价模型、火球爆炸伤害模型、爆炸冲击波超压伤害模型、蒸气云爆炸超压破坏模型、毒物泄漏扩散模型和锅炉爆炸伤害 TNT 当量法。 (3)危险指数评价法。 道化学公司火灾、爆炸危险指数评价法;蒙德火灾爆炸毒性指数评价法;易燃、易爆、有毒重大危险源评价法
按照安全评价的逻辑推理过程分类	(1)归纳推理评价法。 (2)演绎推理评价法

续表

项目	具体内容
按照安全评价要达到的目的分类	(1)事故致因因素安全评价方法。 (2)危险性分级安全评价方法。 (3)事故后果安全评价方法
按照评价对象的不同分类	(1)设备(设施或工艺)故障率评价法。 (2)人员失误率评价法。 (3)物质系数评价法。 (4)系统危险性评价法等

考点3　常用的安全评价方法

项目	具体内容
安全检查表方法	为了查找工程、系统中各种设备设施、物料、工件、操作、管理和组织措施中的危险、有害因素,事先把检查对象加以分解,将大系统分割若干小的子系统,以提问或打分的形式,将检查项目列表逐项检查,避免遗漏
危险指数方法	(1)危险指数方法是通过评价人员对几种工艺现状及运行的固有属性(是以作业现场危险度、事故概率和事故严重度为基础,对不同作业现场的危险性进行鉴别)进行比较计算,确定工艺危险特性、重要性大小及是否需要进一步研究的安全评价方法。 (2)危险指数评价可以运用在工程项目的各个阶段(可行性研究、设计、运行等),可以在详细的设计方案完成之前运用,也可以在现有装置危险分析计划制定之前运用。 (3)也可用于在役装置,作为确定工艺操作危险的依据
预先危险分析法	预先危险分析法是一项实现系统安全危害分析的初步或初始工作,在设计、施工和生产前,首先对系统中存在的危险性类别、出现条件、导致事故的后果进行分析,目的是识别系统中的潜在危险,确定危险等级,防止危险发展成事故。 预先危险分析方法的步骤如下: (1)通过经验判断、技术诊断或其他方法确定危险源,对所需分析系统的生产目的、物料、装置及设备、工艺过程、操作条件以及周围环境等,进行充分详细的了解。 (2)根据以往的经验及同类行业生产中的事故情况,对系统的影响、损坏程度,类比判断所要分析的系统中可能出现的情况,查找能够造成系统故障、物质损失和人员伤害的危险性,分析事故的可能类型。 (3)对确定的危险源分类,制成预先危险性分析表。 (4)转化条件,即研究危险因素转变为危险状态的触发条件和危险状态转变为事故的必要条件,并进一步寻求对策措施,检验对策措施的有效性。 (5)进行危险性分级,排列出重点和轻、重、缓、急次序,以便处理。 (6)制定事故的预防性对策措施

续表

项目	具体内容
故障假设分析方法	(1)故障假设分析方法是一种对系统工艺过程或操作过程的创造性分析方法。 (2)它一般要求评价人员用“what…if”作为开头对有关问题进行考虑,任何与工艺安全有关或与之不太相关的问题都可提出并加以讨论。 (3)通常,将所有的问题都记录下来,然后分门别类进行讨论。 (4)所提出的问题要考虑到任何与装置有关的不正常的生产条件,而不仅是设备故障或工艺参数。 (5)评价结果一般以表格形式表示,主要内容有:①提出的问题;②回答可能的后果;③降低或消除危险性的安全措施。 (6)故障假设分析方法可按分析准备、完成分析和编制分析结果报告3个步骤来完成
危险和可操作性研究	(1)危险和可操作性研究是一种定性的安全评价方法。 (2)它的基本过程是以关键词为引导,找出过程中工艺状态的变化(即偏差),然后分析找出偏差的原因、后果及可采取的对策。 (3)其侧重点是工艺部分或操作步骤各种具体值。 (4)危险和可操作性研究分析是对危险和可操作性问题进行详细识别的过程,由一个小组完成
故障类型和影响分析	(1)故障类型和影响分析是系统安全工程的一种方法。 (2)根据系统可以划分为子系统、设备和元件的特点,按实际需要将系统进行分割,然后分析各自可能发生的故障类型及其产生的影响,以便采取相应的对策,提高系统的安全可靠性。 (3)故障类型和影响分析步骤:①明确系统本身情况;②确定分析程度和水平;③绘制系统图和可靠性框图;④列出所有的故障类型并选出对系统有影响的故障类型;⑤理出造成故障的原因
故障树分析	(1)故障树分析是一种描述事故因果关系的有方向的“树”,是系统安全工程中的重要的分析方法之一。 (2)它能对各种系统的危险性进行识别评价,既适用于定性分析,又能进行定量分析,具有简明、形象化的特点,体现了以系统工程方法研究安全问题的系统性、准确性和预测性。 (3)故障树分析的基本程序:①熟悉系统;②调查事故;③确定顶上事件;④确定目标值;⑤调查原因事件;⑥画出故障树;⑦定性分析;⑧确定事故发生概率;⑨比较;⑩分析
事件树分析	(1)事件树分析是用来分析普通设备故障或过程波动(称为初始事件)导致事故发生的可能性。 (2)在事件树分析中,事故是典型设备故障或工艺异常(称为初始事件)引发的结果。 (3)与故障树分析不同,事件树分析是使用归纳法(不是演绎法),可提供记录事故后果的系统性的方法,并能确定导致事件后果与初始事件的关系。

续表

项目	具体内容
事件树分析	(4)事件树分析步骤:①确定初始事件;②判定安全功能;③发展事件树和简化事件树;④分析事件树;⑤事件树的定量分析
作业条件危险性评价法	(1)美国的K. J. 格雷厄姆和G. F. 金尼研究了人们在具有潜在危险环境中作业的危险性,提出了以所评价的环境与某些作为参考环境的对比为基础,将作业条件的危险性作为因变量(D),事故或危险事件发生的可能性(L)、暴露于危险环境的频率(E)及危险严重程度(C)作为自变量,确定了它们之间的函数式。 (2)根据实际经验,他们给出了3个自变量的各种不同情况的分数值,采取对所评价的对象根据情况进行“打分”的办法,然后根据公式计算出其危险性分数值,再在按经验将危险性分数值划分的危险程度等级表或图上,查出其危险程度的一种评价方法。 (3)这是一种简单易行的评价作业条件危险性的方法
定量风险评价方法	(1)识别危险分析方面,定性和半定量的评估是非常有价值的,但是这些方法仅是定性分析,不能提供足够的定量分析,特别是不能对复杂的并存在危险的工艺流程等提供决策的依据和足够的信息。 (2)在这种情况下,必须能够提供完全的定量的计算和评价 (3)风险可以表征为事故发生的频率和事故的后果的乘积。 (4)定量风险评价对这两方面均进行评价,可以将风险的大小完全量化,并提供足够的信息,为业主、投资者、政府管理者提供定量化的决策依据

第六节　安全技术措施

考点1　安全技术措施的分类及编制原则

项目	具体内容
分类	防止事故发生的安全技术措施: (1)消除危险源。 (2)限制能量或危险物质。 (3)隔离。 (4)故障—安全设计。 (5)减少故障和失误。 减少事故损失的安全技术措施: (1)隔离。 (2)设置薄弱环节。 (3)个体防护。 (4)避难与救援

续表

项目	具体内容
编制原则	1. 必要性和可行性 要考虑安全生产的实际需要和技术可行性与经济承受能力。 2. 自力更生与勤俭节约 编制计划时，应注意充分利用现有的设备和设施，挖掘潜力，讲求实效。 3. 轻重缓急与统筹安排 对影响最大、危险性最大的项目应优先考虑，逐步有计划地解决。 4. 领导和群众相结合 加强领导，依靠群众，使计划切实可行，以便顺利实施

考点2 安全技术措施的编制方法

项目	具体内容
确定编制时间	年度安全技术措施计划一般应与同年度的生产、技术、财务、物资采购等计划同时编制
布置编制工作	企业领导应根据本单位的具体情况向下属单位或职能部门提出编制措施计划的具体要求，并就有关工作进行布置
确定项目和内容	(1)下属单位在认真调查和分析本单位存在的问题，并征求群众意见的基础上，确定本单位的安全技术措施计划项目和主体内容，报上级安全生产管理部门。 (2)安全生产管理部门对上报的措施计划进行审查、平衡、汇总后，确定措施计划项目，并报有关领导审批
编制措施计划	安全技术措施计划项目经审批后，由安全生产管理部门和下属单位组织相关人员，编制具体的措施计划和方案，经讨论后，送上级安全生产管理部门和有关部门审查
审批措施计划	(1)上级安全、技术、计划部门对上报的安全技术措施计划进行联合会审后，报单位有关领导审批。 (2)安全技术措施计划一般由总工程师审批
下达措施计划	(1)单位主要负责人根据总工程师的审批意见，召集有关部门和下属单位负责人审查、核定措施计划。 (2)审查、核定通过后，与生产计划同时下达到有关部门贯彻执行
实施	(1)安全技术措施计划落实到各执行部门后，安全管理部门应定期对计划的完成情况进行监督检查，对已经完成的项目，应由验收部门负责组织验收。 (2)安全技术措施验收后，应及时补充、修订相关管理制度、操作规程，开展对相关人员的培训工作，建立相关的档案和记录

第三章　安全生产相关规定

知识框架

- 安全生产相关规定
  - 安全生产许可
    - 安全生产许可制度的适用范围
    - 取得安全生产许可证的条件
    - 取得安全生产许可证的程序
    - 违法行为应负的法律责任
  - 建设项目安全设施
    - 建设项目安全设施的相关内容
    - 建设项目安全设施“三同时”
    - 建设项目安全设施设计审查
    - 建设项目安全设施施工和竣工验收
  - 安全生产教育培训
    - 对安全生产教育培训的基本要求
    - 对单位主要负责人、安全生产管理人员及其他从业人员的培训、考核及认证
  - 安全文化
    - 安全文化的定义与内涵
    - 安全文化建设的基本内容
    - 安全文化建设的操作步骤
    - 企业安全文化建设评价
  - 安全生产标准化
    - 安全标准化建设的意义
    - 开展安全生产标准化建设的重点内容
  - 安全风险分级管控和隐患排查治理双重预防机制
    - 总体思路和工作目标
    - 着力构建企业双重预防机制
    - 健全完善双重预防机制的政府监管体系
    - 强化政策引导和技术支撑
    - 有关工作要求
    - 风险分级及管控原则

考点精讲

第一节　安全生产许可

考点1　安全生产许可制度的适用范围

项目	具体内容
设定范围	直接涉及国家安全、公共安全，有限自然资源开发利用、提供公共服务等
设定种类	行政许可包括5类：普通许可、特许、认可、核准、登记。 (1)空间：涵盖了在我国国家主权所及范围内从事矿产资源开发、建筑施工和危险化学品、烟花爆竹和民用爆炸物品生产等活动。 (2)主体及其行为：凡是在中华人民共和国领域内从事矿产资源开发、建筑施工和危险化学品、烟花爆竹、民用爆炸物品生产等活动的所有企业法人、非企业法人单位和中国人、外籍人、无国籍人

考点2　取得安全生产许可证的条件

项目	具体内容
三类企业	(1)矿山企业：①煤矿企业；②非煤矿企业。 (2)危险物品生产企业：①危险化学品生产企业；②烟花爆竹生产企业；③民用爆炸物品生产企业。 (3)建筑施工企业

考点3　取得安全生产许可证的程序

项目	具体内容
程序	1. 公开申请事项和要求 安全生产许可证颁发管理机关制定的安全生产许可证颁发管理的规章制度等具体规定应当公布。否则不能作为实施行政许可的具体根据。 2. 企业应当依法提出申请 企业依法向安全生产许可证颁发管理机关提出申请： (1)新设立生产企业的申请。 (2)已经进行生产企业的申请。 (3)申请人应当提交相关文件、资料

续表

项目	具体内容
程序	3. 受理申请及审查 (1)形式审查。 所谓形式审查,是指安全生产许可证颁发管理机关依法对申请人提交的申请文件、资料是否齐全、真实、合法,进行检查核实的工作。这时申请人提交的证明其具备法定安全生产条件的都是书面的文件、资料。 (2)实质性审查。 申请人提交的文件、资料通过形式审查以后,安全生产许可证颁发管理机关认为有必要的,应当对申请文件、资料和企业的实际安全生产条件进行实地审查或者核实。 安全生产许可证颁发管理机关进行实质性审查的主要方式:①委派本机关的工作人员直接进行审查或者核实;②委托其他行政机关代为进行审查或者核实;③委托安全中介机构对一些专业技术性很强的设施、设备和工艺进行专门检验。 4. 决定 (1)经审查或核实后,安全生产许可证颁发管理机关可以依法作出两种决定:①企业具备法定安全生产条件的,决定颁发安全生产许可证;②企业不具备法定安全生产条件的,决定不予颁发安全生产许可证,书面通知企业并说明理由。 (2)安全生产许可证颁发管理机关应当对有关人员提出的审查意见进行讨论,并在受理申请之日起 45 个工作日内作出颁发或者不予颁发安全生产许可证的决定。对决定颁发的,安全生产许可证颁发管理机关应当自决定之日起 10 个工作日内送达或者通知申请人领取安全生产许可证;对不予颁发的,应当在 10 个工作日内书面通知申请人并说明理由。 5. 期限与延续 (1)安全生产许可证的有效期为 3 年。 (2)延续有以下两种情形:①有效期满的例行延续。安全生产许可证的有效期为 3 年,企业应当于期满前 3 个月内向原安全生产许可证颁发管理机关办理延期手续。②有效期满的免审延续。安全生产状况良好、没有发生死亡生产安全事故的企业,不需经过审查即可延续 3 年,但不是自动延期,应当在有效期满前提出延期的申请,经原安全生产许可证颁发管理机关同意后方可免审延续 3 年。 6. 补办与变更 (1)安全生产许可证如遇损毁、丢失等情况,就需要向原安全生产许可证颁发管理机关申请补办。 (2)企业的有关事项发生变化,也需要及时办理安全生产许可证。 7. 公告 (1)安全生产许可证颁发管理机关定期向社会公布企业取得安全生产许可证情况。 (2)公布的具体形式可以多样但须规范,公布时间由安全生产许可证颁发管理机关决定

考点 4　违法行为应负的法律责任

项目	具体内容
法律责任追究的原则	“谁持证谁负责”和“谁发证谁处罚”
违法行为的界定	1. 许可证颁发管理机关工作人员的安全生产许可违法行为 (1)向不符合安全生产条件的企业颁发安全生产许可证的。 (2)发现企业未依法取得安全生产许可证擅自从事生产活动,不依法处理的。 (3)发现取得安全生产许可证的企业不再具备本条例规定的安全生产条件,不依法处理的。 (4)接到对违反本条例规定行为的举报后,不及时处理的。 (5)在安全生产许可证颁发、管理和监督检查工作中,索取或者接受企业的财物,或者谋取其他利益的。 2. 企业的安全生产许可违法行为 (1)未取得安全生产许可证擅自进行生产的。 (2)取得安全生产许可证后不再具备安全生产条件的。这是一种持证违法行为。 (3)安全生产有效期满未办理延期手续,继续进行生产的。 (4)转让、冒用或者使用伪造安全生产许可证的。 (5)在《安全生产许可证条例》规定期限内逾期不办理安全生产许可证,或者经审查不具备本条例规定的安全生产条件,未取得安全生产许可证,继续进行生产的
行政处理的种类	(1)责令停止生产。 (2)没收违法所得。 (3)罚款。 (4)暂扣或吊销安全生产许可证

第二节　建设项目安全设施

考点 1　建设项目安全设施的相关内容

项目	具体内容
定义	建设项目是指生产经营单位进行新建、改建、扩建工程项目的总称。 建设项目安全设施,是指生产经营单位在生产经营活动中用于预防生产安全事故的设备、设施、装置、构(建)筑物和其他技术措施的总称
责任主体	生产经营单位是建设项目安全设施建设的责任主体

考点2　建设项目安全设施"三同时"

项目	具体内容
概念	建设项目安全设施必须与主体工程同时设计、同时施工、同时投入生产和使用
相关规定	《建设项目安全设施"三同时"监督管理办法》规定： (1)国家安全生产监督管理总局(现改为应急管理部)对全国建设项目安全设施"三同时"实施综合监督管理,并在国务院规定的职责范围内承担有关建设项目安全设施"三同时"的监督管理。 (2)县级以上地方各级安全生产监督管理部门对本行政区域内的建设项目安全设施"三同时"实施综合监督管理,并在本级人民政府规定的职责范围内承担本级人民政府及其有关主管部门审批、核准或者备案的建设项目安全设施"三同时"的监督管理。 (3)跨两个及两个以上行政区域的建设项目安全设施"三同时"由其共同的上一级人民政府安全生产监督管理部门实施监督管理。 (4)上一级人民政府安全生产监督管理部门根据工作需要,可以将其负责监督管理的建设项目安全设施"三同时"工作委托下一级人民政府安全生产监督管理部门实施监督管理。 安全生产监督管理部门应当加强建设项目安全设施建设的日常安全监管,落实有关行政许可及其监管责任,督促生产经营单位落实安全设施建设责任

考点3　建设项目安全设施设计审查

项目	具体内容
建设项目安全设施设计的内容	建设项目安全设施设计应当包括下列内容： (1)设计依据。 (2)建设项目概述。 (3)建设项目潜在的危险、有害因素和危险、有害程度及周边环境安全分析。 (4)建筑及场地布置。 (5)重大危险源分析及检测监控。 (6)安全设施设计采取的防范措施。 (7)安全生产管理机构设置或者安全生产管理人员配备要求。 (8)从业人员教育培训要求。 (9)工艺、技术和设备、设施的先进性和可靠性分析。 (10)安全设施专项投资概算。 (11)安全预评价报告中的安全对策及建议采纳情况。 (12)预期效果以及存在的问题与建议。 (13)可能出现的事故预防及应急救援措施。 (14)法律、法规、规章、标准规定需要说明的其他事项

续表

项目	具体内容
申请审查需提供的资料	建设项目安全设施设计完成后，生产经营单位应当向安全生产监督管理部门提出审查申请，并提交下列文件资料： (1)建设项目审批、核准或者备案的文件。 (2)建设项目安全设施设计审查申请。 (3)设计单位的设计资质证明文件。 (4)建设项目安全设施设计。 (5)建设项目安全预评价报告及相关文件资料。 (6)法律、行政法规、规章规定的其他文件资料
相关规定	(1)安全生产监督管理部门收到申请后，对属于本部门职责范围内的，应当及时进行审查，并在收到申请后5个工作日内作出受理或者不予受理的决定，书面告知申请人；对不属于本部门职责范围内的，应当将有关文件资料转送有审查权的管理部门，并书面告知申请人。 (2)对已经受理的建设项目安全设施设计审查申请，安全生产监督管理部门应当自受理之日起20个工作日内作出是否批准的决定，并书面告知申请人，20个工作日内不能作出决定的，经本部门负责人批准，可以延长10个工作日，并将延长期限的理由书面告知申请人
不得开工的情形	建设项目安全设施设计有下列情形之一的，不予批准，并不得开工建设： (1)无建设项目审批、核准或者备案文件的。 (2)未委托具有相应资质的设计单位进行设计的。 (3)安全预评价报告由未取得相应资质的安全评价机构编制的。 (4)设计内容不符合有关安全生产的法律、法规、规章和国家标准或者行业标准、技术规范的规定的。 (5)未采纳安全预评价报告中的安全对策和建议，且未作充分论证说明的。 (6)不符合法律、行政法规规定的其他条件的。 建设项目安全设施设计审查未予批准的，生产经营单位经过整改后可以向原审查部门申请再审。 已经批准的建设项目及其安全设施设计有下列情形之一的，生产经营单位应当报原批准部门审查同意；未经审查同意的，不得开工建设： (1)建设项目的规模、生产工艺、原料、设备发生重大变更的。 (2)改变安全设施设计且可能降低安全性能的。 (3)在施工期间重新设计的

考点4　建设项目安全设施施工和竣工验收

项目	具体内容
各单位的职责	1.施工单位 (1)施工单位应当在施工组织设计中编制安全技术措施和施工现场临时用电方案，同

续表

项目	具体内容
各单位的职责	时对危险性较大的分部分项工程依法编制专项施工方案，并附具安全验算结果，经施工单位技术负责人、总监理工程师签字后实施。 (2)施工单位应当严格按照安全设施设计和相关施工技术标准、规范施工，并对安全设施的工程质量负责。 (3)施工单位发现安全设施设计文件有错漏的，应当及时向生产经营单位、设计单位提出。生产经营单位、设计单位应当及时处理。 (4)施工单位发现安全设施存在重大事故隐患时，应当立即停止施工并报告生产经营单位进行整改。整改合格后，方可恢复施工。 2. 监理单位 (1)工程监理单位应当审查施工组织设计中的安全技术措施或者专项施工方案是否符合工程建设强制性标准。 (2)工程监理单位在实施监理过程中，发现存在事故隐患的，应当要求施工单位整改；情况严重的，应当要求施工单位暂时停止施工，并及时报告生产经营单位。施工单位拒不整改或者不停止施工的，工程监理单位应当及时向有关主管部门报告。 (3)工程监理单位、监理人员应当按照法律、法规和工程建设强制性标准实施监理，并对安全设施工程的工程质量承担监理责任。 3. 建设单位 (1)建设项目安全设施建成后，生产经营单位应当对安全设施进行检查，对发现的问题及时整改。 (2)建设项目竣工投入生产或者使用前，生产经营单位应当组织对安全设施进行竣工验收，并形成书面报告备查。安全设施竣工验收合格后，方可投入生产和使用

第三节　安全生产教育培训

考点 1　对安全生产教育培训的基本要求

项目	具体内容
基本要求	(1)生产经营单位的主要负责人和安全生产管理人员必须具备与本单位所从事的生产经营活动相应的安全生产知识和管理能力。 (2)危险物品的生产、经营、储存、装卸单位以及矿山、金属冶炼、建筑施工、运输单位的主要负责人和安全生产管理人员，应当由有关主管部门对其安全生产知识和管理能力考核合格后方可任职。 (3)生产经营单位应当对从业人员进行安全生产教育和培训，保证从业人员具备必要的安全生产知识，熟悉有关的安全生产规章制度和安全操作规程，掌握本岗位的安全操作技能。未经安全生产教育和培训合格的从业人员，不得上岗作业

续表

项目	具体内容
基本要求	(4)生产经营单位采用新工艺、新技术、新材料或者使用新设备，必须了解、掌握其安全技术特性，采取有效的安全防护措施，并对从业人员进行专门的安全教育和培训。 (5)生产经营单位的特种作业人员必须按照国家有关规定经专门的安全作业培训，取得相应资格，方可上岗作业，特种作业人员的范围由国务院应急管理部门会同国务院有关部门确定。 (6)生产经营单位应当教育和督促从业人员严格执行本单位的安全生产规章制度和安全操作规程；并向从业人员如实告知作业场所和工作岗位存在的危险因素、防范措施以及事故应急措施。 (7)从业人员应当接受安全生产教育和培训，掌握本职工作所需的安全生产知识，提高安全生产技能，增强事故预防和应急处理能力

考点2　对单位主要负责人、安全生产管理人员及其他从业人员的培训、考核及认证

项目	具体内容
对单位主要负责人的培训要求	1. 初次培训的主要内容 (1)国家安全生产方针、政策和有关安全生产的法律、法规、规章及标准。 (2)安全生产管理基本知识、安全生产技术、安全生产专业知识。 (3)重大危险源管理、重大事故防范、应急管理和救援组织以及事故调查处理的有关规定。 (4)职业危害及其预防措施。 (5)国内外先进的安全生产管理经验。 (6)典型事故和应急救援案例分析。 (7)其他需要培训的内容。 2. 再培训内容 对已经取得上岗资格证书的有关领导，应定期进行再培训，再培训的主要内容： (1)新知识、新技术和新颁布的政策、法规。 (2)有关安全生产的法律、法规、规章、规程、标准和政策。 (3)安全生产的新技术、新知识。 (4)安全生产管理经验。 (5)典型事故案例。 3. 培训时间 (1)危险物品的生产经营、储存单位以及矿山、烟花爆竹、建筑施工单位主要负责人安全资格培训时间不得少于48学时，每年再培训时间不得少于16学时。 (2)其他单位主要负责人安全生产管理培训时间不得少于32学时，每年再培训时间不得少于12学时

续表

项目	具体内容
对安全生产管理人员的培训要求	1. 初次培训的主要内容 (1)国家安全生产方针、政策和有关安全生产的法律、法规、规章及标准。 (2)安全生产管理、安全生产技术、职业卫生等知识。 (3)伤亡事故统计、报告及职业危害的调查处理方法。 (4)应急管理、应急预案编制以及应急处置的内容和要求。 (5)国内外先进的安全生产管理经验。 (6)典型事故和应急救援案例分析。 (7)其他需要培训的内容。 2. 培训时间 (1)危险物品的生产、经营、储存单位以及矿山、烟花爆竹、建筑施工单位安全生产管理人员安全资格培训时间不得少于48学时;每年再培训时间不得少于16学时。 (2)其他单位安全生产管理人员安全生产管理培训时间不得少于32学时;每年再培训时间不得少于12学时
特种作业人员的培训	(1)特种作业的范围:电工作业、焊接与热切割作业、高处作业、制冷与空调作业、煤矿安全作业、金属非金属矿山安全作业、石油天然气安全作业、冶金(有色)生产安全作业、危险化学品安全作业、烟花爆竹安全作业、安全监管总局(现改为应急管理部)认定的其他作业。 (2)特种作业人员的安全技术培训、考核、发证、复审工作实行统一监管、分级实施、教考分离的原则。 (3)特种作业人员应当接受与其所从事的特种作业相应的安全技术理论培训和实际操作培训。 (4)跨省、自治区、直辖市从业的特种作业人员,可以在户籍所在地或者从业所在地参加培训。 (5)特种作业操作证有效期为6年,在全国范围内有效。 (6)特种作业操作证由安全监管总局(现改为应急管理部)统一式样、标准及编号。 (7)特种作业操作证每3年复审1次。 (8)特种作业人员在特种作业操作证有效期内,连续从事本工种10年以上,严格遵守有关安全生产法律法规的,经原考核发证机关或者从业所在地考核发证机关同意,特种作业操作证的复审时间可以延长至每6年1次。 (9)特种作业操作证申请复审或者延期复审前,特种作业人员应当参加必要的安全培训并考试合格。 (10)安全培训时间不少于8个学时
其他从业人员的培训	(1)生产单位其他从业人员(简称从业人员)是指除主要负责人和安全生产管理人员以外,该单位从事生产经营活动的所有人员,包括其他负责人、管理人员、技术人员和各岗

续表

项目	具体内容
其他从业人员的培训	位的工人，以及临时聘用的人员。 （2）单位对新从业人员，应进行厂（矿）、车间（工段、区、队）、班组三级安全生产教育培训。 厂（矿）级岗前安全培训内容： ①本单位安全生产情况及安全生产基本知识； ②本单位安全生产规章制度和劳动纪律； ③从业人员安全生产权利和义务； ④有关事故案例等； ⑤煤矿、非煤矿山、危险化学品、烟花爆竹、金属冶炼等生产经营单位厂（矿）级安全培训除包括上述内容外，应当增加事故应急救援、事故应急预案演练及防范措施等内容。 车间级安全生产教育培训是在从业人员工作岗位、工作内容基本确定后进行，由车间一级组织。 车间（工段、区、队）级岗前安全培训内容： ①工作环境及危险因素； ②所从事工种可能遭受的职业伤害和伤亡事故； ③所从事工种的安全职责、操作技能及强制性标准； ④自救互救、急救方法、疏散和现场紧急情况的处理； ⑤安全设备设施、个人防护用品的使用和维护； ⑥本车间（工段、区、队）安全生产状况及规章制度； ⑦预防事故和职业危害的措施及应注意的安全事项； ⑧有关事故案例； ⑨其他需要培训的内容。 班组安全教育培训的重点是岗位安全操作规程、岗位之间工作衔接配合、作业过程的安全风险分析方法和控制对策、事故案例等等。 班组级岗前安全培训内容： ①岗位安全操作规程； ②岗位之间工作衔接配合的安全与职业卫生事项； ③有关事故案例； ④其他需要培训的内容。 （3）生产经营单位新上岗的从业人员，岗前安全培训时间不得少于24学时。 （4）煤矿、非煤矿山、危险化学品、烟花爆竹、金属冶炼等生产经营单位新上岗的从业人员安全培训时间不得少于72学时，每年再培训的时间不得少于20学时。 （5）从业人员在本生产经营单位内调整工作岗位或离岗一年以上重新上岗时，应当重新接受车间（工段、区、队）和班组级的安全培训。 （6）调整工作岗位或离岗后重新上岗安全教育培训：培训工作原则上应由车间级组织。 （7）岗位安全教育培训是指连续在岗位工作的安全教育培训工作，主要包括

续表

项目	具体内容
其他从业人员的培训	①日常安全教育培训; ②定期安全考试; ③专题安全教育培训。 (8)生产经营单位实施新工艺、新技术、新设备(新材料)时,组织相关岗位对从业人员进行有针对性的安全生产教育培训。 法律法规及规章制度培训是指国家颁布的有关安全生产法律法规,或生产经营单位制定新的有关安全生产规章制度后,组织开展的培训活动。 事故案例培训是指在生产经营单位发生生产安全事故或获得与本单位生产经营活动相关的事故案例信息后,开展的安全教育培训活动

第四节　安全文化

考点 1　安全文化的定义与内涵

项目	具体内容
现状	杜邦企业安全文化建设过程可以使用员工安全行为模型描述四个不同阶段:自然本能、严格监督、独立自主管理、团队互助管理
定义	(1)安全文化有广义和狭义之分。狭义的安全文化是指企业安全文化,一个单位的安全文化是个人和集体的价值观、态度、能力和行为方式的综合产物。 (2)安全文化分为三个层次:直观的表层文化,如企业的安全文明生产环境与秩序;企业安全管理体制的中层文化,包括企业内部的组织机构、管理网络、部门分工和安全生产法规与制度建设;安全意识形态的深层文化。 (3)企业安全文化是企业安全物质因素和安全精神因素的总和。 (4)《企业安全文化建设导则》给出了企业安全文化的定义:被企业组织的员工群体所共享的安全价值观、态度、道德和行为规范的统一体
内涵	(1)一个单位的安全文化是企业在长期安全生产和经营活动中逐步培育形成的、具有本企业特点、为全体员工认可遵循并不断创新的观念、行为、环境、物态条件的总和。 (2)企业安全文化包括保护员工在从事生产经营活动中的身心安全与健康,既包括无损、无害、不伤、不亡的物质条件和作业环境,也包括员工对安全的意识、信念、价值观、经营思想、道德规范、企业安全激励进取精神等安全的精神因素。 (3)企业安全文化是"以人为本"多层次的复合体,由安全物质文化、安全行为文化、安全制度文化、安全精神文化组成。企业文化是"以人为本",提倡对人的"爱"与"护",以"灵性管理"为中心,以员工安全文化素质为基础所形成的

续表

项目	具体内容
内涵	(4)安全文化教育,从法制、制度上保障员工受教育的权利,不断创造和保证提高员工安全技能和安全文化素质的机会
基本特征	(1)安全文化是指企业生产经营过程中,为保障企业安全生产,保护员工身心安全与健康所涉及的各种文化实践及活动。 (2)企业安全文化与企业文化目标是基本一致的,即"以人为本",以人的"灵性管理"为基础。 (3)企业安全文化更强调企业的安全形象、安全奋斗目标、安全激励精神、安全价值观和安全生产及产品安全质量、企业安全风貌及"商誉"效应等,是企业凝聚力的体现,对员工有很强的吸引力和无形的约束作用,能激发员工产生强烈的责任感。 (4)企业安全文化对员工有很强的潜移默化的作用,能影响人的思维,改善人们的心智模式,改变人的行为
主要功能	(1)导向功能。企业安全文化所提出的价值观为企业的安全管理决策活动提供了为企业大多数职工所认同的价值取向,它们能将价值观内化为个人的价值观,将企业目标"内化"为自己的行为目标,使个体的目标、价值观、理想与企业的目标、价值观、理想有了高度一致性和同一性。 (2)凝聚功能。当企业安全文化所提出的价值观被企业职工内化为个体的价值观和目标后就会产生一种积极而强大的群体意识,将每个职工紧密地联系在一起。这样就形成了一种强大的凝聚力和向心力。 (3)激励功能。①用企业的宏观理想和目标激励职工奋发向上;②为职工个体指明了成功的标准与标志,使其有了具体的奋斗目标。 (4)辐射和同化功能。企业安全文化一旦在一定的群体中形成,便会对周围群体产生强大的影响作用,迅速向周边辐射。而且,企业安全文化还会保持一个企业稳定的、独特的风格和活力,同化一批又一批新来者,使他们接受这种文化并继续保持与传播,使企业安全文化的生命力得以持久

考点 2　安全文化建设的基本内容

项目	具体内容
总体要求	企业在安全文化建设过程中,应充分考虑自身内部和外部的文化特征,引导全体员工的安全态度和安全行为,实现在法律和政府监管要求基础上的安全自我约束,通过全员参与实现企业安全生产水平持续提高
基本要素	(1)安全承诺:企业应建立包括安全价值观、安全愿景、安全使命和安全目标等在内的安全承诺

续表

<table>
<tr><th>项目</th><th>具体内容</th></tr>
<tr><td>基本要素</td><td>企业安全承诺应做到：
①切合企业特点和实际，反映共同安全志向；
②明确安全问题在组织内部具有最高优先权；
③声明所有与企业安全有关的重要活动都追求卓越；
④含义清晰明了，并被全体员工及相关方所知晓和理解。
领导者应做到：
①提供安全工作的领导力，坚持保守决策，以有形的方式表达对安全的关注；
②在安全生产上真正投入时间和资源；
③制定安全发展的战略规划，以推动安全承诺的实施；
④接受培训，在与企业相关的安全事务上具有必要的能力；
⑤授权组织的各级管理者和员工参与安全生产工作，积极质疑安全问题；
⑥安排对安全实践或实施过程的定期审查；
⑦与相关方进行沟通和合作。
各级管理者应做到：
①清晰界定全体员工的岗位安全责任；
②确保所有与安全相关的活动均采用了安全的工作方法；
③确保全体员工充分理解并胜任所承担的工作；
④鼓励和肯定在安全方面的良好态度，注重从差错中学习和获益；
⑤在追求卓越的安全绩效、质疑安全问题方面以身作则；
⑥接受培训，在推进和辅导员工改进安全绩效上具有必要的能力；
⑦保持与相关方的交流合作，促进组织部门之间的沟通与协作。
每个员工应做到：
①在本职工作上始终采取安全的方法；
②对任何与安全相关的工作保持质疑的态度；
③对任何安全异常和事件保持警觉并主动报告；
④接受培训，在岗位工作中具有改进安全绩效的能力；
⑤与管理者和其他员工进行必要的沟通。
(2)行为规范与程序。
企业内部的行为规范是企业安全承诺的具体体现和安全文化建设的基础要求。行为规范的建立和执行应做到：
①体现企业的安全承诺；
②明确各级各岗位人员在安全生产工作中的职责与权限；
③细化有关安全生产的各项规章制度和操作程序；
④行为规范的执行者参与规范系统的建立，熟知自己在组织中的安全角色和责任；
⑤由正式文件予以发布</td></tr>
</table>

续表

项目	具体内容
基本要素	⑥引导员工理解和接受建立行为规范的必要性，知晓由于不遵守规范所引发的潜在不利后果； ⑦通过各级管理者或被授权者观测员工行为，实施有效监控和缺陷纠正； ⑧广泛听取员工意见，建立持续改进机制。 程序是行为规范的重要组成部分。程序的建立和执行应做到：①识别并说明主要的风险，简单易懂，便于操作；②程序的使用者（必要时包括承包商）参与程序的制定和改进过程，并应清楚理解不遵守程序可导致的潜在不利后果；③由正式文件予以发布；④通过强化培训，向员工阐明在程序中给出特殊要求的原因；⑤对程序的有效执行保持警觉，即使在生产经营压力很大时，也不能容忍走捷径和违反程序；⑥鼓励员工对程序的执行保持质疑的安全态度，必要时采取更加保守的行动并寻求帮助。 （3）安全行为激励。 （4）安全信息传播与沟通。 沟通应满足： ①确认有关安全事项的信息已经发送，并被接收方所接收和理解。 ②涉及安全事件的沟通信息应真实、开放。 ③每个员工都应认识到沟通对安全的重要性，从他人处获取信息和向他人传递信息。 （5）自主学习与改进。 （6）安全事务参与。 （7）审核与评估。 企业应对自身安全文化建设情况进行定期的全面审核，审核内容包括： ①领导者应定期组织各级管理者评审企业安全文化建设过程的有效性和安全绩效结果。 ②领导者应根据审核结果确定并落实整改不符合、不安全实践和安全缺陷的优先次序，并识别新的改进机会。 ③必要时，应鼓励相关方实施这些优先次序和改进机会，以确保其安全绩效与企业协调一致
推进与保障	（1）规划与计划：由企业最高领导人组织制定推动本企业安全文化建设的长期规划和阶段性计划。 （2）保障条件：①明确安全文化建设的领导职能，建立领导机制；②确定负责推动安全文化建设的组织机构与人员，落实其职能；③保证必需的建设资金投入；④配置适用的安全文化信息传播系统。 （3）推动骨干的选拔和培养

考点3 安全文化建设的操作步骤

项目	具体内容
建立机构	(1)领导机构可以定为“安全文化建设委员会”,必须由生产经营单位主要负责人亲自担任委员会主任,同时要确定一名生产经营单位高层领导人担任委员会的常务副主任。 (2)其他高层领导可以任副主任,有关管理部门负责人任委员。其下还必须建立一个安全文化办公室,办公室可以由生产(经营)、宣传、党群、团委、安全管理等部门的人员组成,负责日常工作
制定规划	(1)对本单位的安全生产观念、状态进行初始评估。 (2)对本单位的安全文化理念进行定格设计。 (3)制定出科学的时间表及推进计划
培训骨干	(1)培养骨干是推动企业安全文化建设不断更新、发展,非做不可的事情。 (2)训练内容可包括理论、事例、经验和本企业应该如何实施的方法等
宣传教育	宣传、教育、激励、感化是传播安全文化、促进精神文明的重要手段
努力实践	(1)安全文化建设是安全管理中高层次的工作,是实现零事故目标的必由之路,是超越传统安全管理来解决安全生产问题的根本途径。 (2)在安全文化建设过程中,紧紧围绕“安全—健康—文明—环保”的理念,通过采取管理控制、精神激励、环境感召、心理调适、习惯培养等一系列方法,既推进安全文化建设的深入发展,又丰富安全文化的内涵

考点4 企业安全文化建设评价

项目	具体内容
评价指标	1. 基础特征 (1)企业状态特征。 企业自身的成长、发展、经营、市场状态,主要从企业历史、企业规模、市场地位、盈利状况等方面进行评价。 (2)企业文化特征。 企业文化层面的突出特征,主要评估企业文化的开放程度、员工凝聚力的强弱、学习型组织的构建情况、员工执行力状况等。 (3)企业形象特征。 员工、社会公众对企业整体形象的认识和评价。 (4)企业员工特征。 充分明确员工的整体状况,总体教育水平、工作经验和操作技能、道德水平等

续表

项目	具体内容
评价指标	(5)企业技术特征。 企业在工程技术方面的使用、改造情况，比如技术设备的先进程度、技术改造状况、工艺流程的先进性以及人机工程建设情况。 (6)监管环境。 企业所在地政府安监及相关部门的职能履行情况，包括监管人员的业务素质、监管力度、法律法规的公布及执行情况。 (7)经营环境。 主要反映企业所在地的经济发展、市场经营状况等商业环境，诸如人力资源供给程度、信息交流情况、地区整体经济实力等。 (8)文化环境。 反映企业所在地域的社会文化环境，主要包括民族传统、地域文化特征等。 2. 企业安全承诺 (1)安全承诺内容。 综合考量承诺内容的涉及范围，表述理念的先进性、时代性，与企业实际的契合程度。 (2)安全承诺表述。 企业安全承诺在阐述和表达上应完整准确，具有较强的普适性、独特性和感召力。 (3)安全承诺传播。 企业的安全承诺需要在内部及外部进行全面、及时、有效的传播，涉及不同的传播方式，选择适当的传播频度，达到良好的认知效果。 (4)安全承诺认同。 考察企业内部对企业安全承诺的共鸣程度，主要包括：安全承诺能否得到全体员工特别是基层员工的深刻理解和广泛认同，企业领导能否做到身体力行、率先垂范，全体员工能否切实把承诺内容应用于安全管理和安全生产的实践当中。 3. 企业安全管理 (1)安全权责。 企业的安全管理权责分配依据的原则，权责对应或背离程度以及在实际工作当中的执行效果。 (2)管理机构。 企业应设置专人专职专责的安全管理机构，并配备充足的、符合要求的人力、物力资源，保障其独立履职的管理效果。企业安全管理部门及人员应当具有明确的管理权力与责任，在权责的分配上应充分考虑企业安全工作实际，有效保证管理权责的匹配性、一致性和平衡性。 (3)制度执行。 企业安全管理的制度执行力度与障碍情况。 (4)管理效果。 结合企业实际，从安全绩效改善程度、应急机制完善程度、事故与事件管理水平等方

续表

<table>
<tr><th>项目</th><th>具体内容</th></tr>
<tr><td>评价指标</td><td>面,客观评估企业安全管理工作在一定时期内的实施效果。
4. 企业安全环境
(1)安全指引。
企业应综合运用各种途径和方法,有效引导员工安全生产。主要从安全标识运用、安全操作指示、安全绩效引导、应激调适机制等方面进行评估。
(2)安全防护。
企业应依据生产作业环境特点,做好安全防护工作,安装有效的防护设施和设备,提供充足的个体防护用品。
(3)环境感受。
环境感受是员工对一般作业环境和特殊作业环境的综合感观和评价,是对作业环境的安全保障效果的主观性评估。主要从作业现场的清洁、安全、人性化等方面,考察员工的安全感、舒适感和满意度。
5. 企业安全培训与学习
(1)重要性体现。
企业各级人员对安全培训工作重要性的认识程度,直接体现在培训资源投入力度、培训工作的优先保证程度及企业用人制度等方面。
(2)充分性体现。
企业应向员工提供充足的培训机会,根据实际需要和长远目标规范培训内容,科学设置培训课时,竭力开发、运用员工喜闻乐见的有效培训方式。
(3)有效性体现。
科学判断企业安全培训的实施效果,主要从员工安全态度的端正程度、安全技能的提升幅度、安全行为和安全绩效的改善程度等方面进行评估。
6. 企业安全信息传播
(1)信息资源。
根据安全文化传播需要,企业应分别建立和完善安全管理信息库、安全技术信息库、安全事故信息库和安全知识信息库等各种安全信息库,储备大量的安全信息资源。
(2)信息系统。
企业围绕安全信息传播工作,设置专职操作机构,建立完备的管理机制,搭建稳定的信息传播与管理平台,创造完善齐全的信息传播载体。
(3)效能体现。
根据员工获取和交流企业安全信息的便捷程度,企业安全信息传播的有效到达率、知晓率和开放程度,综合衡量企业安全信息传播的实际效果。
7. 安全行为激励
(1)激励机制。
围绕安全发展这一激励目标,企业应建立一套理性化的管理制度以规范安全激励工作,实现安全激励制度化,保证安全绩效的优先权</td></tr>
</table>

续表

项目	具体内容
评价指标	(2)激励方式。 根据企业实际兼顾精神和物质两个层面,采取最可靠、最有效的安全激励方式。 (3)激励效果。 员工对企业安全激励机制、激励方式的响应体现为绩效改善与行为改善的正负效应。 8. 安全事务参与 (1)安全会议与活动。 企业应根据实际需要,定期举办以安全为主题的各种会议和活动,鼓励并邀请相关员工积极参与。 (2)安全报告。 企业应建立渠道通畅的各级安全报告制度,确保报告反馈的及时、高效,注重各种报告、处理等信息的公开、共享。 (3)安全建议。 企业应建立科学有效的安全建议制度,疏通各种安全建议渠道,以及时反馈、择优采纳等实际行动鼓励员工积极参与安全建议。 (4)沟通交流。 在企业内部和外部创造良好的安全信息沟通氛围,实现企业各层级员工有效的纵向沟通和横向交流,同时及时与企业不同层面的合作伙伴互通安全信息。 9. 决策层行为 (1)公开承诺。 企业决策层应适时亲自公布企业相关安全承诺与政策,参与安全责任体系的建立,做出重大安全决策。 (2)责任履行。 在企业人事政策、安全投入、员工培训等方面,企业决策层应充分履行自己的安全职责,确保安全在各工作环节的重要地位。 (3)自我完善。 企业决策层应接受充分的安全培训,加强与外部进行安全信息沟通交流,全面提高自身安全素质,做好遵章守制、安全生产的表率。 10. 管理层行为 (1)责任履行。 企业管理层应明确所担负的建立并完善制度、加强监督管理、改善安全绩效等重要安全责任,并严格履行职责。 (2)指导下属。 企业管理层应对员工进行资格审定,有效组织安全培训和现场指导。 (3)自我完善。 企业管理层应注重安全知识和技能的更新,积极完善自我,加强沟通交流

续表

项目	具体内容
评价指标	11. 员工层行为 (1)安全态度。 主要从安全责任意识、安全法律意识和安全行为意向等方面，判断员工对待安全的态度。 (2)知识技能。 除熟练掌握岗位安全技能外，员工还应具备充分的辨识风险、应急处置等各种安全知识和操作能力。 (3)行为习惯。 员工应养成良好的安全行为习惯，积极交流安全信息，主动参与各种安全培训和活动，严格遵守规章制度。 (4)团队合作。 在安全生产过程中，同事之间要增进了解，彼此信任，加强互助合作，主动关心、保护同伴，共同促进团队安全绩效的提升
减分指标	1. 死亡事故 在进行安全评价的前1年内，如发生死亡事故，则视情况(事故性质、伤亡人数)扣减安全文化评价得分5～15分。 2. 重伤事故 在进行安全评价的前1年内，如发生重伤事故，则视情况扣减安全文化评价得分3～10分。 3. 违章记录 在进行安全评价的前1年内，根据企业的“违章指挥、违章操作、违反劳动纪律”记录情况，视程度扣减安全文化评价得分1～8分
评价程序	1. 建立评价组织机构与评价实施机构 (1)企业开展安全文化评价工作时，首先应成立评价组织机构，并由其确定评价工作的实施机构。 (2)企业实施评价时，由评价组织机构负责确定评价工作人员并成立评价工作组。必要时可选聘有关咨询专家或咨询专家组。咨询专家(组)的工作任务和工作要求由评价组织机构明确。 评价工作人员应具备以下基本条件： ①熟悉企业安全文化评价相关业务，有较强的综合分析判断能力与沟通能力。 ②具有较丰富的企业安全文化建设与实施专业知识。 ③坚持原则、秉公办事。 ④评价项目负责人应有丰富的企业安全文化建设经验，熟悉评价指标及评价模型

续表

项目	具体内容
评价程序	2. 制定评价工作实施方案 评价实施机构应参照本标准制定《评价工作实施方案》。方案中应包括所用评价方法、评价样本、访谈提纲、测评问卷、实施计划等内容,并应报送评价组织机构批准。 3. 下达《评价通知书》 在实施评价前,由评价组织机构向选定的样本单位下达《评价通知书》。《评价通知书》中应当明确评价的目的、用途、要求、应提供的资料及对所提供资料应负的责任、其他需在《评价通知书》中明确的事项。 4. 调研、收集与核实基础资料 根据本标准设计评价的调研问卷,根据《评价工作方案》收集整理评价基础数据和基础资料。资料收集可以采取访谈、问卷调查、召开座谈会、专家现场观测、查阅有关资料和档案等形式进行。评价人员要对评价基础数据和基础资料进行认真检查、整理,确保评价基础资料的系统性和完整性。评价工作人员应对接触的资料内容履行保密义务。 5. 数据统计分析 对调研结果和基础数据核实无误后,可借助 EXCEL、SPSS、SAS 等统计软件进行数据统计,然后根据本标准建立的数学模型和实际选用的调研分析方法,对统计数据进行分析。 6. 撰写评价报告 统计分析完成后,评价工作组应按照规范的格式,撰写《企业安全文化建设评价报告》报告评价结果。 7. 反馈企业征求意见 评价报告提出后,应反馈企业征求意见并作必要修改。 8. 提交评价报告 评价工作组修改完成评价报告后,经评价项目负责人签字,报送评价组织机构审核确认。 9. 进行评价工作总结 评价项目完成后,评价工作组要进行评价工作总结,将工作背景、实施过程、存在的问题和建议等形成书面报告,报送评价组织机构。同时建立好评价工作档案

第五节　安全生产标准化

考点 1　安全标准化建设的意义

项目	具体内容
意义	(1)安全生产标准化是指通过建立安全生产责任制,制订安全管理制度和操作规程,排查治理隐患和监控重大危险源,建立预防机制,规范生产行为,使各生产环节符合有

续表

项目	具体内容
意义	关安全生产法律法规和标准规范的要求，人、机、物、环境处于良好的生产状态，并持续改进，不断加强企业安全生产规范化建设。 （2）安全生产标准化建设就是用科学的方法和手段，提高人的安全意识，创造人的安全环境，规范人的安全行为，使人—机—环境达到最佳统一，从而实现最大限度地防止和减少伤亡事故的目的。 （3）安全生产标准化工作实行自主评定和外部评审的方式
等级评审	（1）生产经营单位根据有关评分准则，进行自主评定；自主评定后，申请外部评审定级。 （2）安全生产标准化评审分为：一级、二级、三级，一级为最高

考点2　开展安全生产标准化建设的重点内容

项目	具体内容
确定目标	（1）生产经营单位根据自身安全生产实际，制定总体和年度安全生产目标。 （2）按照所辖部门在生产经营中的职能，制定安全生产指标和考核办法
作业安全	1. 生产现场管理和生产过程控制 （1）对生产过程及物料、设备设施、器材、通道、作业环境等存在的隐患，应进行分析和控制。 （2）对动火作业、起重作业、受限空间作业、临时用电作业、高处作业等危险性较高的作业活动实施作业许可管理，严格履行审批手续。作业许可证应包含危害因素分析和安全措施等内容。 （3）对于吊装、爆破等危险作业，应当安排专人进行现场安全管理，确保安全规程的遵守和安全措施的落实。 2. 作业行为管理 3. 安全警示标志 （1）在有较大危险因素的作业场所和设备设施上，设置明显的安全警示标志，进行危险提示、警示，告知危险的种类、后果及应急措施等。 （2）在进行设备设施检维修、施工、吊装等作业现场设置警戒区和警示标志；在检维修现场的坑、井、洼、沟、陡坡等场所设置围栏和警示标志。 （3）安全色： ①传递安全信息含义的颜色，包括红、蓝、黄、绿四种颜色。 ②安全色适用于工矿企业、交通运输、建筑业以及仓库、医院、剧场等公共场所。但不包括灯光、荧光颜色和航空、航海、内河航运所用的颜色。 ③统一使用安全色，能使人们在紧急情况下，借助所熟悉的安全色含义，识别危险部

续表

项目	具体内容
作业安全	位,尽快采取措施,提高自控能力,有助于防止发生事故。 ④安全色用途广泛,如用于安全标志牌、交通标志牌、防护栏杆及机器上不准乱动的部位等。安全色的应用必须是以表示安全为目的和有规定的颜色范围。 ⑤红色表示禁止、停止、消防和危险的意思。禁止、停止和有危险的器件设备或环境涂以红色的标记。如禁止标志、交通禁令标志、消防设备、停止按钮和停车、刹车装置的操纵把手、仪表刻度盘上的极限位置刻度、机器转动部件的裸露部分、液化石油气槽车的条带及文字,危险信号旗等。 ⑥黄色表示注意、警告的意思。需警告人们注意的器件、设备或环境涂以黄色标记。如警告标志、交通警告标志、道路交通路面标志、皮带轮及其防护罩的内壁、砂轮机罩的内壁、楼梯的第一级和最后一级的踏步前沿、防护栏杆及警告信号旗等。 ⑦蓝色表示指令、必须遵守的规定。如指令标志、交通指示标志等。 ⑧绿色表示通行、安全和提供信息的意思。可以通行或安全情况涂以绿色标记。如表示通行、机器启动按钮、安全信号旗等。 (4)对比色: ①是安全色更加醒目的反衬色。包括黑、白两种颜色。 ②主要用作上述各种安全色的背景色。例如安全标志牌上的底色一般采用白色或黑色。 4. 相关方管理 (1)应执行承包商、供应商等相关方管理制度,对其资格预审、选择、服务前准备、作业过程、提供的产品、技术服务、表现评估、续用等进行管理。 (2)不得将项目委托给不具备相应资质或条件的相关方。 (3)生产经营单位和相关方的项目协议应明确规定双方的安全生产责任和义务,或签订专门的安全协议,明确双方的安全责任。 5. 变更管理 生产经营单位应执行变更管理制度,履行审批及验收程序,并对变更过程及变更所产生的隐患进行分析和控制
隐患排查和治理	(1)法律法规、标准规范发生变更或有新的公布,以及操作条件或工艺改变,新建、改建、扩建项目建设,相关方进入、撤出或改变,对事故、事件或其他信息有新的认识,组织机构发生大的调整的,应及时组织隐患排查。 (2)隐患排查的范围应包括所有与生产经营相关的场所、环境、人员、设备设施和活动。 (3)根据隐患排查结果,制订隐患治理方案,对隐患及时进行治理。治理完成后,应对治理情况进行验证和效果评估。 (4)生产经营单位应根据生产经营状况及隐患排查治理情况,运用定量的安全生产预测预警技术,建立体现本单位安全生产状况及发展趋势的预警指数系统

续表

项目	具体内容
应急救援	1. 应急机构和队伍 (1)生产经营单位应建立安全生产应急管理机构,或指定专人负责安全生产应急管理工作。 (2)建立与本单位生产特点相适应的专兼职应急救援队伍,或指定专兼职应急救援人员,并组织训练。 (3)无须建立应急救援队伍的,可与附近具备专业资质的应急救援队伍签订服务协议。 2. 应急预案 生产经营单位应按规定制订生产安全事故应急预案,并针对重点作业岗位制订应急处置方案或措施,形成安全生产应急预案体系。 3. 应急设施、装备、物资 生产经营单位应按规定建立应急设施,配备应急装备,储备应急物资,并进行经常性的检查、维护、保养,确保其完好、可靠。 4. 应急演练 (1)生产经营单位应组织生产安全事故应急演练,并对演练效果进行评估。 (2)根据评估结果,修订、完善应急预案,改进应急管理工作。 5. 事故救援 发生事故后,应立即启动相关应急预案,积极开展事故救援

第六节 安全风险分级管控和隐患排查治理双重预防机制

考点1 总体思路和工作目标

项目	具体内容
总体思路	准确把握安全生产的特点和规律,坚持风险预控、关口前移,全面推行安全风险分级管控,进一步强化隐患排查治理,推进事故预防工作科学化、信息化、标准化,实现把风险控制在隐患形成之前、把隐患消灭在事故前面
工作目标	尽快建立健全安全风险分级管控和隐患排查治理的工作制度和规范,完善技术工程支撑、智能化管控、第三方专业化服务的保障措施,实现企业安全风险自辨自控、隐患自查自治,形成政府领导有力、部门监管有效、企业责任落实、社会参与有序的工作格局,提升安全生产整体预控能力,夯实遏制重特大事故的坚强基础

考点 2　着力构建企业双重预防机制

项目	具体内容
着力构建企业双重预防机制	(1)全面开展安全风险辨识。 (2)科学评定安全风险等级。 (3)有效管控安全风险。 (4)实施安全风险公告警示。 (5)建立完善隐患排查治理体系

考点 3　健全完善双重预防机制的政府监管体系

项目	具体内容
健全完善双重预防机制的政府监管体系	(1)健全完善标准规范。 (2)实施分级分类安全监管。 (3)有效管控区域安全风险。 (4)加强安全风险源头管控

考点 4　强化政策引导和技术支撑

项目	具体内容
强化政策引导和技术支撑	(1)完善相关政策措施。 (2)深入推进企业安全生产标准化建设。 (3)充分发挥第三方服务机构作用。 (4)强化智能化、信息化技术的应用

考点 5　有关工作要求

项目	具体内容
有关工作要求	(1)强化组织领导。 (2)强化示范带动。 (3)强化舆论引导。 (4)强化督促检查

考点 6　风险分级及管控原则

项目	具体内容
基本原则	安全风险等级从高到低划分为 4 级： A 级：重大风险/红色风险，评估属不可容许的危险；必须建立管控档案，明确不可容许的危险内容及可能触发事故的因素，采取安全措施，并制定应急措施；当风险涉及正

续表

项目	具体内容
基本原则	在进行中的作业时,应暂停作业。 B级:较大风险/橙色风险,评估属高度危险:必须建立管控档案,明确高度危险内容及可能触发事故的因素,采取安全措施;当风险涉及正在进行中的作业时,应采取应急措施。 C级:一般风险/黄色风险,评估属中度危险;必须明确中度危险内容及可能触发事故的因素,综合考虑伤害的可能性并采取安全措施,完成控制管理。 D级:低风险/蓝色风险,评估属轻度危险和可容许的危险;需要跟踪监控,综合考虑伤害的可能性并采取安全措施,完成控制管理
升级管控	涉及下列情形的B级、C级风险,应直接确定为A级: (1)构成危险化学品一级、二级重大危险源的场所和设施。 (2)涉及重点监管化工工艺的主要装置。 (3)危险化学品长输管道。 (4)同一作业单元内现场作业人员10人以上的。 涉及下列情形的C级风险,应直接确定为B级: (1)构成危险化学品三级、四级重大危险源的场所和设施。 (2)涉及剧毒化学品的场所和设施。 (3)化工企业开停车作业或者非正常工况操作。 (4)同一作业单元内现场作业人员3人以上的

第四章　安全生产与劳动防护

知识框架

- 安全生产与劳动防护
  - 劳动防护用品选用与配备
    - 按防护性能分类
    - 按劳动防护用品防护部位分类
    - 按劳动防护用品用途分类
    - 劳动防护用品的配置
    - 劳动防护用品的使用管理
    - 特种劳动防护用品安全标志管理
  - 特种设备安全管理
  - 特种作业安全管理
    - 特种作业的定义和种类
    - 特种作业人员的安全技术培训、考核、发证、复审
    - 监督管理
  - 工伤保险
    - 工伤保险的相关内容
    - 工伤认定及相关规定
    - 劳动能力鉴定及相关规定
    - 工伤保险待遇
  - 安全生产投入
    - 安全生产投入的基本要求
    - 安全生产费用的使用和管理
    - 安全生产责任保险

考点精讲

第一节　劳动防护用品选用与配备

考点 1　按防护性能分类

项目	具体内容
特种劳动防护用品	头部护具类、呼吸护具类、眼(面)护具类、防护服类、防护鞋类、防坠落护具类

续表

项目	具体内容
一般劳动防护用品	未列入特种劳动防护用品目录的劳动防护用品为一般劳动防护用品

考点2　按劳动防护用品防护部位分类

项目	具体内容
头部防护用品	头部防护用品指为防御头部不受外来物体打击、挤压伤害和其他因素危害配备的个体防护装备，如安全帽、防静电工作帽等。
呼吸器官防护用品	呼吸器官防护用品指为防御有害气体、蒸气、粉尘、烟、雾由呼吸道吸入，或向使用者供氧或新鲜空气，保证尘、毒污染或缺氧环境中作业人员正常呼吸的个体防护装备，是预防尘肺病和职业中毒的重要护具，如长管呼吸器、动力送风过滤式呼吸器、自给闭路式压缩氧气呼吸器、自给闭路式氧气逃生呼吸器、自给开路式压缩空气呼吸器、自给开路式压缩空气逃生呼吸器、自吸过滤式防毒面具、自吸过滤式防颗粒物呼吸器(又称防尘口罩)等。
眼面部防护用品	眼面部防护用品指用于防护作业人员的眼睛及面部免受粉尘、颗粒物、金属火花、飞屑、烟气、电磁辐射、化学飞溅物等外界有害因素的个体防护装备，如焊接眼护具、激光防护镜、强光源防护镜、职业眼面部防护具等。
听力防护用品	听力防护用品指能够防止过量的声能侵入外耳道，使人耳避免噪声的过度刺激，减少听力损失，预防由噪声对人身引起的不良影响的个体防护装备，如耳塞、耳罩等。
手部防护用品	手部防护用品指保护手和手臂，供作业者劳动时戴用的个体防护装备，如带电作业用绝缘手套、防寒手套、防化学品手套、防静电手套、防热伤害手套、焊工防护手套、机械危害防护手套、电离辐射及放射性污染物防护手套等。
足部防护用品	足部防护用品指防止生产过程中有害物质和能量损伤劳动者足部的护具，通常人们称劳动防护鞋，如安全鞋、防化学品鞋等。
躯干防护用品	躯干防护用品即通常讲的防护服，如防电弧服、防静电服、职业用防雨服、高可视性警示服、隔热服、焊接服、化学防护服、抗油易去污防静电防护服、冷环境防护服、熔融金属飞溅防护服、微波辐射防护服、阻燃服等。
坠落防护用品	坠落防护用品指防止高处作业坠落或高处落物伤害的个体防护装备，如安全带、安全绳、缓冲器、缓降装置、连接器、水平生命线装置、速差自控器、自锁器、安全网、登杆脚扣、挂点装置等。
劳动护肤用品	劳动护肤用品指用于防止皮肤(主要是面、手等外露部分)免受化学、物理、生物等有害因素危害的个体防护用品，如防油型护肤剂、防水型护肤剂、遮光护肤剂、洗涤剂等。
其他个体防护装备	(略)

考点3　按劳动防护用品用途分类

项目	具体内容
防止伤亡事故	防坠落用品、防冲击用品、防触电用品、防机械外伤用品、防酸碱用品、耐油用品、防水用品、防寒用品
预防职业病	防尘用品、防毒用品、防噪声用品、防振动用品、防辐射用品、防高低温用品等

考点4　劳动防护用品的配置

项目	具体内容
劳动防护用品的配置要求	(1)生产经营单位应根据本单位安全生产和防止职业性危害的需要，按照工种、环境和作业者身体条件等，为作业人员配备相应的防护装备。个体防护装备的分类、分级及使用范围见《个体防护装备配备规范　第1部分：总则》(GB 39800.1—2020)。 (2)存在物体打击、机械伤害、高处坠落等可能对作业者头部产生碰撞伤害的作业场所，应为作业人员配备安全帽等头部防护装备。 (3)存在飞溅物体、化学性物质、非电离辐射等可能对作业者眼、面部产生伤害的作业场所，应配备眼、面部防护装备，如：安全眼镜，化学飞溅防护镜、面罩，焊接护目镜、面罩或防护面具等。 (4)在有噪声(暴露级 $L_{EX,8h} \geq 85$ dB)的作业场所，作业人员应佩戴护听器进行听力防护，如：耳塞、耳罩、防噪音头盔等。 (5)接触粉尘的作业人员应配备防尘口罩、防颗粒物呼吸器、防尘眼镜等面部防护装备。 (6)接触有毒、有害物质的作业人员应根据可能接触毒物的种类选择配备相应的防毒面具、空气呼吸器等呼吸防护装备。 (7)从事有可能被传动机械绞碾、夹卷伤害的作业人员应穿戴紧口式防护服，长发应佩戴防护帽，不能戴防护手套。 (8)从事接触腐蚀性化学品的作业人员应穿戴耐化学品防护服、耐化学品防护鞋、耐化学品防护手套等防护装备。 (9)水上作业人员应穿浸水服、救生衣等水上作业防护装备。 (10)在易燃、易爆场所的作业人员应穿戴具有防静电性能的防静电服、防静电鞋、防静电手套等防护装备。 (11)从事电气作业的作业人员应穿戴绝缘防护装备，从事高压带电作业应穿屏蔽服等防护装备。 (12)从事高温、低温作业的作业人员应穿戴耐高温或防寒防护装备。 (13)作业场所存在极端温度、电伤害、腐蚀性化学物质、机械砸伤等可能对作业者足部产生伤害，应选配足部防护装备，如：保护足趾安全鞋、防刺穿鞋、电绝缘鞋、防静电鞋、耐油防护鞋、矿工安全鞋等。 (14)在距坠落高度基准面2 m及2 m以上，有发生坠落危险的作业场所应为作业人员配备安全带，并加装安全网等防护装备

续表

项目	具体内容
劳动防护用品的配置要求	(15)同一工作地点存在不同种类的危险、有害因素的,应当为劳动者同时提供防御各类危害的劳动防护用品。需要同时配备的劳动防护用品,还应考虑其可兼容性。 (16)劳动者在不同地点工作,并接触不同的危险、有害因素,或接触不同的危害程度的有害因素的,为其选配的劳动防护用品应满足不同工作地点的防护需求。劳动防护用品的选择还应当考虑其佩戴的合适性和基本舒适性,根据个人特点和需求选择适合号型、式样。 (17)用人单位应当在可能发生急性职业损伤的有毒、有害工作场所配备应急劳动防护用品,放置于现场临近位置并有醒目标识。应当为巡检等流动性作业的劳动者配备随身携带的个人应急防护用品
生产经营单位发放劳动防护用品的责任	(1)用人单位应根据工作场所中的职业危害因素及其危害程度,按照法律、法规、标准的规定,为从业人员免费提供符合国家规定的劳动防护用品。不得以货币或其他物品替代应当配备的护品。 (2)用人单位应到定点经营单位或生产企业购买特种劳动防护用品。特种劳动防护用品必须具有“三证”和“一标志”,即生产许可证、产品合格证、安全鉴定证和安全标志。 (3)用人单位应教育从业人员,按照劳动防护用品的使用规则和防护要求正确使用劳动防护用品。使从业人员做到“三会”:会检查护品的可靠性,会正确使用劳动防护用品,会正确维护保养劳动防护用品。用人单位应定期进行监督检查。 (4)用人单位应按照产品说明书的要求,及时更换、报废过期和失效的劳动防护用品。 (5)用人单位应建立健全劳动防护用品的购买、验收、保管、发放、使用、更换、报废等管理制度和使用档案,并进行必要的监督检查

考点5　劳动防护用品的使用管理

项目	具体内容
生产经营单位的管理	(1)采购验收:生产经营单位应统一进行劳动防护用品的采购,到货后应由安全管理部门组织相关人员按标准进行验收,一是验收“三证一标志”是否齐全有效;二是对相关劳动防护用品作外观检查,必要时应进行试验验收。 (2)使用前检查:从业人员每次使用劳动防护用品前应对其进行检查,生产经营单位可制定相应检查表,供从业人员检查使用,防止使用功能损坏的劳动防护用品。 (3)使用中检查:安全生产管理部门在组织开展安全检查时,应将劳动防护用品的检查列入检查表,进行经常性的检查。重点是必须在其性能范围内使用,不超极限使用等。 (4)正确使用:从业人员应严格按照使用说明书正确使用劳动防护用品。生产经营单位的领导及安全生产管理人员应经常深入现场,检查指导从业人员正确使用劳动防护用品
政府有关部门的管理	(1)安全生产监督管理部门、煤矿安全监察机构对配发无安全标志的特种劳动防护用品的生产经营单位,有权依法进行查处。 (2)生产经营单位未按国家有关规定为从业人员提供符合国家标准或者行业标准的

续表

项目	具体内容
政府有关部门的管理	劳动防护用品，配发无安全标志的特种劳动防护用品的，安全生产监督管理部门或者煤矿安全监察机构有权责令限期改正；逾期未改正的，可责令停产停业整顿，可以并处5万元以下的罚款；对于造成严重后果，构成犯罪的，有权依法追究刑事责任。 (3)生产或者经营劳动防护用品的企业生产或经营假冒伪劣劳动防护用品和无安全标志的特种劳动防护用品的，安全生产监督管理部门或者煤矿安全监察机构责令停止违法行为，可以并处3万元以下的罚款。 (4)进口的一般劳动防护用品的安全防护性能不得低于我国相关标准，并向国家安全生产监督管理总局（现已并入应急管理部）指定的特种劳动防护用品安全标志管理机构申请办理准用手续；进口的特种劳动防护用品应当按照规定取得安全标志

考点6　特种劳动防护用品安全标志管理

项目	具体内容
特种劳动防护用品安全标志管理	(1)对特种劳动防护用品实行安全标志管理。特种劳动防护用品安全标志管理工作由国家安全生产监督管理总局（现已并入应急管理部）指定的特种劳动防护用品安全标志管理机构实施，受指定的特种劳动防护用品安全标志管理机构对其核发的安全标志负责。 (2)对生产经营单位的要求。①生产劳动防护用品的企业生产的特种劳动防护用品，必须取得特种劳动防护用品安全标志。②经营劳动防护用品的单位应有工商行政管理部门（现为市场监督管理部门）核发的营业执照、有满足需要的固定场所和了解相关防护用品知识的人员。经营劳动防护用品的单位不得经营假冒伪劣劳动防护用品和无安全标志的特种劳动防护用品。③生产经营单位不得采购和使用无安全标志的特种劳动防护用品；购买的特种劳动防护用品须经本单位的安全生产技术部门或者管理人员检查验收。 (3)监督检查：安全生产监督管理部门、煤矿安全监察机构依法对劳动防护用品使用情况和特种劳动防护用品安全标志进行监督检查，督促生产经营单位按照国家有关规定为从业人员配备符合国家标准或者行业标准的劳动防护用品
特种劳动防护用品目录	(1)头部护具类：安全帽。 (2)呼吸护具类：防尘口罩、过滤式防毒面具、自给式空气呼吸器、长管面具。 (3)眼（面）护具类：焊接眼面防护具、防冲击眼护具。 (4)防护服类：阻燃防护服、防酸工作服、防静电工作服。 (5)防护鞋类：保护足趾安全鞋、防静电鞋、导电鞋、防刺穿鞋、胶面防砸安全靴、电绝缘鞋、耐酸碱皮鞋、耐酸碱胶靴、耐酸碱塑料模压靴。 (6)防坠落护具类：安全带、安全网、密目式安全立网
特种劳动防护用品安全标志标识	1. 特种劳动防护用品安全标志标识 (1)劳动防护用品生产企业所生产的特种劳动防护用品，必须取得特种劳动防护用品安全标志，否则不得生产和销售。使用特种劳动防护用品的生产经营单位也不得购买、

续表

项目	具体内容
特种劳动防护用品安全标志标识	配发和使用无安全标志的特种劳动防护用品。 (2)特种劳动防护用品安全标志是确认特种劳动防护用品安全防护性能符合国家标准、行业标准,准许生产经营单位配发和使用该劳动防护用品的凭证。 (3)特种劳动防护用品安全标志由特种劳动防护用品安全标志证书和特种劳动防护用品安全标志标识两部分组成。 (4)特种劳动防护用品安全标志证书由国家安全生产监督管理总局(现已并入应急管理部)监制,加盖特种劳动防护用品安全标志管理中心印章。 (5)取得特种劳动防护用品安全标志的产品应在产品的明显位置加施特种劳动防护用品安全标志标识,标识加施应牢固耐用。 (6)特种劳动防护用品安全标志标识由盾牌图形和特种劳动防护用品安全标志的编号组成。不同尺寸的图形用于不同类型的特种劳动防护用品。 2. 特种劳动防护用品安全标志标识的说明 (1)本标识采用古代盾牌之形状,取“防护”之意。 (2)盾牌中间采用字母“LA”表示“劳动安全”之意。 (3)“××-××-××××××”是标识的编号。编号采用3层数字和字母组合编号方法编制。第一层的两位数字代表获得标识使用授权的年份;第二层的两位数字代表获得标识使用授权的生产企业所属的省级行政地区的区划代码(进口产品,第二层的代码则以两位英文字母缩写表示该进口产品产地的国家代码);第三层代码的前三位数字代表产品的名称代码,后三位数字代表获得标识使用授权的顺序。 (4)参照《安全色》的规定,标识边框、盾牌及“安全防护”为绿色,“LA”及背景为白色,标识编号为黑色。 (5)标识规格与适用范围。①焊接护目镜、焊接面罩、防冲击护眼具:18 mm(包括编号)×12 mm。②安全帽、防尘口罩、过滤式防毒面具面罩、过滤式防毒面具滤毒罐(盒)、自给式空气呼吸器、长管面具:27 mm(包括编号)×18 mm。③阻燃防护服、防酸工作服、防静电工作服、防静电鞋、导电鞋、保护足趾安全鞋、胶面防砸安全鞋、耐酸碱皮鞋、耐酸碱胶靴、耐酸碱塑料膜压靴、防穿刺鞋、电绝缘鞋:39 mm(包括编号)×26 mm。④安全带、安全网、密目式安全立网:69 mm(包括编号)×46 mm。 3. 特种劳动防护用品安全标志的申请、受理、核发和日常管理 申请特种劳动防护用品安全标志的生产单位(以下简称申请单位)应具备下列条件: (1)具有工商行政管理部门(现为市场监督管理部门)核发的营业执照。 (2)具有能满足生产需要的生产场所和技术力量。 (3)具有能保证产品安全防护性能的生产设备。 (4)具有能满足产品安全防护性能要求的检测检验设备。 (5)具有完善的质量保证体系。 (6)具有产品标准和相关技术文件。 (7)其产品符合国家标准或行业标准要求。 (8)法律、法规规定的其他条件

第二节　特种设备安全管理

考点　特种设备安全管理

项目	具体内容
锅炉压力容器使用安全管理	锅炉压力容器使用安全管理措施包括： (1)使用许可厂家合格产品。 (2)登记建档。 (3)专责管理。 (4)建立制度。 (5)持证上岗。 (6)照章运行。 (7)定期检验。在设备的设计使用期限内，每隔一定的时间对其承压部件和安全装置进行检测检查或做必要的试验是及早发现缺陷、消除隐患、保证设备安全运行的一项行之有效的措施。 (8)监控水质。 (9)报告事故
锅炉正常运行中的监督调节	1. 锅炉水位的监督调节 (1)锅炉水位保持在正常水位线处，允许在正常水位线上下 50 mm 内波动。 (2)水位的调节通常与气压、蒸发量的调节联系在一起。 (3)锅炉低负荷运行，水位稍高于正常水位。 (4)高负荷运行，则稍低于正常水位。 2. 锅炉气压的监督调节 (1)锅炉运行中，蒸汽压力应基本上保持稳定。 (2)负荷小于蒸发量，气压就上升。 (3)负荷大于蒸发量，气压就下降。 (4)根据负荷的变化，相应增减锅炉的燃料量、风量、给水量。 (5)间断上水的锅炉，上水应均匀。 (6)上水间隔时间不宜过长，一次上水不宜过多。 (7)燃烧减弱时不宜上水，人工烧炉在投煤、扒渣时不宜上水。 3. 燃烧的监督调节 (1)使燃料燃烧供热适应负荷的要求，维持气压稳定。 (2)使燃烧完好正常，减少未完全燃烧损失，减轻金属腐蚀和大气污染。 (3)对负压燃烧锅炉，维持引风和鼓风的均衡，保持炉膛一定的负压，以保证操作安全和减少排烟损失。 4. 气温的调节 (1)锅炉负荷、燃料及给水温度的改变会造成过热气温的改变

续表

项目	具体内容
锅炉正常运行中的监督调节	(2)过热器本身的传热特性不同,上述因素改变时气温变化规律不同。 5. 排污和吹灰 (1)排污:保持受热面内部清洁,避免锅水发生汽水共腾及蒸汽品质恶化。 (2)吹灰:避免积灰影响锅炉传热,降低锅炉效率,产生安全隐患
停炉	1. 正常停炉次序 (1)先停燃料供应,随之停止送风,减少引风。 (2)与此同时,逐渐降低锅炉负荷,相应地减少锅炉上水,但应维护锅炉水位稍高于正常水位,对燃气、燃油锅炉,炉膛停火后引风机至少要继续引风 5 min 以上。 (3)锅炉停止供汽后,应隔断与蒸汽母管的连接,排气降压,为保护过热器,防止其金属超温,可打开过热器出口集箱疏水阀适当放气。 2. 紧急停炉次序 (1)立即停止添加燃料和送风,减弱引风。 (2)与此同时,设法熄灭炉膛内的燃料,对于一般层燃炉可以用沙土或湿灰灭火,链条炉可以开快挡使炉排快速运转,把红火送入灰坑。 (3)灭火后即把炉门、灰门及烟道挡板打开,以加强通风冷却。 (4)锅内可以较快降压并更换锅水,锅水冷却至 70 ℃左右允许排水,因缺水紧急停炉时,严禁给锅炉上水,并不得开启空气阀及安全阀快速降压。 3. 紧急停炉情况 锅炉水位低于水位表的下部可见边缘,不断加大向锅炉进水及采取其他措施,但水位仍继续下降,锅炉水位超过最高可见水位(满水),经放水仍不能见到水位,给水泵全部失效或给水系统故障,不能向锅炉进水,水位表或安全阀全部失效,设置在汽空间的压力表全部失效,锅炉元件损坏,危及操作人员安全,燃烧设备损坏、炉墙倒塌或锅炉构件被烧红等,其他异常情况危及锅炉安全运行。 4. 停炉保养 (1)主要指锅内保养,即汽水系统内部为避免或减轻腐蚀而进行的防护保养。 (2)常用的保养方式:①压力保养。②湿法保养。③干法保养。④充气保养
锅炉定期检验	(1)类别。外部检验;内部检验;水压试验。 (2)检验周期。①外部检验一般每年进行一次。②内部检验一般每两年进行一次。③水压试验一般每六年进行一次。 (3)检验内容。①锅炉管理检查、本体检验、安全附件、自控调节及保护装置检验、辅机和附件检验、水质管理和水处理设备检验等。②以宏观检验为主,配合对一些安全装置、设备的功能;确认水压试验:试验压力至少保持 20 min。 (4)检验结论。①内部:允许运行、整改后运行、限制条件下运行、停止运行。②外部:允许运行、监督运行、停止运行。③水压试验:合格、不合格
压力容器定期检验	(1)压力容器一般于投用后 3 年内进行首次定期检验。以后的检验周期由检验机构根据压力容器的安全状况等级,按照以下要求确定:①安全状况等级为 1、2 级的,一般

续表

项目	具体内容
压力容器定期检验	每6年检验一次。②安全状况等级为3级的,一般每3年至6年检验一次。③安全状况等级为4级的,监控使用,其检验周期由检验机构确定,累计监控使用时间不得超过3年,在监控使用期间,使用单位应当采取有效的监控措施。④安全状况等级为5级的,应当对缺陷进行处理,否则不得继续使用。 (2)有下列情况之一的压力容器,定期检验周期可以适当缩短:①介质对压力容器材料的腐蚀情况不明或者腐蚀情况异常的。②具有环境开裂倾向或者产生机械损伤现象,并且已经发现开裂的。③改变使用介质并且可能造成腐蚀现象恶化的。④材质劣化现象比较明显的。⑤使用单位没有按照规定进行年度检查的;⑥检验中对其他影响安全的因素有怀疑的。 (3)安全状况等级为1、2级的压力容器,符合下列条件之一的,定期检验周期可以适当延长:①介质腐蚀速率每年低于0.1 mm、有可靠的耐腐蚀金属衬里或者热喷质涂金属涂层的压力容器,通过1次至2次定期检验,确认腐蚀轻微或者衬里完好的,其检验周期最长可以延长至12年。②装有催化剂的反应容器以及装有充填物的压力密器,其检验周期根据设计图样和实际使用情况,自使用单位和检验机构协商确定(必要时征求设计单位的意见),报办理《特种设备使用登记证》的质量技术监督部门备案

第三节 特种作业安全管理

考点1 特种作业的定义和种类

项目	具体内容
定义	特种作业,是指容易发生事故,对操作者本人、他人的安全健康及设备、设施的安全可能造成重大危害的作业
种类	1. 电工作业 电工作业指对电气设备进行运行、维护、安装、检修、改造、施工、调试等作业(不含电力系统进网作业)。 (1)高压电工作业,指对1千伏(kV)及以上的高压电气设备进行运行、维护、安装、检修、改造、施工、调试、试验及绝缘工、器具进行试验的作业。 (2)低压电工作业,指对1千伏(kV)以下的低压电器设备进行安装、调试、运行操作、维护、检修、改造施工和试验的作业。 (3)防爆电气作业,指对各种防爆电气设备进行安装、检修、维护的作业。 适用于除煤矿井下以外的防爆电气作业。 2. 焊接与热切割作业 焊接与热切割作业指运用焊接或者热切割方法对材料进行加工的作业(不含《特种设

续表

项目	具体内容
种类	备安全监察条例》规定的有关作业）。 （1）熔化焊接与热切割作业，指使用局部加热的方法将连接处的金属或其他材料加热至熔化状态而完成焊接与切割的作业。适用于气焊与气割、焊条电弧焊与碳弧气刨、埋弧焊、气体保护焊、等离子弧焊、电渣焊、电子束焊、激光焊、氧熔剂切割、激光切割、等离子切割等作业。 （2）压力焊作业，指利用焊接时施加一定压力而完成的焊接作业。适用于电阻焊、气压焊、爆炸焊、摩擦焊、冷压焊、超声波焊、锻焊等作业。 （3）钎焊作业，指使用比母材熔点低的材料作钎料，将焊件和钎料加热到高于钎料熔点，但低于母材熔点的温度，利用液态钎料润湿母材，填充接头间隙并与母材相互扩散而实现连接焊件的作业。适用于火焰钎焊作业、电阻钎焊作业、感应钎焊作业、浸渍钎焊作业、炉中钎焊作业，不包括烙铁钎焊作业。 3. 高处作业 高处作业指专门或经常在坠落高度基准面 2 米及以上有可能坠落的高处进行的作业。 （1）登高架设作业，指在高处从事脚手架、跨越架架设或拆除的作业。 （2）高处安装、维护、拆除作业，指在高处从事安装、维护、拆除的作业。适用于利用专用设备进行建筑物内外装饰、清洁、装修，电力、电信等线路架设，高处管道架设，小型空调高处安装、维修，各种设备设施与户外广告设施的安装、检修、维护以及在高处从事建筑物、设备设施拆除作业。 4. 制冷与空调作业 制冷与空调作业指对大中型制冷与空调设备运行操作、安装与修理的作业。 （1）制冷与空调设备运行操作作业。指对各类生产经营企业和事业等单位的大中型制冷与空调设备运行操作的作业。适用于化工类（石化、化工、天然气液化、工艺性空调）生产企业，机械类（冷加工、冷处理、工艺性空调）生产企业，食品类（酿造、饮料、速冻或冷冻调理食品、工艺性空调）生产企业，农副产品加工类（屠宰及肉食品加工、水产加工、果蔬加工）生产企业，仓储类（冷库、速冻加工、制冰）生产经营企业，运输类（冷藏运输）经营企业，服务类（电信机房、体育场馆、建筑的集中空调）经营企业和事业等单位的大中型制冷与空调设备运行操作作业。 （2）制冷与空调设备安装修理作业，指对 4.（1）所指制冷与空调设备整机、部件及相关系统进行安装、调试与维修的作业。 5. 煤矿安全作业 （1）煤矿井下电气作业，指从事煤矿井下机电设备的安装、调试、巡检、维修和故障处理，保证本班机电设备安全运行的作业。适用于与煤共生、伴生的坑探、矿井建设、开采过程中的井下电钳等作业。 （2）煤矿井下爆破作业，指在煤矿井下进行爆破的作业。 （3）煤矿安全监测监控作业，指从事煤矿井下安全监测监控系统的安装、调试、巡检、维修，保证其安全运行的作业。适用于与煤共生、伴生的坑探、矿井建设、开采过程中的

续表

项目	具体内容
种类	安全监测监控作业。 (4)煤矿瓦斯检查作业,指从事煤矿井下瓦斯巡检工作,负责管辖范围内通风设施的完好及通风、瓦斯情况检查,按规定填写各种记录,及时处理或汇报发现的问题的作业。适用于与煤共生、伴生的矿井建设、开采过程中的煤矿井下瓦斯检查作业。 (5)煤矿安全检查作业,指从事煤矿安全监督检查,巡检生产作业场所的安全设施和安全生产状况,检查并督促处理相应事故隐患的作业。 (6)煤矿提升机操作作业,指操作煤矿的提升设备运送人员、矿石、矸石和物料,并负责巡检和运行记录的作业。适用于操作煤矿提升机,包括立井、暗立井提升机,斜井、暗斜井提升机以及露天矿山斜坡卷扬提升的提升机作业。 (7)煤矿采煤机(掘进机)操作作业,指在采煤工作面、掘进工作面操作采煤机、掘进机,从事落煤、装煤、掘进工作,负责采煤机、掘进机巡检和运行记录,保证采煤机、掘进机安全运行的作业。适用于煤矿开采、掘进过程中的采煤机、掘进机作业。 (8)煤矿瓦斯抽采作业,指从事煤矿井下瓦斯抽采钻孔施工、封孔、瓦斯流量测定及瓦斯抽采设备操作等,保证瓦斯抽采工作安全进行的作业。适用于煤矿、与煤共生和伴生的矿井建设、开采过程中的煤矿地面和井下瓦斯抽采作业。 (9)煤矿防突作业,指从事煤与瓦斯突出的预测预报、相关参数的收集与分析、防治突出措施的实施与检查、防突效果检验等,保证防突工作安全进行的作业。适用于煤矿、与煤共生和伴生的矿井建设、开采过程中的煤矿井下煤与瓦斯防突作业。 (10)煤矿探放水作业,指从事煤矿探放水的预测预报、相关参数的收集与分析、探放水措施的实施与检查、效果检验等,保证探放水工作安全进行的作业。适用于煤矿、与煤共生和伴生的矿井建设、开采过程中的煤矿井下探放水作业。 6. 金属非金属矿山安全作业 (1)金属非金属矿井通风作业,指安装井下局部通风机,操作地面主要扇风机、井下局部通风机和辅助通风机,操作、维护矿井通风构筑物,进行井下防尘,使矿井通风系统正常运行,保证局部通风,以预防中毒窒息和除尘等的作业。 (2)尾矿作业,指从事尾矿库放矿、筑坝、巡坝、抽洪和排渗设施的作业。适用于金属非金属矿山的尾矿作业。 (3)金属非金属矿山安全检查作业,指从事金属非金属矿山安全监督检查,巡检生产作业场所的安全设施和安全生产状况,检查并督促处理相应事故隐患的作业。 (4)金属非金属矿山提升机操作作业,指操作金属非金属矿山的提升设备运送人员、矿石、矸石和物料,及负责巡检和运行记录的作业。适用于金属非金属矿山的提升机,包括竖井、盲竖井提升机,斜井、盲斜井提升机以及露天矿山斜坡卷扬提升的提升机作业。 (5)金属非金属矿山支柱作业,指在井下检查井巷和采场顶、帮的稳定性,撬浮石,进行支护的作业。 (6)金属非金属矿山井下电气作业,指从事金属非金属矿山井下机电设备的安装、调试、巡检、维修和故障处理,保证机电设备安全运行的作业

续表

项目	具体内容
种类	(7)金属非金属矿山排水作业，指从事金属非金属矿山排水设备日常使用、维护、巡检的作业。 (8)金属非金属矿山爆破作业，指在露天和井下进行爆破的作业。 7. 石油天然气安全作业 司钻作业，指石油、天然气开采过程中操作钻机起升钻具的作业。适用于陆上石油、天然气司钻(含钻井司钻、作业司钻及勘探司钻)作业。 8. 冶金(有色)生产安全作业 煤气作业，指冶金、有色企业内从事煤气生产、储存、输送、使用、维护检修的作业。 9. 危险化学品安全作业 危险化学品安全作业指从事危险化工工艺过程操作及化工自动化控制仪表安装、维修、维护的作业。 (1)光气及光气化工艺作业，指光气合成以及厂内光气储存、输送和使用岗位的作业。 (2)氯碱电解工艺作业，指氯化钠和氯化钾电解、液氯储存和充装岗位的作业。适用于氯化钠(食盐)水溶液电解生产氯气、氢氧化钠、氢气，氯化钾水溶液电解生产氯气、氢氧化钾、氢气等工艺过程的操作作业。 (3)氯化工艺作业，指液氯储存、气化和氯化反应岗位的作业。适用于取代氯化，加成氯化，氧氯化等工艺过程的操作作业。 (4)硝化工艺作业，指硝化反应、精馏分离岗位的作业。适用于直接硝化法，间接硝化法，亚硝化法等工艺过程的操作作业。 (5)合成氨工艺作业，指压缩、氨合成反应、液氨储存岗位的作业。适用于节能氨五工艺法(AMV)，德士古水煤浆加压气化法、凯洛格法，甲醇与合成氨联合生产的联醇法，纯碱与合成氨联合生产的联碱法，采用变换催化剂、氧化锌脱硫剂和甲烷催化剂的“三催化”气体净化法工艺过程的操作作业。 (6)裂解(裂化)工艺作业，指石油系的烃类原料裂解(裂化)岗位的作业。 (7)氟化工艺作业，指氟化反应岗位的作业。适用于直接氟化，金属氟化物或氟化氢气体氟化，置换氟化以及其他氟化物的制备等工艺过程的操作作业。 (8)加氢工艺作业，指加氢反应岗位的作业。 (9)重氮化工艺作业，指重氮化反应、重氮盐后处理岗位的作业。适用于顺法、反加法、亚硝酰硫酸法、硫酸铜触媒法以及盐析法等工艺过程的操作作业。 (10)氧化工艺作业，指氧化反应岗位的作业。 (11)过氧化工艺作业，指过氧化反应、过氧化物储存岗位的作业。 (12)胺基化工艺作业，指胺基化反应岗位的作业。 (13)磺化工艺作业，指磺化反应岗位的作业。 (14)聚合工艺作业，指聚合反应岗位的作业。 (15)烷基化工艺作业，指烷基化反应岗位的作业。 (16)化工自动化控制仪表作业，指化工自动化控制仪表系统安装、维修、维护的作业

续表

项目	具体内容
种类	10. 烟花爆竹安全作业 烟花爆竹安全作业指从事烟花爆竹生产、储存中的药物混合、造粒、筛选、装药、筑药、压药、搬运等危险工序的作业。 (1)烟火药制造作业,指从事烟火药的粉碎、配药、混合、造粒、筛选、干燥、包装等作业。 (2)黑火药制造作业,指从事黑火药的潮药、浆硝、包片、碎片、油压、抛光和包浆等作业。 (3)引火线制造作业,指从事引火线的制引、浆引、漆引、切引等作业。 (4)烟花爆竹产品涉药作业,指从事烟花爆竹产品加工中的压药、装药、筑药、褙药剂、已装药的钻孔等作业。 (5)烟花爆竹储存作业,指从事烟花爆竹仓库保管、守护、搬运等作业。 除此之外,还包括安全监管总局认定的其他作业

考点 2　特种作业人员的安全技术培训、考核、发证、复审

项目	具体内容
原则	特种作业人员的安全技术培训、考核、发证、复审工作实行统一监管、分级实施、教考分离的原则
培训	(1)特种作业人员应当接受与其所从事的特种作业相应的安全技术理论培训和实际操作培训。 ①已经取得职业高中、技工学校及中专以上学历的毕业生从事与其所学专业相应的特种作业,持学历证明经考核发证机关同意,可以免予相关专业的培训。 ②跨省、自治区、直辖市从业的特种作业人员,可以在户籍所在地或者从业所在地参加培训。 (2)对特种作业人员的安全技术培训,具备安全培训条件的生产经营单位应当以自主培训为主,也可以委托具备安全培训条件的机构进行培训。 ①不具备安全培训条件的生产经营单位,应当委托具备安全培训条件的机构进行培训。 ②生产经营单位委托其他机构进行特种作业人员安全技术培训的,保证安全技术培训的责任仍由本单位负责。 ③从事特种作业人员安全技术培训的机构(以下统称培训机构),应当制定相应的培训计划、教学安排,并按照安全监管总局、煤矿安监局制定的特种作业人员培训大纲和煤矿特种作业人员培训大纲进行特种作业人员的安全技术培训
考核发证	(1)特种作业人员的考核包括考试和审核两部分。考试由考核发证机关或其委托的单位负责;审核由考核发证机关负责。①安全监管总局、煤矿安监局分别制定特种作业

续表

项目	具体内容
考核发证	人员、煤矿特种作业人员的考核标准,并建立相应的考试题库。②考核发证机关或其委托的单位应当按照安全监管总局、煤矿安监局统一制定的考核标准进行考核。 (2)参加特种作业操作资格考试的人员,应当填写考试申请表,由申请人或者申请人的用人单位持学历证明或者培训机构出具的培训证明向申请人户籍所在地或者从业所在地的考核发证机关或其委托的单位提出申请。①考核发证机关或其委托的单位收到申请后,应当在60日内组织考试。②特种作业操作资格考试包括安全技术理论考试和实际操作考试两部分。考试不及格的,允许补考1次。经补考仍不及格的,重新参加相应的安全技术培训。 (3)考核发证机关委托承担特种作业操作资格考试的单位应当具备相应的场所、设施、设备等条件,建立相应的管理制度,并公布收费标准等信息。 (4)考核发证机关或其委托承担特种作业操作资格考试的单位,应当在考试结束后10个工作日内公布考试成绩。 (5)符合本规定第四条规定并经考试合格的特种作业人员,应当向其户籍所在地或者从业所在地的考核发证机关申请办理特种作业操作证,并提交身份证复印件、学历证书复印件、体检证明、考试合格证明等材料。 (6)收到申请的考核发证机关应当在5个工作日内完成对特种作业人员所提交申请材料的审查,作出受理或者不予受理的决定。能够当场作出受理决定的,应当当场作出受理决定;申请材料不齐全或者不符合要求的,应当当场或者在5个工作日内一次告知申请人需要补正的全部内容,逾期不告知的,视为自收到申请材料之日起即已被受理。 (7)对已经受理的申请,考核发证机关应当在20个工作日内完成审核工作。符合条件的,颁发特种作业操作证;不符合条件的,应当说明理由。 (8)特种作业操作证有效期为6年,在全国范围内有效。 特种作业操作证由安全监管总局统一式样、标准及编号。 (9)特种作业操作证遗失的,应当向原考核发证机关提出书面申请,经原考核发证机关审查同意后,予以补发。 特种作业操作证所记载的信息发生变化或者损毁的,应当向原考核发证机关提出书面申请,经原考核发证机关审查确认后,予以更换或者更新
复审	(1)特种作业操作证每3年复审1次。特种作业人员在特种作业操作证有效期内,连续从事本工种10年以上,严格遵守有关安全生产法律法规的,经原考核发证机关或者从业所在地考核发证机关同意,特种作业操作证的复审时间可以延长至每6年1次。 (2)特种作业操作证需要复审的,应当在期满前60日内,由申请人或者申请人的用人单位向原考核发证机关或者从业所在地考核发证机关提出申请,并提交下列材料:①社区或者县级以上医疗机构出具的健康证明;②从事特种作业的情况;③安全培训考试合格记录。特种作业操作证有效期届满需要延期换证的,应当按照前款的规定申请延期复审

续表

项目	具体内容
复审	(3)特种作业操作证申请复审或者延期复审前,特种作业人员应当参加必要的安全培训并考试合格。安全培训时间不少于8个学时,主要培训法律、法规、标准、事故案例和有关新工艺、新技术、新装备等知识。 (4)申请复审的,考核发证机关应当在收到申请之日起20个工作日内完成复审工作。复审合格的,由考核发证机关签章、登记,予以确认;不合格的,说明理由。 申请延期复审的,经复审合格后,由考核发证机关重新颁发特种作业操作证。 (5)特种作业人员有下列情形之一的,复审或者延期复审不予通过:①健康体检不合格的。②违章操作造成严重后果或者有2次以上违章行为,并经查证确实的。③有安全生产违法行为,并给予行政处罚的。④拒绝、阻碍安全生产监管监察部门监督检查的。⑤未按规定参加安全培训,或者考试不合格的。 (6)申请人对复审或者延期复审有异议的,可以依法申请行政复议或者提起行政诉讼

考点3　监督管理

项目	具体内容
监督管理	(1)考核发证机关或其委托的单位及其工作人员应当忠于职守、坚持原则、廉洁自律,按照法律、法规、规章的规定进行特种作业人员的考核、发证、复审工作,接受社会的监督。 (2)考核发证机关应当加强对特种作业人员的监督检查,发现其具有下述第(3)条规定情形的,及时撤销特种作业操作证;对依法应当给予行政处罚的安全生产违法行为,按照有关规定依法对生产经营单位及其特种作业人员实施行政处罚。 考核发证机关应当建立特种作业人员管理信息系统,方便用人单位和社会公众查询;对于注销特种作业操作证的特种作业人员,应当及时向社会公告。 (3)有下列情形之一的,考核发证机关应当撤销特种作业操作证:①超过特种作业操作证有效期未延期复审的。②特种作业人员的身体条件已不适合继续从事特种作业的。③对发生生产安全事故负有责任的。④特种作业操作证记载虚假信息的。⑤以欺骗、贿赂等不正当手段取得特种作业操作证的。 特种作业人员违反上述第④项、第⑤项规定的,3年内不得再次申请特种作业操作证。 (4)有下列情形之一的,考核发证机关应当注销特种作业操作证:①特种作业人员死亡的。②特种作业人员提出注销申请的。③特种作业操作证被依法撤销的。 (5)离开特种作业岗位6个月以上的特种作业人员,应当重新进行实际操作考试,经确认合格后方可上岗作业。 (6)省、自治区、直辖市人民政府安全生产监督管理部门和负责煤矿特种作业人员考核发证工作的部门或者指定的机构应当每年分别向安全监管总局、煤矿安监局报告特种作业人员的考核发证情况。 (7)生产经营单位应当加强对本单位特种作业人员的管理,建立健全特种作业人员培

续表

项目	具体内容
监督管理	训、复审档案，做好申报、培训、考核、复审的组织工作和日常的检查工作。 (8)特种作业人员在劳动合同期满后变动工作单位的，原工作单位不得以任何理由扣押其特种作业操作证。 跨省、自治区、直辖市从业的特种作业人员应当接受从业所在地考核发证机关的监督管理。 (9)生产经营单位不得印制、伪造、倒卖特种作业操作证，或者使用非法印制、伪造、倒卖的特种作业操作证。 特种作业人员不得伪造、涂改、转借、转让、冒用特种作业操作证或者使用伪造的特种作业操作证

第四节　工伤保险

考点1　工伤保险的相关内容

项目	具体内容
工伤保险的定义	(1)工伤保险，是指劳动者在工作中或在规定的特殊情况下，遭受意外伤害或患职业病导致暂时或永久丧失劳动能力以及死亡时，劳动者或其遗属从国家和社会获得物质帮助的一种社会保险制度。 (2)工伤保险，又称职业伤害保险。 (3)工伤保险是通过社会统筹的办法，集中用人单位缴纳的工伤保险费，建立工伤保险基金，对劳动者在生产经营活动中遭受意外伤害或职业病，并由此造成死亡、暂时或永久丧失劳动能力时，给予劳动者及其实用性法定的医疗救治以及必要的经济补偿的一种社会保障制度。这种补偿既包括医疗、康复所需费用，也包括保障基本生活的费用
工伤保险的特点	(1)工伤保险对象的范围是在生产劳动过程中的劳动者。由于职业危害无所不在，无时不在，任何人都不能完全避免职业伤害。因此工伤保险作为抗御职业危害的保险制度适用于所有职工，任何职工发生工伤事故或遭受职业疾病，都应毫无例外地获得工伤保险待遇。 (2)工伤保险的责任具有赔偿性。也就是说劳动者的生命健康权、生存权和劳动权受到影响、损害甚至被剥夺了。因此工伤保险是基于对工伤职工的赔偿责任而设立的一种社会保险制度，其他社会保险是基于对职工生活困难的帮助和补偿责任而设立的。统一专属工伤保险方案与社保完全对接，补充了一次性伤残就业补助金的赔偿。 (3)工伤保险实行无过错责任原则。无论工伤事故的责任归于用人单位还是职工个人或第三者，用人单位均应承担保险责任

续表

项目	具体内容
工伤保险的特点	(4)工伤保险不同于养老保险等险种,劳动者不缴纳保险费,全部费用由用人单位负担。即工伤保险的投保人为用人单位。 (5)工伤保险待遇相对优厚,标准较高,但因工伤事故的不同而有所差别。 (6)工伤保险作为社会福利,其保障内容比商业意外保险要丰富。除了在工作时的意外伤害,也包括职业病的报销、急性病猝死保险金、丧葬补助(工伤身故)
工伤保险的原则	工伤保险遵循以下十个原则: (1)无责任补偿(无过失补偿)原则。 (2)国家立法、强制实施原则。 (3)风险分担、互助互济原则。 (4)个人不缴费原则。 (5)区别因工与非因工原则。 (6)经济赔偿与事故预防、职业病防治相结合原则。 (7)一次性补偿与长期补偿相结合原则。 (8)确定伤残和职业病等级原则。 (9)区别直接经济损失与间接经济损失原则。 (10)集中管理原则

考点 2　工伤认定及相关规定

项目	具体内容
工伤认定	根据《工伤保险条例》第十四条规定,职工有下列情形之一的,应当认定为工伤: (1)在工作时间和工作场所内,因工作原因受到事故伤害的。 (2)工作时间前后在工作场所内,从事与工作有关的预备性或者收尾性工作受到事故伤害的。 (3)在工作时间和工作场所内,因履行工作职责受到暴力等意外伤害的。 (4)患职业病的。 (5)因工外出期间,由于工作原因受到伤害或者发生事故下落不明的。 (6)在上下班途中,受到非本人主要责任的交通事故或者城市轨道交通、客运轮渡、火车事故伤害的。 (7)法律、行政法规规定应当认定为工伤的其他情形。 同时,根据《工伤保险条例》第十五条的规定,职工有下列情形之一的,视同工伤: (1)在工作时间和工作岗位,突发疾病死亡或者在 48 小时之内经抢救无效死亡的。 (2)在抢险救灾等维护国家利益、公共利益活动中受到伤害的。 (3)职工原在军队服役,因战、因公负伤致残,已取得革命伤残军人证,到用人单位后旧伤复发的。 职工有前款第(1)项、第(2)项情形的,按照本条例的有关规定享受工伤保险待遇;职

续表

项目	具体内容
工伤认定	工有前款第(3)项情形的,按照本条例的有关规定享受除一次性伤残补助金以外的工伤保险待遇。 职工符合《工伤保险条例》第十四条、第十五条的规定,但是有下列情形之一的,不得认定为工伤或者视同工伤: (1)故意犯罪的。 (2)醉酒或者吸毒的。 (3)自残或者自杀的
工伤认定申请	提出工伤认定申请应当提交下列材料: (1)工伤认定申请表。 (2)与用人单位存在劳动关系(包括事实劳动关系)的证明材料。 (3)医疗诊断证明或者职业病诊断证明书(或者职业病诊断鉴定书)。 工伤认定申请表应当包括事故发生的时间、地点、原因以及职工伤害程度等基本情况。 工伤认定申请人提供材料不完整的,社会保险行政部门应当一次性书面告知工伤认定申请人需要补正的全部材料。申请人按照书面告知要求补正材料后,社会保险行政部门应当受理
相关规定	(1)社会保险行政部门受理工伤认定申请后,根据审核需要可以对事故伤害进行调查核实,用人单位、职工、工会组织、医疗机构以及有关部门应当予以协助。职业病诊断和诊断争议的鉴定,依照职业病防治法的有关规定执行。对依法取得职业病诊断证明书或者职业病诊断鉴定书的,社会保险行政部门不再进行调查核实。 职工或者其近亲属认为是工伤,用人单位不认为是工伤的,由用人单位承担举证责任。 (2)社会保险行政部门应当自受理工伤认定申请之日起60日内作出工伤认定的决定,并书面通知申请工伤认定的职工或者其近亲属和该职工所在单位。 (3)社会保险行政部门对受理的事实清楚、权利义务明确的工伤认定申请,应当在15日内作出工伤认定的决定。 (4)作出工伤认定决定需要以司法机关或者有关行政主管部门的结论为依据的,在司法机关或者有关行政主管部门尚未作出结论期间,作出工伤认定决定的时限中止。 (5)社会保险行政部门工作人员与工伤认定申请人有利害关系的,应当回避

考点3 劳动能力鉴定及相关规定

项目	具体内容
定义	劳动能力鉴定是指劳动功能障碍程度和生活自理障碍程度的等级鉴定。 (1)劳动功能障碍分为十个伤残等级,最重的为一级,最轻的为十级。 (2)生活自理障碍分为三个等级:生活完全不能自理、生活大部分不能自理和生活部分不能自理

续表

项目	具体内容
相关规定	(1)劳动能力鉴定标准由国务院社会保险行政部门会同国务院卫生行政部门等部门制定。 (2)劳动能力鉴定由用人单位、工伤职工或者其近亲属向设区的市级劳动能力鉴定委员会提出申请,并提供工伤认定决定和职工工伤医疗的有关资料。 (3)省、自治区、直辖市劳动能力鉴定委员会和设区的市级劳动能力鉴定委员会分别由省、自治区、直辖市和设区的市级社会保险行政部门、卫生行政部门、工会组织、经办机构代表以及用人单位代表组成。 (4)设区的市级劳动能力鉴定委员会收到劳动能力鉴定申请后,应当从其建立的医疗卫生专家库中随机抽取3名或者5名相关专家组成专家组,由专家组提出鉴定意见。设区的市级劳动能力鉴定委员会根据专家组的鉴定意见作出工伤职工劳动能力鉴定结论;必要时,可以委托具备资格的医疗机构协助进行有关的诊断。 (5)设区的市级劳动能力鉴定委员会应当自收到劳动能力鉴定申请之日起60日内作出劳动能力鉴定结论,必要时,作出劳动能力鉴定结论的期限可以延长30日。劳动能力鉴定结论应当及时送达申请鉴定的单位和个人。 (6)申请鉴定的单位或者个人对设区的市级劳动能力鉴定委员会作出的鉴定结论不服的,可以在收到该鉴定结论之日起15日内向省、自治区、直辖市劳动能力鉴定委员会提出再次鉴定申请。省、自治区、直辖市劳动能力鉴定委员会作出的劳动能力鉴定结论为最终结论。 (7)劳动能力鉴定工作应当客观、公正。劳动能力鉴定委员会组成人员或者参加鉴定的专家与当事人有利害关系的,应当回避。 (8)自劳动能力鉴定结论作出之日起1年后,工伤职工或者其近亲属、所在单位或者经办机构认为伤残情况发生变化的,可以申请劳动能力复查鉴定

考点4　工伤保险待遇

项目	具体内容
工伤保险待遇	职工因工致残被鉴定为一级至四级伤残的,保留劳动关系,退出工作岗位,享受以下待遇: (1)从工伤保险基金按伤残等级支付一次性伤残补助金,标准为:一级伤残为27个月的本人工资,二级伤残为25个月的本人工资,三级伤残为23个月的本人工资,四级伤残为21个月的本人工资。 (2)从工伤保险基金按月支付伤残津贴,标准为:一级伤残为本人工资的90%,二级伤残为本人工资的85%,三级伤残为本人工资的80%,四级伤残为本人工资的75%。伤残津贴实际金额低于当地最低工资标准的,由工伤保险基金补足差额。 (3)工伤职工达到退休年龄并办理退休手续后,停发伤残津贴,按照国家规定享受基本养老保险待遇,基本养老保险待遇低于伤残津贴的由工伤保险基金补足差额

续表

项目	具体内容
工伤保险待遇	职工因工致残被鉴定为一级至四级伤残的,由用人单位和职工个人以伤残津贴为基数,缴纳基本医疗保险费。 职工因工致残被鉴定为五级、六级伤残的,享受以下待遇: (1)从工伤保险基金按伤残等级支付一次性伤残补助金,标准为:五级伤残为18个月的本人工资,六级伤残为16个月的本人工资。 (2)保留与用人单位的劳动关系,由用人单位安排适当工作。难以安排工作的,由用人单位按月发给伤残津贴,标准为:五级伤残为本人工资的70%,六级伤残为本人工资的60%,并由用人单位按照规定为其缴纳应缴纳的各项社会保险费。伤残津贴实际金额低于当地最低工资标准的,由用人单位补足差额。 经工伤职工本人提出,该职工可以与用人单位解除或者终止劳动关系,由工伤保险基金支付一次性工伤医疗补助金,由用人单位支付一次性伤残就业补助金。一次性工伤医疗补助金和一次性伤残就业补助金的具体标准由省、自治区、直辖市人民政府规定。 职工因工致残被鉴定为七级至十级伤残的,享受以下待遇: (1)从工伤保险基金按伤残等级支付一次性伤残补助金,标准为:七级伤残为13个月的本人工资,八级伤残为11个月的本人工资,九级伤残为9个月的本人工资,十级伤残为7个月的本人工资。 (2)劳动、聘用合同期满终止,或者职工本人提出解除劳动、聘用合同的,由工伤保险基金支付一次性工伤医疗补助金,由用人单位支付一次性伤残就业补助金。一次性工伤医疗补助金和一次性伤残就业补助金的具体标准由省、自治区、直辖市人民政府规定

第五节　安全生产投入

考点1　安全生产投入的基本要求

项目	具体内容
基本要求	(1)《安全生产法》规定:生产经营单位应当具备的安全生产条件所必需的资金投入,由生产经营单位的决策机构、主要负责人或者个人经营的投资人予以保证,并对由于安全生产所必需的资金投入不足导致的后果承担责任。 (2)《国务院关于进一步加强安全生产工作的决定》规定:建立企业提取安全费用制度。为保证安全生产所需资金投入,形成企业安全生产投入的长效机制,借鉴煤矿提取安全费用的经验,在条件成熟后,逐步建立对高危行业生产企业提取安全费用制度。企业安全费用的提取,要根据地区和行业的特点,分别确定提取标准,由企业自行提取,专户储存,专项用于安全生产。 (3)生产经营单位是安全生产的责任主体,也是安全生产费用提取、使用和管理的主体

考点2　安全生产费用的使用和管理

项目	具体内容
责任主体	(1)保证必要的安全生产投入是实现安全生产的重要基础。 (2)安全生产投入资金具体由谁来保证,应根据企业的性质而定。一般说来,股份制企业、合资企业等安全生产投入资金由董事会予以保证;一般国有企业由厂长或者经理予以保证;个体工商户等个体经济组织由投资人予以保证。 (3)上述保证人承担由于安全生产所必需的资金投入不足而导致事故后果的法律责任
安全生产费用的使用	(1)完善、改造和维护安全防护设备、设施的支出。其中:①矿山企业安全设备设施是指矿山综合防尘、地质监控、防灭火、防治水、危险气体监测、通风系统,支护及防治片帮滑坡设备、机电设备、供配电系统、运输(提升)系统以及尾矿库(坝)等。②危险品生产企业安全设备设施是指车间、库房等作业场所的监控、监测、通风、防晒、调温、防火、灭火、防爆、泄压、防毒、消毒、中和、防潮、防雷、防静电、防腐、防渗漏、防护围堤或者隔离操作等设施设备。③道路交通运输企业安全设备设施是指运输工具安全状况检测及维护系统、运输工具附属安全设备等。 (2)配备必要的应急救援器材、设备和现场作业人员安全防护物品支出。 (3)安全生产检查与评价支出。 (4)重大危险源、重大事故隐患的评估、整改、监控支出。 (5)安全技能培训及进行应急救援演练支出。 (6)其他与安全生产直接相关的支出
安全生产费用的管理	(1)生产经营单位应制定安全生产投入的管理制度,明确具体的使用范围、管理程序、监督程序,每年完成后应及时总结项目和费用的完成情况。 (2)在年度财务会计报告中,生产经营单位应当披露安全费用提取和使用的具体情况,接受安全生产监督管理部门和财政部门的监督。 (3)生产经营单位违规提取和使用安全费用的,政府安全生产监督管理部门应当会同财政部门责令其限期改正,予以警告。 (4)逾期不改正的,由安全生产监督管理部门按照相关法规进行处理

考点3　安全生产责任保险

项目	具体内容
安全生产责任保险概述	安全生产责任保险是生产经营单位在发生生产安全事故以后对死亡、伤残者履行赔偿责任的保险,对维护社会安定和谐具有重要作用。对于高危行业分布广泛、伤亡事故时有发生的地区,发展安全生产责任保险,用责任保险等经济手段加强和改善安全生产管理,是强化安全事故风险管控的重要措施。安全生产责任保险有利于增强安全生产意识,防范事故发生,促进地区安全生产形势稳定好转;有利于预防和化解社会矛盾,减

续表

项目	具体内容
安全生产责任保险概述	轻各级政府在事故发生后的救助负担;有利于维护人民群众根本利益,促进经济健康运行,保持社会稳定。 针对高危行业开办的险别,不仅可承保因企业在生产经营过程中,发生生产安全事故所造成的伤亡或者下落不明,还可对应附加医疗费用、第三者责任及事故应急救援和善后处理费用。 保险费根据被保险人营业性质及参保人数对应选择不同的赔偿限额计收。 1. 主险责任 在保险期间,被保险人的工作人员在中华人民共和国境内因下列情形导致伤残或死亡依法应由被保险人承担的经济赔偿责任,保险人应按照保险合同的约定负责赔偿: (1)在工作时间和工作场所内,因工作原因受到安全生产事故伤害。 (2)工作时间前后在工作场所内,从事与履行其工作职责有关的预备性或者收尾性工作受到安全生产事故伤害。 (3)在工作时间和工作场所内,因履行工作职责受到暴力等意外伤害。 (4)因工外出期间,由于工作原因受到伤害或者发生事故下落不明。 (5)在上下班途中,受到交通及意外事故伤害。 (6)在工作时间和工作岗位,突发疾病死亡或者在 48 h 之内经抢救无效死亡。 (7)根据法律、行政法规规定应当认定为安全生产事故的其他情形。 2. 附加第三者责任 在保险期间,被保险人合法聘用的工作人员在被保险人的工作场所内,受雇从事保险单明细表所载明的被保险人的业务过程中,发生安全生产事故,造成第三者死亡,依法应由被保险人承担的经济赔偿责任,保险人按照附加险合同和主险合同的约定负责赔偿。 3. 附加施救及事故善后处理费用保险责任 在保险期间,被保险人的工作人员因主险条款所列情形导致的伤残或死亡,被保险人因采取必要、合理的施救及事故善后处理措施而支出的下列费用,保险人按照附加险合同和主险合同的约定负责赔偿: (1)现场施救费用。 (2)参与事故处理人员的加班费、住宿费、交通费、餐费以及生活补助费。 4. 附加医疗费用保险责任 在保险期间,被保险人的工作人员因主险条款所列情形导致的伤残或死亡,依照中华人民共和国法律应由被保险人承担的医疗费用,保险人按照附加险合同和主险合同的约定负责赔偿
《安全生产责任保险实施办法》的相关规定	2017 年 12 月 12 日,《关于印发〈安全生产责任保险实施办法〉的通知》(安监总办〔2017〕140 号)明确规定,根据《中共中央国务院关于推进安全生产领域改革发展的意见》关于建立健全安全生产责任保险制度的要求,为进一步规范安全生产责任保险工

续表

项目	具体内容
《安全生产责任保险实施办法》的相关规定	作，切实发挥保险机构参与风险评估管控和事故预防功能，国家安全监管总局（现已并入应急管理部）、保监会（现合并为银保监会）、财政部制定了《安全生产责任保险实施办法》。 第一章　总则 第一条　为了规范安全生产责任保险工作，强化事故预防，切实保障投保的生产经营单位及有关人员的合法权益，根据相关法律法规和规定，制定《安全生产责任保险实施办法》。 第二条　安全生产责任保险是指保险机构对投保的生产经营单位发生的生产安全事故造成的人员伤亡和有关经济损失等予以赔偿，并且为投保的生产经营单位提供生产安全事故预防服务的商业保险。 第三条　按照《安全生产责任保险实施办法》请求的经济赔偿，不影响参保的生产经营单位从业人员（含劳务派遣人员，下同）依法请求工伤保险赔偿的权利。 第四条　坚持风险防控、费率合理、理赔及时的原则，按照政策引导、政府推动、市场运作的方式推行安全生产责任保险工作。 第五条　安全生产责任保险的保费由生产经营单位缴纳，不得以任何方式摊派给从业人员个人。 第六条　煤矿、非煤矿山、危险化学品、烟花爆竹、交通运输、建筑施工、民用爆炸物品、金属冶炼、渔业生产等高危行业领域的生产经营单位应当投保安全生产责任保险。鼓励其他行业领域生产经营单位投保安全生产责任保险。各地区可针对本地区安全生产特点，明确应当投保的生产经营单位。对存在高危粉尘作业、高毒作业或其他严重职业病危害的生产经营单位，可以投保职业病相关保险。对生产经营单位已投保的与安全生产相关的其他险种，应当增加或将其调整为安全生产责任保险，增强事故预防功能。 第二章　承保与投保 第七条　承保安全生产责任保险的保险机构应当具有相应的专业资质和能力，主要包含以下方面： （1）商业信誉情况。 （2）偿付能力水平。 （3）开展责任保险的业绩和规模。 （4）拥有风险管理专业人员的数量和相应专业资格情况。 （5）为生产经营单位提供事故预防服务情况。 第八条　根据实际需要，鼓励保险机构采取共保方式开展安全生产责任保险工作。 第九条　安全生产责任保险的保险责任包括投保的生产经营单位的从业人员人身伤亡赔偿，第三者人身伤亡和财产损失赔偿，事故抢险救援、医疗救护、事故鉴定、法律诉讼等费用。保险机构可以开发适应各类生产经营单位安全生产保障需求的个性化保险产品

续表

项目	具体内容
《安全生产责任保险实施办法》的相关规定	第十条　除被依法关闭取缔、完全停止生产经营活动外，应当投保安全生产责任保险的生产经营单位不得延迟续保、退保。 第十一条　制定各行业领域安全生产责任保险基准指导费率，实行差别费率和浮动费率。建立费率动态调整机制，费率调整根据以下因素综合确定： (1)事故记录和等级。费率调整根据生产经营单位是否发生事故、事故次数和等级确定，可以根据发生人员伤亡的一般事故、较大事故、重大及以上事故次数进行调整。 (2)其他。投保生产经营单位的安全风险程度、安全生产标准化等级、隐患排查治理情况、安全生产诚信等级、是否被纳入安全生产领域联合惩戒“黑名单”、赔付率等。 各地区可以参考以上因素，根据不同行业领域实际情况进一步确定具体的费率浮动。 第十二条　生产经营单位投保安全生产责任保险的保障范围应当覆盖全体从业人员。 第三章　事故预防与理赔 第十三条　保险机构应当建立生产安全事故预防服务制度，协助投保的生产经营单位开展以下工作： (1)安全生产和职业病防治宣传教育培训。 (2)安全风险辨识、评估和安全评价。 (3)安全生产标准化建设。 (4)生产安全事故隐患排查。 (5)安全生产应急预案编制和应急救援演练。 (6)安全生产科技推广应用。 (7)其他有关事故预防工作。 第十四条　保险机构应当按照上述规定的服务范围，在安全生产责任保险合同中约定具体服务项目及频次。保险机构开展安全风险评估、生产安全事故隐患排查等服务工作时，投保的生产经营单位应当予以配合，并对评估发现的生产安全事故隐患进行整改；对拒不整改重大事故隐患的，保险机构可在下一投保年度上浮保险费率，并报告安全生产监督管理部门和相关部门。 第十五条　保险机构应当严格按照合同约定及时赔偿保险金；建立快速理赔机制，在事故发生后按照法律规定或者合同约定先行支付确定的赔偿保险金。生产经营单位应当及时将赔偿保险金支付给受伤人员或者死亡人员的受益人(以下统称受害人)，或者请求保险机构直接向受害人赔付。生产经营单位怠于请求的，受害人有权就其应获赔偿部分直接向保险机构请求赔付。 第十六条　同一生产经营单位的从业人员获取的保险金额应当实行同一标准，不得因用工方式、工作岗位等差别对待。 第十七条　各地区根据实际情况确定安全生产责任保险中涉及人员死亡的最低赔偿金额，每死亡1人按不低于30万元赔偿，并按本地区城镇居民上一年度人均可支配收入的变化进行调整。对未造成人员死亡事故的赔偿保险金额度在保险合同中约定

续表

项目	具体内容
《安全生产责任保险实施办法》的相关规定	第四章　激励与保障 第十八条　安全生产监督管理部门和有关部门应当将安全生产责任保险投保情况作为生产经营单位安全生产标准化、安全生产诚信等级等评定的必要条件，作为安全生产与职业健康风险分类监管，以及取得安全生产许可证的重要参考。安全生产和职业病预防相关法律法规另有规定的，从其规定。 第十九条　各地区应当在安全生产相关财政资金投入、信贷融资、项目立项、进入工业园区以及相关产业扶持政策等方面，在同等条件下优先考虑投保安全生产责任保险的生产经营单位。 第二十条　对赔付及时、事故预防成效显著的保险机构，纳入安全生产诚信管理体系，实行联合激励。 第二十一条　各地区将推行安全生产责任保险情况，纳入对本级政府有关部门和下级人民政府安全生产工作巡查和考核内容。 第二十二条　鼓励安全生产社会化服务机构为保险机构开展生产安全事故预防提供技术支撑。 第五章　监督与管理 第二十三条　建立安全生产监督管理部门和保险监督管理机构信息共享机制。安全生产监督管理部门和有关部门应当建立安全生产责任保险信息管理平台，并与安全生产监管信息平台对接，对保险机构开展生产安全事故预防服务及服务费用支出使用情况定期进行分析评估。安全生产监督管理部门可以引入第三方机构对安全生产责任保险信息管理平台进行建设维护及对保险机构开展预防服务情况开展评估，并依法保守有关商业秘密。 第二十四条　支持投保的生产经营单位、保险机构和相关社会组织建立协商机制，加强自主管理。 第二十五条　安全生产监督管理部门、保险监督管理机构和有关部门应当依据工作职责依法加强对生产经营单位和保险机构的监督管理，对实施安全生产责任保险情况开展监督检查。 第二十六条　对生产经营单位应当投保但未按规定投保或续保、将保费以各种形式摊派给从业人员个人、未及时将赔偿保险金支付给受害人的，保险机构预防费用投入不足、未履行事故预防责任、委托不合法的社会化服务机构开展事故预防工作的，安全生产监督管理部门、保险监督管理机构及有关部门应当提出整改要求；对拒不整改的，应当将其纳入安全生产领域联合惩戒“黑名单”管理，对违反相关法律法规规定的，依法追究其法律责任。 第二十七条　相关部门及其工作人员在对安全生产责任保险的监督管理中收取贿赂、滥用职权、玩忽职守、徇私舞弊的，依法依规对相关责任人严肃追责；涉嫌犯罪的，移交司法机关依法处理

第五章　应急管理

知识框架

- 应急管理
  - 应急管理体系建设
    - 事故应急救援的基本任务和特点
    - 事故应急救援体系的基本构建
  - 应急预案制定和演练
    - 事故应急预案的作用
    - 事故应急预案的基本要求
    - 事故应急预案的主要内容
    - 应急演练的定义、目的与原则
    - 应急演练的类型
  - 应急准备与响应

考点精讲

第一节　应急管理体系建设

考点1　事故应急救援的基本任务和特点

项目	具体内容
基本任务	1. 总目标 总目标是通过有效的应急救援行动，尽可能地降低事故的后果，包括人员伤亡、财产损失和环境破坏等。 2. 基本任务 （1）立即组织营救受害人员，组织撤离或者采取其他措施保护危害区域内的其他人员。抢救受害人员是应急救援的首要任务。 （2）迅速控制事态，并对事故造成的危害进行检测、监测，测定事故的危害区域、危害性质及危害程度。 （3）消除危害后果，做好现场恢复。 （4）查清事故原因，评估危害程度

续表

项目	具体内容
特点	(1)不确定性和突发性。 (2)应急活动的复杂性。 (3)后果影响易猝变、激化和放大

考点2 事故应急救援体系的基本构建

项目	具体内容
相关法规要求	1.《安全生产法》规定 (1)生产经营单位的主要负责人具有组织制定并实施本单位的生产安全事故应急救援预案的职责。 (2)生产经营单位对重大危险源应当登记建档,进行定期检测、评估、监控,并制定应急预案,告知从业人员和相关人员在紧急情况下应当采取的应急措施。 2.《危险化学品安全管理条例》规定 (1)县级以上地方人民政府安监部门应当会同工信、环保、公安、卫生、交通、铁路、质检等部门,根据本地区实际情况,制定危险化学品事故应急预案,报本级人民政府批准。 (2)危险化学品单位应当制定本单位危险化学品事故应急预案,配备应急救援人员和必要的应急救援器材、设备,并定期组织应急救援演练。危险化学品单位应当将其危险化学品事故应急预案报所在地设区的市级人民政府安监部门备案。 3. 国务院《特种设备安全监察条例》规定 特种设备使用单位应当制定特种设备的事故应急专项预案,并定期进行事故应急演练。 4. 国务院《关于特大安全事故行政责任追究的规定》规定 市(地、州)、县(市、区)人民政府必须制定本地区特大安全事故应急处理预案
事故应急管理理论框架	应急管理是一个动态的过程,包括预防、准备、响应和恢复4个阶段。 自然灾害、事故灾难或者公共卫生事件发生后,履行统一领导职责的人民政府可以采取下列一项或者多项应急处置措施: (1)组织营救和救治受害人员,疏散、撤离并妥善安置受到威胁的人员以及采取其他救助措施。 (2)迅速控制危险源,标明危险区域,封锁危险场所,划定警戒区,实行交通管制以及其他控制措施。 (3)立即抢修被损坏的交通、通信、供水、排水、供电、供气、供热等公共设施,向受到危害的人员提供避难场所和生活必需品,实施医疗救护和卫生防疫以及其他保障措施。 (4)禁止或者限制使用有关设备、设施,关闭或者限制使用有关场所,中止人员密集的活动或者可能导致危害扩大的生产经营活动以及采取其他保护措施

续表

<table>
<tr><th>项目</th><th colspan="2">具体内容</th></tr>
<tr><td>事故应急管理理论框架</td><td colspan="2">(5)启用本级人民政府设置的财政预备费和储备的应急救援物资,必要时调用其他急需物资、设备、设施、工具。
(6)组织公民参加应急救援和处置工作,要求具有特定专长的人员提供服务。
(7)保障食品、饮用水、燃料等基本生活必需品的供应。
(8)依法从严惩处囤积居奇、哄抬物价、制假售假等扰乱市场秩序的行为,稳定市场价格,维护市场秩序。
(9)依法从严惩处哄抢财物、干扰破坏应急处置工作等扰乱社会秩序的行为,维护社会治安。
(10)采取防止发生次生、衍生事件的必要措施</td></tr>
<tr><td rowspan="4">事故应急响应机制</td><td>一级紧急情况</td><td>(1)一级紧急情况是指必须利用所有有关部门及一切资源的紧急情况,或者需要各个部门同外部机构联合处理的各种紧急情况,通常要宣布进入紧急状态。
(2)在该级别中,作出主要决定的机构是紧急事务管理部门。
(3)现场指挥部可在现场作出保护生命和财产以及控制事态所必需的各种决定。</td></tr>
<tr><td>二级紧急情况</td><td>(1)二级紧急情况是指需要两个或更多个部门响应的紧急情况。
(2)该事故的救援需要有关部门的协作,并且提供人员、设备或其他资源。
(3)该级响应需要成立现场指挥部来统一指挥现场的应急救援行动</td></tr>
<tr><td>三级紧急情况</td><td>(1)三级紧急情况是指能被一个部门正常可利用的资源处理的紧急情况。
(2)正常可利用的资源指在该部门权力范围内通常可以利用的应急资源,包括人力和物力等。
(3)必要时,该部门可以建立一个现场指挥部,所需的后勤支持、人员或其他资源增援由本部门负责解决</td></tr>
<tr><td>事故应急救援响应程序</td><td>(1)接警。
(2)警情判断及响应级别。
(3)应急启动。
(4)救援行动。
(5)事态控制。
(6)应急恢复。
(7)应急结束(关闭)</td></tr>
</table>

第二节　应急预案制定和演练

考点 1　事故应急预案的作用

项目	具体内容
事故应急预案的作用	(1)确定了应急救援的范围和体系,使应急管理不再无据可依、无章可循。 (2)有利于做出及时的应急响应,降低事故后果。 (3)是各类突发重大事故的应急基础。 (4)建立了与上级单位和部门应急救援体系的衔接。 (5)有利于提高风险防范意识

考点 2　事故应急预案的基本要求

项目	具体内容
事故应急预案的基本要求	(1)符合有关法律、法规、规章和标准的规定。 (2)结合本地区、本部门、本单位的安全生产实际情况。 (3)结合本地区、本部门、本单位的危险性分析情况。 (4)应急组织和人员的职责分工明确,并有具体的落实措施。 (5)有明确、具体的应急程序和处置措施,并与其应急能力相适应。 (6)有明确的应急保障措施,并能满足本地区、本部门、本单位的应急工作要求。 (7)预案基本要素齐全、完整,预案附件提供的信息准确。 (8)预案内容与相关应急预案相互衔接

考点 3　事故应急预案的主要内容

项目	具体内容	
概况	主要描述生产经营单位概况以及危险特性状况等,同时对紧急情况下应急事件、适用范围和方针原则等提供简述并作必要说明	
事故预防	预防程序是对潜在事故、可能的次生与衍生事故进行分析并说明所采取的预防和控制事故的措施	
	危险分析	(1)危险识别。 (2)脆弱性分析。 (3)风险分析
	资源分析	(1)针对危险分析所确定的主要危险,明确应急救援所需的资源,列出可用的应急力量和资源。 (2)包括:①各类应急力量的组成及分布情况。②各种重要应急设备、物资的准备情况。③上级救援机构或周边可用的应急资源

续表

<table>
<tr><th>项目</th><th colspan="2">具体内容</th></tr>
<tr><td>事故预防</td><td>法律法规要求</td><td>编制预案前，应调研国家和地方有关应急预案、事故预防、应急准备、应急响应和恢复相关的法律法规文件，以作为预案编制的依据和授权</td></tr>
<tr><td>准备程序</td><td colspan="2">(1)机构与职责。
①应急机构组织体系包括城市应急管理的领导机构、应急响应中心以及各有关机构部门等。
②对应急救援中承担任务的所有应急组织，应明确相应的职责、负责人、候补人及联络方式。
(2)应急资源。
应急资源的准备包括合理组建专业和社会救援力量，配备应急救援中所需的各种救援机械和装备、监测仪器、堵漏和清消材料、交通工具、个体防护装备、医疗器械和药品、生活保障物资等，并定期检查、维护与更新，保证始终处于完好状态。
(3)教育、培训与演习。
提高公众意识和自我保护能力、应急演习等方面。
(4)互助协议</td></tr>
<tr><td>应急程序</td><td colspan="2">(1)在应急救援过程中，存在一些必需的核心功能和任务，如接警与通知、指挥与控制、警报和紧急公告、通信、事态监测与评估、警戒与治安、人群疏散与安置、医疗与卫生、公共关系、应急人员安全、消防和抢险、泄漏物控制等，无论何种应急过程都必须围绕上述功能和任务开展。
(2)应急程序主要指实施上述核心功能和任务的程序和步骤</td></tr>
<tr><td>现场恢复</td><td colspan="2">(1)也可称为紧急恢复，是指事故被控制住后所进行的短期恢复。
(2)该部分主要内容应包括：①宣布应急结束的程序。②撤离和交接程序。③恢复正常状态的程序。④现场清理和受影响区域的连续检测。⑤事故调查与后果评价等</td></tr>
<tr><td>预案管理与评审改进</td><td colspan="2">(1)应急预案是应急救援工作的指导文件。
(2)应当对预案的制定、修改、更新、批准和发布做出明确的管理规定，保证定期或在应急演习、应急救援后对应急预案进行评审和改进，针对各种实际情况的变化以及预案应用中所暴露出的缺陷，持续地改进，以不断地完善应急预案体系</td></tr>
</table>

考点4　应急演练的定义、目的与原则

项目	具体内容
定义	各级政府部门、企事业单位、社会团体，组织相关应急人员与群众，针对待定的突发事件假想情景，按照应急预案所规定的职责和程序，在特定的时间和地域，执行应急响应任务的训练活动
目的	检验预案、完善准备、锻炼队伍、磨合机制、科普宣教
地位	是应急管理的重要环节，在应急管理工作中有着十分重要的作用

续表

项目	具体内容
原则	(1)结合实际、合理定位。 (2)着眼实战、讲求实效。 (3)精心组织、确保安全。 (4)统筹规划、厉行节约
作用	(1)实现评估应急准备状态,发现并及时修改应急预案、执行程序等相关工作的缺陷和不足。 (2)评估突发公共事件应急能力,识别资源需求,澄清相关机构、组织和人员的职责,改善不同机构、组织和人员之间的协调问题。 (3)通过演练手段,检验应急响应人员对应急预案、执行程序的具体了解程度和实际操作技能,评估人员的应急培训效果,分析培训需求。 (4)作为一种培训手段,通过调整演练难度,可以进一步提高应急响应人员的业务素质和能力。 (5)促进公众、媒体对应急预案的理解,争取他们对应急工作的支持

考点 5　应急演练的类型

项目		具体内容
按照组织方式及目标重点的不同分类	桌面演练	(1)桌面演练是一种圆桌讨论或演习活动。 (2)其目的是使各级应急部门、组织和个人在较轻松的环境下,明确和熟悉应急预案中所规定的职责和程序,提高协调配合及解决问题的能力。 (3)桌面演练的情景和问题通常以口头或书面叙述的方式呈现,也可以使用地图、沙盘、计算机模拟、视频会议等辅助手段,有时被分别称为图上演练、沙盘演练、计算机模拟演练、视频会议演练等
	现场演练	(1)现场演练是以现场实战操作的形式开展的演练活动。 (2)参演人员在贴近实际状况和高度紧张的环境下,根据演练情景的要求,通过实际操作完成应急响应任务,以检验和提高相关应急人员的组织指挥、应急处置以及后勤保障等综合应急能力
按演练内容分类	单项演练	(1)单项演练是指只涉及应急预案中特定应急响应功能或现场处置方案中一系列应急响应功能的演练活动。 (2)注重针对一个或少数几个参与单位(岗位)的特定环节和功能进行检验
	综合演练	(1)综合演练是指涉及应急预案中多项或全部应急响应功能的演练活动。 (2)注重对多个环节和功能进行检验,特别是对不同单位之间应急机制和联合应对能力的检验

续表

项目	具体内容	
按演练目的和作用分类	检验性演练	检验性演练是指为了检验应急预案的可行性及应急准备的充分性而组织的演练
	示范性演练	示范性演练是指为了向参观、学习人员提供示范，为普及宣传应急知识而组织的观摩性演练
	研究性演练	研究性演练是为了研究突发事件应急处置的有效方法，试验应急技术、设施和设备，探索存在问题的解决方案等而组织的演练

第三节　应急准备与响应

考点　应急准备与响应

项目	具体内容
演练前检查	(1)演练实施当天，演练组织机构的相关人员应在演练开始前提前到达现场，对演练所用的设备设施等的情况进行检查，确保其正常工作。 (2)按照演练安全保障工作安排，对进入演练场所的人员进行登记和身份核查，防止无关人员进入
演练前情况说明和动员	(1)导演组完成事故应急演练准备，以及对演练方案、演练场地、演练设施、演练保障措施的最后调整后，应在演练前夕分别召开控制人员、评估人员、演练人员的情况介绍会，确保所有演练参与人员了解演练现场规则以及演练情景和演练计划中与各自工作相关的内容。 (2)演练模拟人员和观摩人员一般参加控制人员情况介绍会。 (3)导演组可向演练人员分发演练人员手册，说明演练适用范围、演练大致日期(不说明具体时间)、参与演练的应急组织、演练目标的大致情况、演练现场规则、采取模拟方式进行演练的行动等信息。 (4)演练过程中，如果某些应急组织的应急行为由控制人员或模拟人员以模拟方式进行演示，则演练人员应了解这些情况，并掌握相关控制人员或模拟人员的通讯联系方式，以免演练时与实际应急组织发生联系
演练启动	(1)示范性演练一般由演练总指挥或演练组织机构相关成员宣布演练开始并启动演练活动。 (2)检验性和研究性演练，一般在到达演练时间节点，演练场景出现后，自行启动
演练执行	1. 现场演练 应急演练活动一般始于报警消息，在此过程中，参演应急组织和人员应尽可能按实际紧急事件发生时的响应要求进行演示，即“自由演示”，由参演应急组织和人员根据自己

续表

项目	具体内容
演练执行	关于最佳解决办法的理解，对情景事件做出响应行动。 2. 桌面演练 桌面演练的执行通常是五个环节的循环往复： （1）演练信息注入。 （2）问题提出。 （3）决策分析。 （4）决策结果表达。 （5）点评。 3. 演练解说 （1）在演练实施过程中，演练组织单位可以安排专人对演练过程进行解说。 （2）解说内容一般包括演练背景描述、进程讲解、案例介绍、环境渲染等。 （3）对于有演练脚本的大型综合性示范演练，可按照脚本中的解说词进行讲解。 4. 演练记录 演练实施过程中，一般要安排专门人员，采用文字、照片和音像等手段记录演练过程。 5. 演练宣传报道 （1）演练宣传组按照演练宣传方案做好演练宣传报道工作。 （2）认真做好信息采集、媒体组织、广播电视节目现场采编和播报等工作，扩大演练的宣传教育效果。 （3）对涉密应急演练要做好相关保密工作
演练结束与意外终止	（1）演练完毕，由总策划发出结束信号，演练总指挥或总策划宣布演练结束。 （2）演练结束后所有人员停止演练活动，按预定方案集合进行现场总结讲评或者组织疏散。 （3）保障部负责组织人员对演练场地进行清理和恢复。 （4）演练实施过程中出现下列情况，经演练领导小组决定，由演练总指挥或总策划按照事先规定的程序和指令终止演练：①出现真实突发事件，需要参演人员参与应急处置时，要终止演练，使参演人员迅速回归其工作岗位，履行应急处置职责。②出现特殊或意外情况，短时间内不能妥善处理或解决时，可提前终止演练
现场点评会	（1）演练组织单位演练活动结束后，应组织针对本次演练现场点评会。 （2）包括专家点评、领导点评、演练参与人员的现场信息反馈等
文件归档与备案	（1）演练组织单位在演练结束后应将演练计划、演练方案、各种演练记录（包括各种音像资料）、演练评估报告、演练总结报告等资料归档保存。 （2）对于由上级有关部门布置或参与组织的演练，或者法律、法规、规章要求备案的演练，演练组织单位应当将相关资料报有关部门备案

第六章 生产安全事故与安全生产统计分析

知识框架

生产安全事故与安全生产统计分析
- 生产安全事故报告、调查、处理
  - 生产安全事故报告
  - 生产安全事故调查
  - 生产安全事故处理
- 安全生产统计分析
  - 事故统计的范围和内容
  - 经济损失的统计与计算方法

考点精讲

第一节 生产安全事故报告、调查、处理

考点1 生产安全事故报告

项目	具体内容
事故上报的时限和部门	(1)生产安全事故发生后,事故现场有关人员应当立即向本单位负责人报告。 (2)单位负责人接到报告后,应当于1小时内向事故发生地县级以上人民政府安全生产监督管理部门和负有安全生产监督管理职责的有关部门报告。 (3)情况紧急时,事故现场有关人员可以直接向事故发生地县级以上人民政府安全生产监督管理部门和负有安全生产监督管理职责的有关部门报告。 (4)如果,现场条件特别复杂,难以准确判定事故等级,情况十分危急,上一级部门没有足够能力开展应急救援工作,或者事故性质特殊、社会影响特别重大时,就应当允许越级上报事故。 (5)安全生产监督管理部门和负有安全生产监督管理职责的有关部门逐级上报事故情况,每级上报的时间不得超过2小时。 (6)所谓"2小时"起点是指接到下级部门报告的时间,以特别重大事故的报告为例,按照报告时限要求的最大值计算,从单位负责人报告县级管理部门,再由县级管理部门报告市级管理部门、市级管理部门报告省级管理部门、省级管理部门报告国务院管理部门,直至最后报至国务院,总共所需时间为9小时

续表

项目	具体内容
事故的补报	事故报告后出现新情况的，应当及时补报： (1)自事故发生之日起30日内，事故造成的伤亡人数发生变化的，应当及时补报。 (2)道路交通事故、火灾事故自发生之日起7日内，事故造成的伤亡人数发生变化的，应当及时补报。 (3)上报事故的首要原则是及时
不同级别事故上报单位	安全生产监督管理部门和负有安全生产监督管理职责的有关部门接到事故报告后，应当依照下列规定上报事故情况，并通知公安机关、劳动保障行政部门、工会和人民检察院。 (1)特别重大事故、重大事故逐级报至国务院安监部门和有关部门。 (2)较大事故逐级报至省级安监部门和有关部门。 (3)一般事故报至设区的市级安监部门和有关部门
事故上报内容	(1)事故发生单位概况。 (2)事故发生的时间、地点以及事故现场情况。 (3)事故的简要经过。 (4)事故已经造成或者可能造成的伤亡人数(包括下落不明的人数)和初步估计的直接经济损失。 (5)已经采取的措施。 (6)其他应当报告的情况

考点2　生产安全事故调查

项目	具体内容
事故调查工作的要求	(1)事故调查处理应当坚持实事求是、尊重科学的原则，及时准确地查清事故经过、事故原因和事故损失，查明事故性质，认定事故责任，总结事故教训。提出整改措施并对事故责任者依法追究责任。 (2)县级以上人民政府应当依照《生产安全事故报告和调查处理条例》的规定，严格履行职责，及时、准确地完成事故调查处理工作。 (3)事故发生地有关地方人民政府应当支持、配合上级人民政府或者有关部门的事故调查处理工作，并提供必要的便利条件。 (4)参加事故调查处理的部门和单位应当互相配合，提高事故调查处理工作的效率。 (5)工会依法参加事故调查处理，有权向有关部门提出处理意见。 (6)任何单位和个人不得阻挠和干涉对事故的报告和依法调查处理
组织原则与影响	(1)事故调查工作实行“政府领导、分级负责”的原则。 (2)特别重大事故由国务院，或者国务院授权有关部门组织事故调查组进行调查。 (3)重大事故、较大事故、一般事故分别由事故发生地省级人民政府、设区的市级人民政府、县级人民政府负责调查

续表

项目	具体内容
组织原则与影响	(4)下列情况下,上级人民政府可以调查由下级人民政府负责调查的事故:①事故性质恶劣、社会影响较大的;②同一地区连续频繁发生同类事故的;③事故发生地不重视安全生产工作、不能真正吸取事故教训的;④社会和群众对下级政府调查的事故反响十分强烈的;⑤事故调查难以做到客观、公正的。 (5)自事故发生之日起30日内(道路交通事故、火灾事故自发生之日起7日内),因事故伤亡人数变化导致事故等级发生变化,应当由上级人民政府负责调查的,上级人民政府可以另行组织事故调查组进行调查。 (6)特别重大事故以下等级事故,事故发生地与事故发生单位不在同一个县级以上行政区域的,由事故发生地人民政府负责调查,事故发生单位所在地人民政府应当派人参加

考点3　生产安全事故处理

项目	具体内容
生产安全事故处理相关规定	(1)重大事故、较大事故、一般事故,负责事故调查的人民政府应当自收到事故调查报告之日起15日内做出批复;特别重大事故,30日内做出批复,特殊情况下,批复时间可以适当延长,但延长的时间最长不超过30日。 (2)有关机关应当按照人民政府的批复,依照法律、行政法规规定的权限和程序,对事故发生单位和有关人员进行行政处罚,对负有事故责任的国家工作人员进行处分。 (3)事故发生单位应当按照负责事故调查的人民政府的批复,对本单位负有事故责任的人员进行处理。 (4)负有事故责任的人员涉嫌犯罪的,依法追究刑事责任。 (5)事故发生单位应当认真吸取事故教训,落实防范和整改措施,防止事故再次发生。防范和整改措施的落实情况应当接受工会和职工的监督。 (6)安全生产监督管理部门和负有安全生产监督管理职责的有关部门应当对事故发生单位落实防范和整改措施的情况进行监督检查。 (7)事故处理的情况由负责事故调查的人民政府或者其授权的有关部门、机构向社会公布,依法应当保密的除外

第二节　安全生产统计分析

考点1　事故统计的范围和内容

项目	具体内容
事故统计的范围和内容	(1)伤亡事故统计的范围:中华人民共和国领域内从事生产经营活动的单位。 (2)统计内容:①企业的基本情况;②各类事故发生的起数;③伤亡人数;④伤亡程度;⑤事故类别;⑥事故原因;⑦直接经济损失

考点 2　经济损失的统计与计算方法

<table>
<tr><th>项目</th><th colspan="2">具体内容</th></tr>
<tr><td>直接经济损失的统计</td><td colspan="2">(1)人身伤亡后所支出的费用:①医疗费用(含护理费用);②丧葬及抚恤费用;③补助及救济费用;④歇工工资。
(2)善后处理费用:①处理事故的事务性费用;②现场抢救费用;③清理现场费用;④事故罚款和赔偿费用。
(3)财产损失价值:固定资产损失价值和流动资产损失价值。
①固定资产损失价值按下列情况计算:报废的固定资产,以固定资产净值减去残值计算;损坏的固定资产,以修复费用计算。
②流动资产损失价值按下列情况计算:原材料、燃料、辅助材料等均按账面值减去残值计算;成品、半成品、在制品等均以企业实际成本减去残值计算</td></tr>
<tr><td>间接经济损失的统计</td><td colspan="2">(1)停产、减产损失价值。
(2)工作损失价值。
(3)资源损失价值。
(4)处理环境污染的费用。
(5)补充新职工的培训费用。
(6)其他损失费用</td></tr>
<tr><td rowspan="4">计算方法</td><td>经济损失计算</td><td>$$E = E_d + E_i$$
式中:E——经济损失,万元;
E_d——直接经济损失,万元;
E_i——间接经济损失,万元</td></tr>
<tr><td>工作损失价值计算</td><td>$$V_W = D_L M/(SD)$$
式中:V_W——工作损失价值,万元;
D_L——一起事故的总损失工作日数,死亡一名职工按 6 000 个工作日计算,受伤职工视伤害情况按《企业职工伤亡事故分类标准》(GB 6441—1986)的附表确定,日;
M——企业上年税利(税金加利润),万元;
S——企业上年平均职工人数,人;
D——企业上年法定工作日数,日</td></tr>
<tr><td>固定资产损失价值计算</td><td>(1)报废的固定资产,以固定资产净值减去残值计算。
(2)损坏的固定资产,以修复费用计算</td></tr>
<tr><td>流动资产损失价值计算</td><td>(1)原材料、燃料、辅助材料等均按账面值减去残值计算。
(2)成品、半成品、在制品等均以企业实际成本减去残值计算</td></tr>
</table>

续表

项目	具体内容	
经济损失的评价指标	千人经济损失率	$R_S(‰) = E/S \times 1\,000$ 式中:R_S——千人经济损失率; E——全年内经济损失,万元; S——企业平均职工人数,人
	百万元产值经济损失率	$R_V(‰) = E/V \times 100$ 式中:R_V——百万元产值经济损失率; E——全年内经济损失,万元; V——企业总产值,万元

第七章　经典案例

案例 1

2009 年 9 月 18 日 18 时 50 分左右，A 铁厂发生煤气中毒事故，造成 4 人死亡，1 人轻度中毒，直接经济损失 170 余万元。

2009 年 9 月 18 日 10 时 5 分，A 铁厂高炉休风。11 时，甲班开始检修，当班烧结工（又称炉前工）没有按规程要求关闭煤气阀门和打开煤气放散阀即进行了作业。16 时，乙班班长李某安排 2 名烧结工在东烧结平台配合机修工焊接阀盖密封箱体漏水点和盖板。18 时 25 分，高炉恢复送风。18 时 50 分左右，在未经确认是否具备输送煤气条件和采取其他相关安全措施的情况下，开始向东烧结机输送煤气。而郭某等 4 人仍在东烧结机平台下密封阀盖箱体内检修作业。由于高炉煤气输送到东烧结机的管道阀门未关闭，放散阀也未打开，煤气通过管道进入烧结密封阀盖箱体内，正在检修作业的 3 人（包括郭某在内）中毒死亡，1 人因临近箱体入口处轻微中毒得以生还。当发现煤气阀门未关闭，另有 1 名员工前往关闭煤气管道阀门时中毒身亡。

根据以上场景，回答下列问题（1～3 题为单选题，4～5 题为多选题）：

1. 依据《生产安全事故报告和调查处理条例》（国务院令第 493 号），背景发生事故的事故等级为（　　）。

A. 轻微事故　　B. 一般事故
C. 较大事故　　D. 重大事故
E. 特别重大事故

2. 下列作业属于特种作业的是（　　）。

A. 烧结工　　B. 钳工　　C. 筛分工　　D. 煤气工
E. 铆工

3. 依据《生产经营单位安全培训规定》，A 铁厂的主要负责人和安全生产管理人员初次安全培训时间不得少于（　　）学时。

A. 24　　B. 32　　C. 36　　D. 48
E. 72

4. 根据《安全生产法》第八十六条规定，事故调查处理应当按照（　　）的原则，及时、准确地查清事故原因，查明事故性质和责任，评估应急处置工作，总结事故教训，提出整改措施，并对事故责任单位和人员提出处理建议。事故调查报告应当依法及时向社会公布，事故调查和处理的具体办法由国务院制定。

A. 科学严谨　　B. 依法依规

C. 实事求是　　　　　　　　　　　　D. 尊重科学

E. 注重实效

5. 根据《安全生产法》第二十一条规定，生产经营单位的主要负责人对本单位安全生产工作负有的安全职责有(　　)。

A. 组织制定并实施本单位安全生产教育和培训计划

B. 组织制定并实施本单位安全生产规章制度和操作规程

C. 保证本单位安全生产投入的有效实施

D. 亲自制定并实施本单位的生产安全事故应急救援预案

E. 督促、检查本单位的安全生产工作，及时消除生产安全事故隐患

参考答案及解析

1. C 【解析】较大事故，是指造成3人以上(含3人)10人以下死亡，或者10人以上(含10人)50人以下重伤，或者1 000万元以上(含1 000万元)5 000万元以下直接经济损失的事故。

2. D 【解析】特种作业的范围：电工作业、焊接与热切割作业、高处作业、制冷与空调作业、煤矿安全作业、金属非金属矿山安全作业、石油天然气安全作业、冶金生产安全作业(煤气作业)、危险化学品安全作业、烟花爆竹安全作业、国家安全生产监督管理部门认定的其他作业。

3. B 【解析】生产经营单位主要负责人和安全生产管理人员初次安全培训时间不得少于32学时。每年再培训时间不得少于12学时。

4. ABCE 【解析】《安全生产法》第八十六条规定，事故调查处理应当按照科学严谨、依法依规、实事求是、注重实效的原则，及时、准确地查清事故原因，查明事故性质和责任，评估应急处置工作，总结事故教训，提出整改措施，并对事故责任单位和人员提出处理建议。事故调查报告应当依法及时向社会公布。事故调查和处理的具体办法由国务院制定。

5. ABCE 【解析】生产经营单位的主要负责人对本单位安全生产工作负有下列职责：(1)建立健全并落实本单位全员安全生产责任制，加强安全生产标准化建设。(2)组织制定并实施本单位安全生产规章制度和操作规程。(3)组织制定并实施本单位安全生产教育和培训计划。(4)保证本单位安全生产投入的有效实施。(5)督促、检查本单位的安全生产工作，及时消除生产安全事故隐患。(6)组织制定并实施本单位的生产安全事故应急救援预案。(7)及时、如实报告生产安全事故。

案例2

A钢铁公司炼铁厂一号高炉处于炉役后期，冷却器大面积损坏，为防止炉壳烧穿，采取了炉身打水降温措施。2012年8月5日11时6分，当班工人甲发现水流到了正在出铁的主沟旁边，立即向当班工长乙汇报。乙查看后判断是炉身九段排水槽因杂物堵塞造成溢流，随

即向炉长丙报告。12时30分,炉长丙通知承包方B公司3名员工丁、戊、己前往炉身九段排水槽清理杂物。办理作业审批手续后,3人戴口罩上炉身九段平台,丙现场监护,丁翻越炉身九段平台栏杆开始清理排水槽。作业过程中,丁吸入高炉煤气晕厥,戊、己先后翻越栏杆进行救援。13时10分,戊也因吸入煤气晕厥,己迅速翻回到平台,通知丙打电话救援。13时40分,炼铁厂救援人员将丁、戊送至医院抢救,经抢救无效,两人相继死亡。事发后,用便携式CO报警器检测,该区域CO浓度满量程显示为2 000 ppm。

一号高炉富氧鼓风系统包括富氧站(台)及各种阀门和安全装置、冷风管道、热风炉及其附属设备。高炉富氧的目的是提高冶炼强度,增加高炉产量和强化喷吹燃料在风口前的燃烧,通常富氧率在5%以内。当高炉炉壳发红、开裂时,必须果断、迅速地停氧后减风,防范烧穿事故发生。在停风过程中要可靠切断氧气管道,防止发生爆炸。事发时,一号高炉的炉况数据如下表所示:

冷风量/($m^3 \cdot min^{-1}$)	热风压/MPa	热风温度/℃	炉顶压/MPa	氧量/($m^3 \cdot h^{-1}$)	风速/($m \cdot h^{-1}$)	水温差/℃
4929	0.41	1200	0.236	19861	242	5.6

根据以上场景,回答下列问题(1~2题为单选题,3~5题为多选题):

1. 一号高炉事发时的富氧率为(　　)。

A. 8.0%　　B. 7.2%

C. 6.7%　　D. 6.3%

E. 6.0%

2. 当CO浓度为90~100 ppm时,现场连续工作时间不应超过(　　)。

A. 20 min　　B. 30 min

C. 40 min　　D. 60 min

E. 90 min

3. 根据《企业职工伤亡事故分类》(GB 6441),高炉炉顶平台作业现场存在的主要危险有(　　)。

A. 中毒和窒息　　B. 灼烫

C. 物体打击　　D. 高处坠落

E. 淹溺

4. 此次事故发生的主要原因有(　　)。

A. 作业人员未采取佩戴空气呼吸器等安全防护措施

B. 作业人员作业时高炉未采取降压、限氧等安全生产措施

C. 作业区域内安全通道设置不当,造成人员抢救困难,抢救时间长

D. 作业人员发现同伴煤气中毒后,未采取合理有效措施

E. 现场未采取强制排风措施

5. 发生煤气泄漏、中毒后，正确的现场应急处理措施有(　　)。

A. 立即报告调度室和煤气防护站

B. 根据风向划出危险区域

C. 抢救人员佩戴口罩进入煤气危险区

D. 查明事故原因后即可恢复送气

E. 将中毒者抬到空气新鲜的地方

参考答案及解析

1. D　**【解析】**富氧率 $= \frac{富氧量}{风量+富氧量} \times 100\%$，一号高炉事发时的高氧率 $= \frac{\frac{19861}{60}}{4929+\frac{19861}{60}} \times 100\% \approx 6.3\%$。

2. A　**【解析】**进入煤气设备内工作时，应事先取空气样作检测分析。一氧化碳含量不超过 30 mg/m^3(24 ppm)时，可较长时间工作；一氧化碳含量不超过 50 mg/m^3 时，入内连续工作时间不应超过 1h；一氧化碳含量不超过 100 mg/m^3 时，入内连续工作时间不应超过 0.5h；一氧化碳含量不超过 200 mg/m^3 时，入内连续工作时间不应超过 15～20 min。

3. ABCD　**【解析】**高炉炉顶平台作业现场存在的主要危险有中毒和窒息、灼烫、物体打击、高处坠落等。

4. ACDE　**【解析】**在进行作业前，未采取强制排风措施，作业现场一氧化碳浓度严重超标。3 人仅戴口罩进行作业，未采取佩戴空气呼吸器等安全防护措施。在发现丁晕厥后，戊、己未采取合理有效措施进行救援。作业区域内安全通道设置不当，要翻越栏杆进行救援，造成人员抢救困难，抢救时间长。

5. ABE　**【解析】**在抢救中毒人员时，应对事故现场进行控制，严禁火源和其他无关人员进入。发生煤气泄漏、中毒后，应严格检查事故现场，找出泄漏点进行修复。

案例 3

N 钢铁公司燃气厂负责全公司煤气的净化、储存和输配，设有一座最大容积为 10×10^4 m^3 的稀油密封高炉煤气柜(工作压力为 10.0 kPa，工作温度为 35℃)。当地大气压力为 101.2 kPa，高炉煤气密度按 1.3 kg/m^3 计(温度 0℃，压力 101.3 kPa)。S 公司与燃气厂签订了煤气管网维护合同。E 公司与燃气厂签订了煤气柜防腐刷漆合同。

2016 年 7 月 2 日，S 公司 3 人在煤气柜的煤气管网旁进行焊接作业，E 公司安排 4 人在煤气柜顶部进行防腐刷漆作业。9 时 3 分，煤气柜紧急放散阀突然打开，大量高炉煤气从紧急放散管冒出，通过监控视频发现柜顶刷漆人员相继晕倒。

接到事故报告后，厂部立即组织操作人员排查原因，关闭紧急放散阀。同时，组织煤气防护站抢救柜顶中毒人员。由于对紧急放散阀上、下限设定参数不熟悉，延误了放散阀关闭时间，直至10时5分放散阀才被关闭。因放散时间长，天气因素不利于煤气扩散，组织疏散附近岗位人员不及时，造成E公司刷漆人员1人重伤，3人轻伤，附近5名岗位人员轻度煤气中毒。

经分析验证，紧急放散阀异常打开，是由于电焊作业使用50 kV · A的大功率焊机，违规把地线直接搭在煤气管网的钢制支架上，焊接时产生的强电磁干扰信号通过煤气管网进入煤气柜压力检测元件信号源内，致使检测信号失真，紧急放散阀误开。经检查，计算机输入检测信号电缆为非屏蔽电缆，控制系统软件未对输入信号设置滤波保护。

根据以上场景，回答下列问题：

1. 指出本起事故的直接原因和间接原因。

2. 针对本起事故提出整改措施。

3. 简述N钢铁公司燃气厂对S公司和E公司的施工安全管理要点。

4. 通过计算，判定该煤气柜是否构成重大危险源(计算结果保留小数点后一位)。

5. 根据《化学品生产单位特殊作业安全规范》(GB 30871)，列出本次焊接作业应采取的安全措施。

参考答案及解析

1. (1)本起事故的直接原因：

①煤气柜紧急放散气动阀突然打开，大量高炉煤气从紧急放散管冒出。②在煤气柜顶部进行防腐刷漆作业。

(2)本起事故的间接原因：

①S公司职工违规把电焊地线直接搭在煤气管道支架上，焊接产生了强电磁干扰信号。②设备管理不到位，存在计算机输入检测信号电缆为非屏蔽电缆，控制系统软件未对输入信号设置滤波保护等缺陷。③操作人员对紧急放散阀设定参数不熟悉，延长了放散阀关闭时间。④未全面启动事故应急预案，未及早疏散周边人员。

2. 整改措施：

(1)加强外协队伍管理，杜绝违章操作。

(2)消除设备隐患，把计算机输入检测信号电缆更换为屏蔽电缆。

(3)控制系统软件对输入信号设置滤波保护，提高设备本质化水平。

(4)加强员工日常培训，熟悉、掌握工艺设备相关参数。

(5)组织事故应急预案演练，提高突发事故应对能力。

(6)煤气柜防腐作业必须在停运期间进行。

3. 安全管理要点：

(1)明确各方的安全管理责任。

(2)严格审查S公司和E公司的安全资质和专业技术能力。

(3)做好现场作业的安全风险分析。

(4)开展对作业现场的监督和管理。

4.

$$q = V\frac{pT_0}{p_0 T}\rho$$

$$= 100000 \times \frac{(101.2 + 10.0) \times 273}{101.3 \times (273 + 35)} \times 1.3$$

$$\approx 126.5(t)$$

$$\frac{q}{Q} = \frac{126.5}{20} \approx 6.3 > 1$$

因此,该高炉煤气柜构成危险化学品重大危险源。

5.安全措施:

(1)作业前,应对作业现场和作业过程中可能存在的危险有害因素进行辨识,制定相应措施。

(2)应对作业人员进行安全教育,并进行现场交底。

(3)作业单位应办理作业审批手续。

(4)应有专人监护,配备消防器材。

(5)作业前应消除动火现场及周围的易燃物品,对于动火点周围有可能泄漏易燃、可燃物料的设备,应采取隔离措施。

(6)动火点所在的生产车间应预先通知厂调度部门,使之在异常情况下能采取相应应急措施。

案例 4

某铝厂下设办公室、计财部、生产运行部、设备部、供应部、销售部等6个管理部门和4个生产车间。现有4条普铝生产线,熔铸铝锭的产能为 20×10^4 t/a,总资产7.8亿元。该厂主要设备有连铸机和混合炉,生产过程为供应商用铝包车将熔融液态铝送至熔铸生产线,桥式起重机将真空包内铝液吊运卸料至电加热混合炉,铝液在添加其他金属后,经连铸机铸成铝锭,包装机打包成1 t/盘的电解铝盘,随后送成品库房堆存。库房内成品铝盘堆放不超过2层。库房内另设有空压机及储气罐,储气罐公称压力0.6 MPa、容积10 m^3。

该厂建立了安全生产责任制,按照"谁主管、谁负责"的原则,指定生产运行部负责全厂的安全生产工作,并由当班调度人员具体负责;其他部门各自负责业务范围内的安全生产工作;各车间主任同时兼任本车间安全员。

在该厂普铝车间,为方便废水的收集,在混合炉旁建有集水坑,冲刷地面的废水可以流入炉旁集水坑内,经排水沟直接排出厂房;混合炉灌铝口距地面2.2 m,为方便倾倒铝液,在灌铝口旁设置高1.5 m的平台,平台四周设置高800 mm的工业护栏;为随时准确了解铝锭铸造情况,操作人员通常采用在连铸机旁直接肉眼目视的方式观察铝铸造情况等。

该厂拥有员工3 000人,2014年度共发生生产安全事故3起,造成1人死亡、2人重伤、2人轻伤。

根据以上场景,回答下列问题:

1. 计算该铝厂 2014 年度千人重伤率和百万工时死亡率(精确到小数点后 2 位)。

2. 指出该铝厂成品库房应设置的安全标志及其所属类别。

3. 根据《企业职工伤亡事故分类》(GB 6441),辨识该铝厂的危险因素并指出其存在的场所。

4. 简述该铝厂存在的安全生产隐患并提出整改措施。

参考答案及解析

1. 千人重伤率和百万工时死亡率:(1)千人重伤率 =(2 ÷3 000) ×1 000 =0.67。(2)百万工时死亡率 =1/(250 ×8 ×3 000) ×1000 000 =0.17。

2. 应设置的安全标志及其所属类别:(1)禁止标志:禁止跨越,禁止攀登。(2)警告标志:当心落物。(3)指令标志:必须佩戴安全帽。(4)提示标志:紧急出口。

3. 危险因素及其存在的场所:(1)爆炸:熔铸厂房。(2)机械伤害:熔铸厂房、库房。(3)起重伤害:熔铸厂房。(4)车辆伤害:生产区域和库房。(5)高处坠落:熔铸厂房。(6)灼烫:熔铸厂房、库房。(7)触电:熔铸厂房。(8)物体打击:库房。(9)坍塌:库房。

4. 存在的安全隐患:(1)未配置专职安全生产管理人员。(2)连铸机操作人员未佩戴隔热面罩观察铝锭铸造。(3)混合炉旁有集水坑。(4)灌铝口周边平台护栏高度不符合要求。

整改措施:(1)配置专职安全生产管理人员。(2)开展职工操作规程、安全生产培训。(3)使用隔热面罩等个体安全防护用品。(4)消除集水坑。(5)整改不符合要求的工业防护栏杆。(6)建立健全安全生产各项制度,杜绝违章行为。

参 考 文 献

[1]谢振华. 金属冶炼安全知识[M]. 北京:中国劳动社会保障出版社,2010.

[2]白星良. 有色金属压力加工[M]. 北京:冶金工业出版社,2009.

[3]刘诗飞,姜威. 重大危险源辨识与控制[M]. 北京:冶金工业出版社,2012.

[4]孟志伟. 高炉炼铁操作[M]. 北京:化学工业出版社,2018.

[5]陈永. 金属材料常识普及读本[M]. 北京:机械工业出版社,2017.

[6]徐海芳. 高炉炼铁技术问答[M]. 北京:化学工业出版社,2012.

[7]张丽颖,贾继华. 安全生产与环境保护[M]. 北京:冶金工业出版社,2010.

[8]唐世林,刘党生. 金属加工常识[M]. 北京:北京理工大学出版社,2009.

[9]吴宗之,高进东. 重大危险源辨识与控制[M]. 北京:冶金工业出版社,2001.

[10]宇德明. 易燃、易爆、有毒危险品储运过程定量风险评价[M]. 北京:中国铁道出版社,2000.

[11]赵天从. 重有色冶金学[M]. 北京:冶金工业出版社,1981.

[12]孙佩极. 冶金化工过程及设备[M]. 北京:冶金工业出版社,1980.

[13]卢宇飞. 炼铁工艺[M]. 北京:冶金工业出版社,2006.

[14]贾艳,李文兴. 高炉炼铁基础知识[M]. 北京:冶金工业出版社,2010.

[15]马怀宪. 金属塑性加工学—挤压、拉拔与管材冷轧[M]. 北京:冶金工业出版社,1998.

[16]赵志业. 金属塑性变形与轧制理论[M]. 北京:冶金工业出版社,1980.

[17]刘保衍. 轧钢机械设备[M]. 北京:冶金工业出版社,1984.

[18]王英杰,张芙丽. 金属工艺学[M]. 北京:机械工业出版社,2010.